地球空间信息学前沿丛书 丛书主编 宁津生

"十三五"湖北省重点图书出版规划项目

GNSS基准站网数据处理方法与应用

姜卫平 著

武汉大学出版社

图书在版编目(CIP)数据

GNSS 基准站网数据处理方法与应用/姜卫平著．—武汉:武汉大学出版社,2017.3
地球空间信息学前沿丛书/宁津生主编
"十三五"湖北省重点图书出版规划项目
ISBN 978-7-307-12917-7

Ⅰ.G…　Ⅱ.姜…　Ⅲ.卫星导航—全球定位系统—数据处理—研究
Ⅳ.P228.4

中国版本图书馆 CIP 数据核字(2017)第 039892 号

责任编辑:鲍　玲　　责任校对:汪欣怡　　版式设计:马　佳

出版发行:**武汉大学出版社**　(430072　武昌　珞珈山)
(电子邮件:cbs22@ whu. edu. cn 网址:www. wdp. com. cn)
印刷:虎彩印艺股份有限公司
开本:787×1092　1/16　印张:17.75　字数:425 千字　插页:2
版次:2017 年 3 月第 1 版　　2017 年 3 月第 1 次印刷
ISBN 978-7-307-12917-7　　定价:46.00 元

姜卫平

　　1972年6月生，湖南溆浦人，博士，武汉大学卫星导航定位技术研究中心主任、教授、博士生导师，教育部长江学者特聘教授，国家杰出青年科学基金获得者。长期致力于卫星大地测量学理论与应用研究，已发表论文130余篇，获国家科学技术进步二等奖2次，省部级科技进步特等奖2次，一等奖7次。

前　言

　　全球卫星导航系统（GNSS）是重要的空间基础设施，为人类带来了巨大的经济效益和社会效益。然而，GNSS 自身提供的导航定位精度最高到米级，GPS 最初的民用导航定位精度甚至低于100m，不能满足高精度导航和定位的要求。地面基准站网能将 GNSS 的定位精度增强提高到分米级、厘米级，甚至毫米级，是 GNSS 实现高精度导航与位置服务应用的系统平台。同时，它也是支撑全球、国家和区域坐标参考框架的基础设施，还被广泛应用于揭示和认知地壳运动、全球变化等地球科学研究以及大型工程建设。基准站网是由分布在全球或区域的若干个 GNSS 基准站构成，包括连续运行的和不连续运行的基准站。为了满足不同的应用需求，各国建立了不同尺度的 GNSS 基准站网，包括大尺度的IGS 全球跟踪站网、中尺度的国家（如中国地壳运动观测网络）或省市级连续运行参考站网、小尺度的大桥及大坝等工程基准站网。

　　自 1994 年起，作者开始从事卫星导航定位基准站网精密数据处理理论与方法研究。有幸在 20 世纪 90 年代中后期，参与了我国当时有影响力的几个大型 GPS 网的数据处理工作，包括鲜水河断裂带 GPS 监测网（1991 年测量）、青藏高原 GPS 监测网（1992—1996 年三期）、"现代地壳运动与地球动力学研究"项目建立的 GPS 监测网（1992—1996年三期）、国家 1996 年 A 级 GPS 复测网和国家 B 级 GPS 网以及"亚太区域大地测量项目"（APRGP）的 GPS 网（1997 年测量）。在处理分析这些 GPS 网数据的实践中，积累了较为丰富的基准站网精密数据处理的工作经验。2000 年以来，陆续分析处理了我国第一个城市连续运行 GNSS 基准站网数据及河北、广东等省的 C 级 GPS 网数据，并确定了这些网的基准站精确坐标。2005 年后，先后负责了江苏、湖北、湖南、安徽、山西、重庆、吉林、内蒙古等近 20 个省级和广州、武汉、西宁、长春、常州、珠海等近 40 个城市级连续运行 GPS 基准站网的数据处理工作，建立了这些区域的坐标参考框架。同时，完成了隔河岩大坝、西龙池大坝、港珠澳大桥等 10 多个工程连续运行基准站网的数据处理工作。此外，2003 年至 2005 年期间，通过分析冰岛连续运行基准站网和 1989 年至 2004年的多期会战网数据，确定了整个冰岛区域地壳运动的水平和垂直速度场。2007 年至今，作者着手开展研究大规模 GNSS 基准站网的整体解算模型和坐标时间序列分析方法及应用等工作。

　　二十多年来，作者一直从事 GNSS 基准站网的数据处理工作，可以说是乐此不疲，甚至是"衣带渐宽终不悔，为伊消得人憔悴"。通过多年的努力，系统地研究了 GNSS 基准站网精密数据处理理论与方法，发展了基准站网的应用技术，建立了北斗和其他 GNSS 融合处理模型，形成了一套较为系统的 GNSS 基准站网建立的技术方案和数据处理方法体系。此书正是作者多年研究工作的总结。本书内容不仅包括基准站网的发展现状与分析、基准站网的数据处理方法以及整周模糊度分离与快速固定方法，而且还涉及基于连续运行基准站网的单/双频 GNSS 精密单点定位技术、基于 Internet 的精密单点定位服务、GNSS 测站坐标时间序列分析、地球参考框架的建立与维持、基于 GNSS 基准网的地壳运动与建筑物变形及地质灾害监测、基准站网系统功能与服务等。作者希望抛砖引玉，与大家交流分享基准站网的建立和数据处理方法及其应用技术，共同为推动 GNSS 基准站网的发展和应用作出贡献。

当前，随着基准站网规模的不断增大，观测数据的不断积累，我国北斗系统的逐步建成，高精度构建基准站网面临着不少挑战，主要包括：大规模网整体解算、基准站构造运动与非线性运动及噪声的分离、北斗卫星导航系统（BDS）与其他多 GNSS（美国 GPS、俄罗斯 GLONASS 和欧盟 Galileo）的融合处理等难题，造成大规模网解算理论难以严密实现，基准站坐标及速度场确定不准确（甚至错误），更为严重的是在卫星信号接收困难区域基准站网可用性差，甚至不可用。这降低了基准站网的精确性、可用性及其服务能力，制约了卫星导航定位技术的应用和发展，特别是在幅员辽阔、基准站数量众多、北斗系统正在发展的我国，这些问题尤为突出。本书的研究内容涉及了这些问题及其解决思路与方法，希望能够为研究这些问题提供一些参考。

本书的研究内容与成果得到了国家杰出青年科学基金（No. 41525014）、教育部长江学者奖励计划、国家 863 计划（No. 2007AA12Z312）、国家自然科学基金（No. 41374033）等项目的资助。部分研究内容是作者和周晓慧、李昭、杨凯、陈华、刘鸿飞、邓连生、邹璇等博士共同完成的，非常感谢他们的支持和辛勤工作。同时，长期以来，在 GNSS 基准站网的数据处理和应用研究中，作者得到了刘经南院士、李建成院士的精心指导和大力支持，在此向他们表示深深的敬意和谢意。此外，衷心感谢多年来一直给予作者关心和支持的所有同事、朋友以及学术同仁。

本书于 2011 年开始撰写，虽经近十次的修改和讨论，但无奈限于水平和时间，书中还有不妥甚至错误之处，恳请大家批评与指正。

"路漫漫其修远兮，吾将上下而求索。"

作　者

2016 年 12 月于武汉

目　　录

第1章　绪　　论

1.1　引言

20世纪70年代初，为了满足军事和民用对连续实时三维导航的迫切需求，美国开始研制基于卫星的全球定位系统。这个系统的全称是"授时与测距导航系统/全球定位系统"（Navigation System Timing and Ranging/Global Positioning System，NAVSTAR/GPS），通常称为"全球定位系统"（Global Positioning System，GPS）。这一系统任务是20世纪最重大的空间技术计划之一，也开启了全球导航卫星系统（Global Navigation Satellite System，GNSS）的新时代。

经过近40年的发展，GNSS经历了从不成熟到成熟、从单个系统到多个系统、从单用途到多用途、从军事应用到民用的巨大变化。GNSS具有全球、全天候、高精度连续导航和定位功能。如今，它已经渗透到了人们生活的每一个角落，其应用领域和应用前景已远远超出了该系统设计者当初的设想。由于其可以用来进行导航、授时、定位、地球物理与大气物理参数测定等，因此，在航空、航天、军事、交通、运输、资源勘探、通信、气象等很多领域中，它都被作为一项非常重要的技术手段和方法。随着GNSS本身的进一步完善和更多应用的开发，它将会更好地服务于社会。

由于GPS自身提供的定位精度最高到米级，甚至其最初的民用定位精度低于100m，远远不能满足精确导航和定位的要求。因此，为了提高GPS定位和导航精度，20世纪90年代初，很多国家开始建立永久性GPS跟踪站，用于定轨、精密定位和地球动力学监测，而后逐步形成基准站网，如1994年开始建设的国际GNSS服务组织（International GNSS Service，IGS）跟踪站网。1994年，美国国家大地测量局（National Geodetic Survey，NGS）学者William E. Strange提出了连续运行参考站的概念（Strage，1994）。1995年，他和同事明确给出了连续运行参考站系统（Continuously Operating Reference System，CORS）的定义及其初步方案。与此同时，美国其他机构也陆续开始构建连续运行的GPS基准站网，如美国海岸警卫队（USCG）希望提供差分GPS服务增补其罗兰导航性能，以保障美国沿海水域的安全导航；联邦航空管理局（FAA）也想将CORS应用于空中安全导航，进而发展成广域增强系统（Wide Area Augmentation System，WAAS）；美国航天局（NASA）的喷气推进实验室（JPL）和美国地质调查局等利用连续运行基准站进行卫星定轨及地壳运动研究（Strage，1995）。这些计划推动了CORS的迅速发展，截至1995年，NGS已经拥有50个高质量的连续运行的GPS测站。可以这么说，IGS和NGS大大地推动了GNSS基准站网的发展。

目前，基准站网是 GNSS 星基和地基增强系统的主要基础设施，能有效地将 GNSS 的定位精度提高到分米级、厘米级，甚至毫米级，是提供高精度导航与位置服务应用的系统平台。同时，它也是支撑全球、国家和区域坐标参考框架的基础设施，还是揭示和认知全球变化、地壳运动等地球科学研究的重要观测网络。当前，它不仅服务于测绘领域，而且还可为交通、气象、环境、工程建设等领域提供迅速、可靠、有效的信息服务，广泛地满足基础测绘、交通运输、环境监测、滑坡监测、建筑物变形监测、移动目标监控、地理信息更新和国土资源调查、地质灾害预报、气象预报等信息需求。正因为基准站网的诸多功能，许多国家、政府部门、行业、城市已经建立了或者正在建设满足自身需求的、连续运行的 GNSS 基准站网。

1.2　全球导航卫星系统简介

由于 GNSS 在国家安全和经济与社会发展中具有不可或缺的重要作用，因此美国、俄罗斯、中国、欧盟都在竞相发展各自独立的卫星导航系统。预计在 2020 年之前，全世界将有四大全球导航卫星系统：美国的 GPS、俄罗斯的 GLONASS、欧盟的 Galileo 和中国的北斗卫星导航系统（BDS）。

1.2.1　GPS

美国的 GPS 是目前应用最广泛的卫星导航定位系统。该系统从 1973 年开始设计研制，在经过了方案论证、系统试验后，于 1989 年发射工作卫星。历时 20 余年，耗资 300 亿美元，最终于 1994 年全部建成并投入使用。GPS 的组成可分为三个部分：卫星星座、地面监控和用户设备。利用 GPS 可以在全球范围内实现全天候、连续、实时的三维导航定位、测速和授时。

GPS 的空间部分是由 24 颗 GPS 工作卫星组成，这些工作卫星共同组成了 GPS 卫星星座，其中 21 颗为用于导航的卫星，3 颗为活动的备用卫星。这 24 颗卫星分布在 6 个倾角为 55°的轨道上，轨道高度约 20000km。卫星的运行周期约为 12 恒星时。GPS 卫星发射两种频率的载波信号，即频率为 1575.42MHz 的 L1 载波和频率为 1227.60MHz 的 L2 载波，它们的频率分别是基本频率 10.23MHz 的 154 倍和 120 倍，波长分别为 19.03cm 和 24.42cm。在 L1 和 L2 上又分别调制着多种信号，这些信号主要有：粗捕获码（C/A 码）、精码（P 码和 Y 码）和导航信息等。导航信息（广播星历）被调制在 L1 载波上，其信号频率为 50Hz，包含有 GPS 卫星的轨道参数、卫星钟改正数和其他一些系统参数。GPS 用户正是利用这些信号来进行工作的。

GPS 自投入正式工作后，美国于 1996 年开始其现代化计划，并于 2000 年 5 月 1 日正式取消人为降低民用信号精度的 SA 政策，这标志着现代化计划进入实施阶段。其现代化计划主要内容为：

①增加新的 GPS 信号。2005—2008 年发射了 8 颗改进的导航卫星，在卫星上播发新的军码和第二民码，同时在 2006—2010 年发射的导航卫星上增设了第三民码。

②研发新一代军用 GPS 接收机，提高 GPS 的抗干扰能力。

③增强或视情况关闭 GPS 发射信号，以防止 GPS 信号战时受干扰或被他国利用。

④改善地面设备。更新 GPS 地面测控设备，增加地面测控站的数量；用新的数字接收机和计算机来更新专用的 GPS 监测站和有关的地面天线；采用新的算法和软件，提高测控系统的数据处理与传输能力等。

⑤实施 GPSⅢ计划。GPSⅢ将选择全新的优化设计方案，放弃现有的 24 颗中轨道卫星，采用全新的 33 颗高轨道加静止轨道卫星组成。GPSⅢ全部卫星在轨运行将在 2015—2020 年实现。与现有 GPS 相比，GPSⅢ的信号发射功率将提高 100 倍，信号抗干扰能力提高 1000 倍以上，授时精度将达到 1 纳秒，定位精度提高到 0.2~0.5m。

截至 2016 年 6 月，GPS 系统共有 32 颗在轨卫星，并计划在 2020 年之前发射多颗新型 GPS-2RM、GPS-2F 及 GPS-3 卫星，以搭载第二民用信号 L2C，及新增加的第三频段 L5，并大幅度提高 GPS 系统功能。届时，GPS 系统将继续成为世界上最先进的卫星导航系统。

1.2.2 GLONASS

GLONASS 是前苏联从 20 世纪 80 年代初开始建设的卫星导航定位系统。其主要由三部分组成：卫星星座、地面监测和用户设备。GLONASS 卫星星座由 24 颗卫星组成，卫星轨道分布在 3 个倾角为 64.8° 的轨道平面内，轨道高度约为 19130 千米。其运行周期约为 11 小时 15 分钟，且 3 个轨道面内的所有卫星都在同一条多圈衔接的星下点轨迹上按照顺序运行。系统根据载波频率来区分不同卫星，这与 GPS 根据调制码来区分卫星不同。每颗 GLONASS 卫星发播的两种载波的频率分别为 L1 = 1602+0.5625k（MHz）和 L2 = 1246+0.4375k（MHz），其中 k = 1~24 为每颗卫星的频率编号。

第一颗 GLONASS 卫星于 1982 年 10 月 12 日发射升空。由于前苏联的解体和俄罗斯经济不景气，GLONASS 系统发展缓慢，卫星缺乏维护，且早期卫星寿命太短，导致一定时期内在轨卫星太少，很难单独完成定位导航任务。为进一步提高 GLONASS 系统的定位能力，俄罗斯决定对 GLONASS 系统进行现代化升级，包括卫星现代化、地面控制区段现代化以及开展国际间合作。2003 年 12 月 10 日，第一颗 GLONASS-M 卫星入轨运行，并于 2004 年 12 月 8 日开始向广大用户发送导航定位信号，这标志着 GLONASS 向现代化迈出了坚实的第一步。在 2005 年后，GLONASS 卫星开始加载 L3 载波频段，实现系统的高精度定位功能，2010 年发射利用 CDMA（Code Division Multiple Access）编码的 GLONASS-K 卫星，实现与 GPS/Galileo 在 L1 频点上的兼容与互用。目前，俄罗斯建设的 GLONASS 系统正处在逐步恢复阶段。截至 2014 年 1 月，GLONASS 已实现 24 颗在轨卫星同时运行。截至 2016 年 6 月，GLONASS 共有 27 颗在轨卫星同时运行。其现代化计划预计在 2017 年完成。届时，其星座卫星数量将达到 30 颗。GLONASS 的星座结构、信号构成和定位原理与 GPS 有很大的相似性。二者的区别是：在卫星信号结构上，GPS 采用码分多址技术（CDMA），而 GLONASS 采用的是频分多址技术（Frequency Division Multiple Access，FDMA）；在时间基准和坐标基准上，GPS 采用的是 UTC（USNO）时间基准和 WGS-84 坐标基准，GLONASS 采用的是 UTC（SU）时间基准和 PZ-90 坐标基准。

1.2.3　Galileo

2002 年 3 月 26 日，欧盟十五国交通部长会议一致决定正式启动 Galileo 卫星导航系统计划。Galileo 系统是由欧洲空间局和欧洲联盟共同发起建设的一项空间信息基础设施，它是第一个由非军方投资建设、非军事国际组织控制、主要为民间用户服务的新一代GNSS。2005 年底，第一颗 Galileo 卫星发射升空。它的发展对世界卫星导航技术、市场，甚至世界政治格局都将产生深远的影响。

Galileo 系统主要包括 3 个部分：卫星星座、地面监控以及用户接收机部分，由 30 颗卫星组成，卫星轨道分布在高度约为 2.36×10^4 km、倾角 56°、相互间隔 120° 的 3 个倾斜轨道面上，每个轨道面上包括 9 颗工作卫星和 1 颗在轨备份卫星。Galileo 系统发射四个频率的信号，分别是 E5a、E5b、E6 和 L1。四个频率分别为：1176.45MHz、1207.14MHz、1278.75MHz 和 1575.42MHz。同时，Galileo 卫星还会发射由 E5a 和 E5b 生成的一个复合信号 E5a+b，称为 E5a+b，其波长比 E5a 或 E5b 更长，噪声更小，调制方式为 Alt-BOC（15，10）。目前 Galileo 卫星的观测值类型与 GPS 观测值类型类似，分为伪距观测值、相位观测值、多普勒观测值以及信噪比。

Galileo 系统在设计上吸收了 GPS 的经验，并以 GPS 和 GLONASS 系统为仿真对象进行了深入的论证，因此它的起点更高，能为各类导航定位用户提供更加多功能和更高精度定位服务。然而，Galileo 系统推行得比较缓慢。截至 2016 年 6 月，Galileo 卫星导航系统已有 12 颗在轨卫星。

1.2.4　北斗卫星导航系统

北斗卫星导航系统（BeiDou Navigation Satellite System，BDS）是中国自行研制的全天时、全天候提供卫星导航定位信息的导航定位系统。导航定位原理和 GPS 相同。其目标是建成独立自主、开放兼容、技术先进、稳定可靠的覆盖全球的卫星导航系统，促进卫星导航产业链形成，形成完善的国家卫星导航应用产业支撑、推广和保障体系，推动卫星导航在国民经济社会各行业的广泛应用。其发展战略分为三个阶段：第一阶段，2000 年，初步建成北斗卫星导航试验系统；第二阶段，2012 年，北斗卫星导航（区域）系统将为中国及周边地区提供服务（发射 14 颗组网卫星）；第三阶段，2020 年，全面建成北斗卫星导航系统。各阶段性能参数见表 1-1。

表 1-1　　　　　　　　　　　　　　北斗各阶段性能参数

性能指标	第一阶段	第二阶段	第三阶段
服务区域	中国及周边地区	中国及周边地区	全球
定位精度	优于 20m	平面 10m，高程 10m	优于 10m（三维）
测速精度	—	优于 0.2m/s	优于 0.2m/s
授时精度	单向 100ns，双向 20ns	单向 50ns	20ns

数据来源：CSNO（China Satellite Navigation Office），2012b

北斗卫星导航系统由空间段、地面段和用户段三部分组成。空间段包括 5 颗静止轨道卫星和 30 颗非静止轨道卫星，地面段包括主控站、注入站和监测站等若干个地面站，用户段包括北斗用户终端以及与其他卫星导航系统兼容的终端。BDS 将发射 4 个频率的信号：1561MHz、1589MHz、1268MHz 及 1207MHz（E5b）。已经发射的 3 频信号为：B1（1561.098MHz）、B2（1207.14MHz）和 B3（1268.52MHz）。此外，还将发射中心频点分别为 1575.42MHz 和 1191.795MHz，码速率分别为 1.023cps、10.23cps 两种公开服务信号。

2000 年 10 月 31 日、12 月 21 日和 2003 年 5 月 25 日，我国先后在西昌卫星发射中心成功发射了 3 颗北斗导航试验卫星，建立了具有区域性卫星导航系统。其中北斗 1 号卫星及北斗 2 号卫星分别在 140°E 和 80°E 轨位上定点运行，北斗 3 号卫星作为备份星在 110.5°E 轨位上服役。

2006 年，中国政府宣布，在北斗卫星导航试验系统的基础上，开始建设拥有自主知识产权的全球导航卫星系统——北斗卫星导航系统。北斗卫星导航系统以应用推广和产业发展为目标，其建设原则：开放性、自主性、兼容性、渐进性。

正在建设的北斗二代卫星导航系统空间段由 5 颗静止轨道卫星和 30 颗非静止轨道卫星组成，提供两种服务方式，即开放服务和授权服务。开放服务是向全球免费提供定位、测速和授时服务，定位精度 10m，测速精度 0.2m/s，授时精度 10ns。授权服务是向有高精度、高可靠卫星导航需求的用户，提供定位、测速、授时和通信服务以及系统完好性信息。中国从 2007 年初至 2012 年末累计已成功发射多颗北斗导航卫星，现已按计划转入正常工作模式，并已开通导航信号。

2011 年 12 月 27 日，北斗卫星导航系统向中国及周边地区提供连续的导航定位和授时服务；2012 年 12 月 27 日，北斗卫星导航系统正式为亚太地区提供导航定位服务。截至 2016 年 12 月，北斗卫星导航系统已有 23 颗在轨卫星（其发射记录见表 1-2），初步具备区域导航定位能力。今后随着北斗卫星系统的不断建设，将会有更多的卫星发射运行。2014—2020 年间，北斗卫星导航系统在区域导航系统 14 颗卫星基础上，继续增加卫星并将服务由区域拓展至全球（30 颗非 GEO，5 颗 GEO），其设计性能与俄罗斯的 GLONASS 及第三代 GPS 性能相当（杨元喜，2010）。

表 1-2　　　　　　　　　　　　　　北斗卫星发射记录

卫星	发射日期	运载火箭	卫星类型
第 1 颗北斗导航试验卫星	2000.10.31	CZ-3A	GEO
第 2 颗北斗导航试验卫星	2000.12.21	CZ-3A	GEO
第 3 颗北斗导航试验卫星	2003.05.25	CZ-3A	GEO
第 4 颗北斗导航试验卫星	2007.02.03	CZ-3A	GEO
第 1 颗北斗导航卫星	2007.04.14	CZ-3A	MEO
第 2 颗北斗导航卫星	2009.04.15	CZ-3C	GEO

续表

卫星	发射日期	运载火箭	卫星类型
第 3 颗北斗导航卫星	2010. 01. 17	CZ-3C	GEO
第 4 颗北斗导航卫星	2010. 06. 02	CZ-3C	GEO
第 5 颗北斗导航卫星	2010. 08. 01	CZ-3A	IGSO
第 6 颗北斗导航卫星	2010. 11. 01	CZ-3C	GEO
第 7 颗北斗导航卫星	2010. 12. 18	CZ-3A	IGSO
第 8 颗北斗导航卫星	2011. 04. 10	CZ-3A	IGSO
第 9 颗北斗导航卫星	2011. 07. 27	CZ-3A	IGSO
第 10 颗北斗导航卫星	2011. 12. 02	CZ-3A	IGSO
第 11 颗北斗导航卫星	2012. 02. 25	CZ-3C	GEO
第 12、13 颗北斗导航卫星	2012. 04. 30	CZ-3B	MEO
第 14、15 颗北斗导航卫星	2012. 09. 19	CZ-3B	MEO
第 16 颗北斗导航卫星	2012. 10. 25	CZ-3C	GEO
第 17 颗北斗导航卫星	2015. 03. 30	CZ-3C	IGSO
第 18、19 颗北斗导航卫星	2015. 07. 25	CZ-3B	MEO
第 20 颗北斗导航卫星	2015. 09. 30	CZ-3B	IGSO
第 21 颗北斗导航卫星	2016. 02. 01	CZ-3C	MEO
第 22 颗北斗导航卫星	2016. 03. 30	CZ-3A	IGSO
第 23 颗北斗导航卫星	2016. 06. 12	CZ-3C	GEO

1.2.5　其他定位导航或增强系统

除了上述的四个全球卫星导航系统外，美国、欧洲、俄罗斯等分别建立了卫星导航增强系统，如美国的 WAAS、欧洲的 EGNOS 和俄罗斯的 SDCM。日本和印度等国也在建设自己的区域系统和增强系统，如日本的 QZSS（准天顶卫星系统）和 MSAS（多功能卫星增强系统）、印度的 IRNSS（印度无线电导航卫星系统）和 GAGAN（GPS 与 GEO 静地增强导航）以及尼日利亚运用通信卫星搭载实现的 NICOMSAT-1 星基增强系统等。

日本正在建设基于 GPS 的 QZSS（准天顶卫星系统），它包括 3 颗与 GPS 兼容且能互操作的卫星，运行于日本和澳大利亚上空的"8"字形的椭圆形高地球轨道。印度也正在建设其区域卫星导航系统 IRNSS（印度无线电导航卫星系统），它由 7 颗卫星和一个大型地面段组成，所有部件都将在印度研制和生产。

此外，由于 GPS 在军事上获得了巨大成功并且在民用上得到了丰富的效益，美国高等研究计划局（ARPA）和国防高等研究计划局（DARPA）又在 2004 年提出了一个宏大的空间计划——X 射线脉冲星自主导航系统，英文全称是 X-ray Source-based Navigation for

Autonomous Position Determination Program，简称为 XNAV。作为一种备份和技术支持，X 射线脉冲星自主导航系统将有效地改善和加强 GNSS 及其他太空系统的技术状态。

1.3 GNSS 基准站网的定义与应用

1.3.1 GNSS 基准站网的定义

本书中的 GNSS 基准站网是指由分布在全球或区域的若干个全球导航卫星系统基准站构成，包括连续运行的和不连续运行的基准站。GNSS 基准站网系统定义为将基准站网通过网络互联，构成以提供位置信息为核心的网络化综合服务系统。该系统一般包括基准站网、传输网络、数据处理中心、播发系统、用户这五大部分，系统结构如图 1-1 所示。此外，如无特别说明，本书中的参考站和基准站为同一概念。

图 1-1 GNSS 基准站网系统结构

（图片来源：http：//leica-geosystems.com.cn）

为了满足不同的需求，建立了不同尺度的 GNSS 基准站网，包括大尺度的 IGS 全球跟踪站网、中尺度的国家（如中国地壳运动观测网络）或省级连续运行参考站网、小尺度的大桥及大坝等工程基准站网。目前，综合基准站之间距离、分布范围及实现功能来讲，GNSS 基准站网大致可以分为全球网、国家网、区域网、工程网这四类网。

全球网是指在全球布站，面向全球服务。如 IGS 跟踪站网是全球最大规模的基准站网，该网核心站已由最初的 50 多个发展到目前 400 多个。

国家网是指在一个国家全国范围内布站，面向一个国家服务。如美国的连续运行参考站网系统、加拿大的主动控制网系统（CACS）、德国卫星定位与导航服务系统（SAPOS）。

区域网是指在一定范围的区域内布站，面向区域或行业服务。其可分为三类：一是国家与国家之间的网，如欧洲永久 GNSS 观测网（European Permanent Network，EPN）；二是省市级网，如广东省连续运行参考站网系统（GDCORS）；三是行业网，是指一定的区域内为某个行业服务，如中国沿海无线电指向标-差分全球定位系统（RBN-DGPS）。

工程网是指在工程所在的范围内布站，面向工程建设或运行服务，如修建大坝或桥梁建立的连续运行 GNSS 基准站网。

1.3.2　GNSS 基准站网的功能与应用

基准站网及其系统集成了 GNSS、通信、气象数据采集等技术，是目前国际上主要的地面地理信息采集设施，可以用于与位置和时间有关的领域。它是 GNSS 实现高精度导航与位置服务的支撑平台，也是建立坐标框架、监测地壳运动等科学和工程应用的重要基础设施。

基准站网可以实现系统数据的网内共享，根据不同需求采用公益性服务或有偿性服务。它具有全天候、全自动、实时导航定位功能。目前所涉及的产品主要包括：基准站地心坐标及速度、地球自转参数、跟踪站观测数据、精密星历、卫星钟差、气象参数、电离层模型、基准站坐标时间序列等。

基准站网不仅可满足覆盖区域内各种地面、空中和水上交通工具的导航、调度、自动识别和安全监控等功能，还可以服务于高精度中短期天气状况的数值预报、变形监测等领域。同时，基准站网是建立并维护坐标参考框架的基础设施，它能够满足各种测绘、基准需求，还能够满足多种环境变迁动态信息监测需求。此外，GNSS 基准站网系统可以实现纳秒级的授时，可广泛应用于通信系统和电力系统的时间同步。

同时，基准站网系统的服务方式从以前的快速、事后发展到实时、快速、事后；精度从厘米级和分米级发展到毫米级；服务范围从大地测量和地球物理发展到大地测量、地球物理气象、地震、规划建设、交通导航等领域。

第2章 GNSS 基准站网的发展现状与分析

GNSS 基准站网及其系统能提供迅速、可靠、有效的信息服务，广泛地满足基础测绘、交通运输、环境监测、地理信息更新和国土资源调查、灾害预警、气象预报等信息需求。从 20 世纪 90 年代初期开始，包括我国在内的世界上多个国家、地区及有关国际组织相继建立了高精度 GPS 连续观测网络。进入 21 世纪以来，GNSS 技术与通信技术的结合，发展了具有网络 RTK 功能的卫星导航定位连续运行参考站系统（CORS），它以其快速、高精度、高可靠性、网络化、自动化和智能化等优点，给包括测绘行业在内的多个领域带来了巨大影响。

本章首先介绍国内外 CORS 发展的基本现状，然后分析我国 GNSS 基准站网迅速发展的原因，最后探讨了我国区域 CORS 建设中所存在的问题。

2.1 国际 GNSS 基准站网

随着空间大地测量技术的发展，特别是全球卫星导航系统的迅速广泛应用，世界上很多国家及组织相继建立了不同区域、不同用途的各类 GNSS 基准站网。本节对目前国际上具有代表性的 GNSS 基准站网（如 IGS 全球基准站网、美国连续运行参考站网、加拿大自主控制网、欧洲永久 GNSS 观测网、德国的 SAPOS 和日本的 COSMOS）进行介绍。

2.1.1 全球 GNSS 基准站网

目前，IGS 连续运行跟踪站网是全球分布最广泛、空间规模最大的 GNSS 基准站网。20 世纪 90 年代初，IGS 成立并且在全球建立 GPS 连续运行站网。其最初的目标是为大地测量和地球物理研究提供产品，主要任务包括：建立精确的全球参考框架、确定精密地球自转参数与精密 GPS 轨道、为区域地球动力学研究提供支持等。起初是在全球建立了 60~70 个核心站，于 1994 年 1 月正式运行。在过去的近 20 年里，随着研究的深入及领域的扩展，IGS 取得了很大的进展，截至 2016 年 6 月，全球跟踪站发展到目前的 497 个（其中 IGS08 核心站 91 个）。其服务内容也更为广泛，增加了电离层、对流层、精密钟差等参数的发布。

2.1.2 美国连续运行参考站网系统

目前，美国主要有 3 个大的 CORS，分别是国家 CORS、合作 CORS 和加利福尼亚 CORS。美国国家大地测量局（NGS）、美国国家海洋和大气管理局（NOAA）的国家海洋服务办公室分别管理国家 CORS 和合作 CORS。NGS 的网站向全美和全球用户提供国家

CORS 基准站坐标和 GPS 卫星观测站数据，其中 30 天内为原始采样间隔的数据，30 天后为 30 秒采样间隔的数据。此外，NGS 网站还提供网上数据处理服务。合作 CORS 的数据可以从美国国家地球物理数据中心下载，并且所有的数据向合作组织自由开放。CORS 数据可以用于高精度的后处理静态定位和动态定位、地球动力学、地震监测、大气层中的水气含量和自由电子含量监测以及气象预报等多项任务。在三个大的 CORS 下，美国有很多个实时的网络实时动态（Real Time Kinematic，RTK）服务系统，如美国加利福尼亚州南部的奥伦奇市实时网络（Orange County Real Time Network）和圣地亚哥实时网络。测量人员、GIS 用户、工程师、科研工作者和广大的使用 GNSS 数据的公众都可以使用 CORS 来提高其定位精度，经 CORS 增强的后处理坐标在美国国家空间参考系统（NSRS）下的水平和垂直方向上的精度都达到厘米级。

美国 CORS 的发展与 NGS 定义和维护美国国家空间参考系统的任务息息相关。1987 年，NGS 从田纳西州开始，联合许多州和联邦政府部门在全美建立了高精度的参考网 HARN。HARN 建立了许多新的参考点，这些点能够提供比原有点更少遮挡的视空，观测数据质量更好。1987 年和 1990 年，这些州际的 HARN 点被嵌入到一个同样由 GPS 测量得到的更精确而稀疏的国家级网。

为了提高 HARN 的测量精度，NGS 于 1986 年秋，引入了 CORS 网的先驱——国际合作 GPS 网 CIGNET。CIGNET 的台站全部配备了连续跟踪 GPS 卫星的高精度双频接收机，用以计算 GPS 卫星轨道的精密星历。1989 年，CIGNET 包含了美国国内的 3 个站（MOJA in Mojave, Calif.；RICH in Richmond, Fla. and WEST in Westford, Mass.）。1990 年，CIGNET 扩大到了南半球。1991 年底，CIGNET 拥有了全球范围内共 21 个站，所有跟踪站的数据都由若干机构收集，然后通过 NGS 免费提供给 GPS 研究者。NGS 不断扩张 CIGNET 网，形成了第一个公用的全球 GPS 网的核心，并加入到了 IGS 中。

Strange（Strange，1994）首先提出建立一个覆盖全美国范围的 CORS 网，用以增强 NSRS。随后，Strange 和 Weston（Strange, et al., 1995）公布了一个 CORS 系统的初步方案。与此同时，有些联邦机构也提出了建立用于各自用途的连续运行 GPS 参考站的设想。美国海岸警卫队（USCG）尝试增补差分 GPS 服务到其 LORAN 无线电导航服务中，用以提升美国海岸的安全导航。同时，美国陆军工程兵团（USACE）也正寻找一种低成本高效率的导航系统，用以支持其内河疏浚和水文调查等工作。他们与 USCG 合作拓展了覆盖内陆若干主要河流的 DGPS 服务。后来，联邦航空管理局（FAA）也考虑将 CORS 用于航空安全服务。FAA 开发了广域增强系统（WAAS）。其他联邦机构，如 NASA 的 JPL 和美国地质调查局 USGS，进行了大量的投入，用于使用 CORS 台站进行卫星定轨和研究地壳运动。由于这些项目的相似性，美国审计总署指示这些机构一起协调设备采购以减少开支，而 NGS 作为建议者，帮助确定了这些机构的所有任务的 GPS 设备的规格。

从 20 世纪 80 年代末开始，CIGNET 和 JPL 的台站都用于进行全球 GPS 卫星轨道的计算。1994 年，NGS 官方开始建立 CORS 网，新建了一批新的 CORS 站点。同时，将原属于 CIGNET 的站点加入到了该 CORS 网中。随后，NGS 与 USCG、USACE 和 FAA 合作，分别将它们所属的 DGPS 站、WASS 站加入到 CORS 中。其他联邦、各州及地方机构的连续运行站也陆续加入到了 CORS 网中。截至 1995 年，NGS 获得了超过 50 个高质量的 CORS

站，它们大多数由 USCG 和其他参与机构部署，无需 NGS 安装或维护。得克萨斯州交通部门率先将覆盖得克萨斯州的 10 个站点加入到 CORS。1996 年，CORS 站的数量增加到了85 个。通过联系有兴趣的机构及安排数据共享，截至 1997 年 12 月，NGS 扩展 CORS 站到108 个。2000 年，超过了 200 个站，而截至 2015 年 8 月，该 CORS 网已包含超过 2000 个站，如图 2-1 所示，有 200 余个政府、高校及私人组织参与，并且在继续扩大之中。

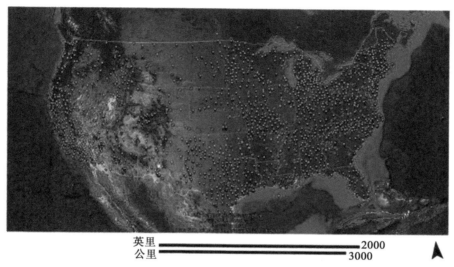

图 2-1 美国 CORS 站点图

（图片来源：http://www.ngs.noaa.gov/CORS/）

CORS 的不断扩展使得 CORS 站的平均站间距缩短到约 100km。依照这种增长速度，NGS 最近更新了建立 CORS 站的指导方针 NGS2006，改善了元数据的跟踪，升级了其 GPS处理软件 PAGES，完成了从 1994 年起的 IGS 加 CORS 数据的再分析。

如今，CORS 已经成为美国大地测量界使用美国国家空间参考系统的主要途径。这些台站由每个组织独立拥有和运营，他们将数据上传到 NGS，由 NGS 免费分析和分发这些数据。GPS 操作者只需要使用一台 GPS 接收机，然后从网上下载所需 CORS 站的数据，进行相对定位即可。作为 CORS 服务的一部分，NGS 正和全球的科学家们一起继续发展数字模型和技术，从而使得 GPS 用户能够更为经济地、及时地进行精确定位。

2.1.3 加拿大主动控制网系统

加拿大主动控制网系统（Canadian Active Control System，CACS）目前由加拿大大地测量局和地质测量局负责维护和运行。到 2006 年 5 月，CACS 拥有 14 个永久性跟踪站、12 个西部变形监测站和 20 个区域主动控制站。其目的同样是通过因特网提供网站地心坐标和相应的 GPS 卫星跟踪观测数据，供测量、地球物理和其他用户采用 GPS 单机即可进行事后精密定位。该系统还提供精密星历、卫星钟差、电离层模型等广域差分修正,其实时定位精度从 1m 到 10m 是可变的,取决于用户采用的 GPS 接收机抗干扰和抗多路径效应的性能。加拿大一些公司目前也采用 FM 广播网和中波信标广播网开展实时定位服务。目前,利用 CACS 提供的精密卫星星历、精密的卫星钟差改正和参考站的观测值,在加拿大的任何位置使用单台接收机可获得厘米级至米级精度的定位结果。

2.1.4　欧洲永久网

欧洲永久网(European Permanent Network,EPN)是建立与维持欧洲参考框架 EUREF 的关键基础设施,与 IGS 有紧密的联系和合作,是 IGS 在欧洲区域的加密。欧洲永久网始建于 1987 年,站点总数超过 200 个,覆盖整个欧洲大陆,由连续观测的高精度 GPS/GLONASS 接收机构成的基准站组成。EPN 包括以下几个部分:跟踪站、运行中心、区域数据中心、区域分析中心、合成中心和中心局等。EPN 所形成的产品有测站高精度坐标和速度场、测站时间序列以及对流层大气延迟参数等。

2.1.5　德国卫星定位与导航服务系统

德国卫星定位与导航服务系统(SAPOS)是一个连续运行的、覆盖全国的多功能差分 GPS 定位导航服务体系,是德国国家空间数据基础设施。其由德国国家测量管理部门联合测量、运输、建筑、房屋和国防等部门,把各部门的差分 GPS 协调统一起来建立的。SAPOS 由 200 多个永久性 GPS 跟踪站组成,平均站间距约为 40km。SAPOS 的基本服务是一个 GPS 系统参考站组成的网络,该网络记录卫星信号和为用户提供改正数据,使用户得到厘米级水平的导航和定位坐标。SAPOS 采用区域改正参数(FKP)的方法来减弱差分 GPS 的误差影响,每颗卫星的区域改正参数以 10s 的间隔给出。SAPOS 把德国的差分 GPS 服务按精度、时间响应和目的分成了四个级别:实时定位服务、高精度实时定位服务、精密大地定位服务、高精度大地定位服务。

2.1.6　日本 GPS 连续应变监测系统

日本国家地理院(GSI)从 20 世纪 90 年代初开始着手布设地壳应变监测网,并逐步发展成日本连续应变监测系统(COSMOS)。COSMOS 不断发展,最终形成了由 GPS 连续观测站组成的参考站网,称为 GEONET。该网平均密度为 20km,最密的部分如关东、东京、京都等地区是 10~15km 一个站。2005 年底已经建设完成 1200 个遍布全日本的 GPS 永久跟踪站网。观测站数据通过 ISDN 网进入 GSI 数据处理中心,并进入互联网,在全球共享。这一系统构成了一个格网式的 GPS 永久站阵列,是日本的重要基础设施。其主要任务有:建成超高精度的地壳运动监测系统;建成国家范围内的现代"电子大地控制网点";系统向测量用户提供 GPS 数据进行测量定位,要求具有实时动态定位能力,目的是取代传统的包括 GPS 静态网的控制网测量和建立模式。COSMOS 主要的应用是:地震监测和预报、控制测量、工程控制和监测、测图和地理信息系统更新、气象监测和天气预报。

2.2 中国 GNSS 基准站网

1992 年，我国建立了第一个连续运行 GNSS 基准站——武汉站（WUHN），随后建立了北京（BJFS）、拉萨（LHAS）等跟踪站。2001 年，在深圳建立了我国第一个具有网络 RTK 功能的城市级 CORS。2006 年，江苏和广东率先建立了我国省级 CORS。它们分别对应了行业级、城市级、省级三种 CORS 类型。行业级 CORS 的主要特点为专业特征明显，只提供专业所需服务，且一般不提供网络 RTK 服务。城市级 CORS 的主要特点：建设成本低；建站数量少，一般为 4~6 个站，很少超过 10 个站；覆盖面积较小，建站和维护的难度也较小。省级 CORS 的主要特点：建设成本高，可达数千万元；覆盖面积大，且已建站的跨行业跨级别合作共享情况相对复杂，难度较高。下面将按这三种类型分别介绍和讨论。

2.2.1 行业级 CORS

行业级 CORS 建设的主要目的是为了满足国家某一行业层面的需求和科学研究的需要，以建立国家大地基准、开展地球动力学研究和大气探测研究等为根本任务的专业型 CORS 为代表。行业级 CORS 的主要建设单位有国家测绘地理信息局、总参测绘局、中国科学院、中国地震局、中国气象局、交通部等部门，涉及测绘、国防、环境监测、地壳监测、气象、交通、海事等行业。已建成的行业级 CORS 系统主要有以下四个：

（1）国家测绘地理信息局 GNSS 连续运行参考站系统

1992 年，国家测绘地理信息局在武汉建立了国内第一个 GPS 连续跟踪站，即现在的 IGS 武汉站（WUHN），用于全球大地参考框架定义以及 GPS 卫星轨道确定。此后，又分别在北京（1995）、拉萨（1995）、乌鲁木齐（1995）、咸阳（1997）、西宁（1998）、海口（1998）和哈尔滨（1999）等地建设了 8 个 GPS 连续跟踪站，主要目的是建立国家大地基准控制，为我国坐标参考框架建设提供参考依据，并服务于国际 GPS 动力学研究。经过近十年的观测，其中拉萨、乌鲁木齐、武汉和上海等站作为国际核心站，参与了 ITRF 建设，在国际上具有一定影响力。上海、乌鲁木齐、长春等站还配备有 VLBI、SLR 等多种空间大地测量手段，用于地球科学研究，已成为国际上具有多种观测手段的科学台站。国家测绘地理信息局 GNSS 连续运行参考站在国内占据了重要地位，分别在高精度 GPS A、B 级网建设，国家 2000 GPS 大地控制网建设，省、市区域大地基准建设以及 GPS 广域差分试验及服务等项目中发挥了不可替代的作用。

（2）中国地壳运动观测网络

中国地壳运动观测网络主要由基准网、基本网和区域网三大部分组成。中国地震局自 1998 年开始通过中国地壳运动观测网络工程项目（简称"网络工程"）与中国人民解放军总参测绘局、中国科学院和国家测绘局合作，在国内建立了 25 个 GPS 基准站，包括 5 个 SLR 并置站和 2 个 VLBI 并置站，平均站间距 300~500km，后增加了哈尔滨、郑州两个站，一起作为"网络工程"GPS 观测网的基准网。基准网的主要功能是监测中国大陆一级块体的构造运动，同时作为框架网应用于"网络工程"的 GPS 基本网和区域网以及国家 2000 GPS 大地控制网的建设中。基本网由 55 个定期复测的 GPS 点组成,西部大约两年复测一次,东部大约四年一次,主要用于一级块体本身及块体间的地壳变动的监测。区域网由 1000 个不定期复测的 GPS 点组成,其中 300 个左右均匀布设,700 个左右密集布设于断裂带及地震危险监视区。

(3) 中国大陆构造环境监测网络

2006 年,在中国地壳运动观测网络的基础上,由中国地震局、总参测绘局、中国科学院、国家测绘局、中国气象局和教育部等六部委联合实施了国家重大科技基础设施——中国大陆构造环境监测网络(简称陆态网络)项目。该项目历时数年,累计投资 5 亿余元,已于 2012 年 3 月通过国家验收,建成了由 260 余个连续观测站和 2000 个不定期观测站点构成的、覆盖中国大陆的高精度、高时空分辨率和自主研发数据处理系统的观测网络。陆态网络主要用于监测中国大陆地壳运动、重力场形态及变化、大气圈对流层水汽含量变化及电离层离子浓度的变化,为研究地壳运动的时空变化规律、构造变形的三维精细特征、地震短临阶段的地壳形变时空变化特征、现代大地测量基准系统的建立和维持、汛期暴雨的大尺度水汽输送模型、中国上空电离层动态变化图像及空间天气等科学问题提供基础资料和产品。

(4) 中国沿海无线电指向标-差分全球定位系统(RBN-DGPS)

交通部海事部门在全国沿海建立了由 20 余个 GNSS 基准站组成的中国沿海无线电指向标-差分全球定位系统(RBN-DGPS)。该系统于 2002 年建成启用,系统覆盖北起鸭绿江口、南至西沙群岛,覆盖我国沿海港口、重要水域,在系统覆盖范围内,可向用户提供米级差分 GPS(RTD)服务,广泛应用于船舶导航、海洋测绘、海洋石油开发、海洋国防等领域。

2.2.2　城市级 CORS

2000 年以后,为了满足城市经济建设的需要,我国先后在深圳、北京、上海、香港、武汉等城市建成具有网络 RTK 功能的 CORS 网。目前,随着技术的日趋成熟、成本的不断降低、用户需求的增大,很多中小城市也纷纷建站,城市级 CORS 的发展如雨后春笋。本书以深圳 CORS 为例进行介绍。

深圳 CORS(SZCORS)是我国第一个实用化的实时动态 CORS。该项目于 2000 年 5 月启动,2001 年 9 月建成并投入试验和试运行。该系统由 CORS 基准站(4 个)、系统控制中心、数据中心、用户应用中心、数据通信等子系统组成,其中 CORS 基准站到数据中心的数据通信采用可实时传输数据的深圳市政府信息网。SZCORS 通过 GSM 通信方式,采用 VRS 技术向用户提供网络 RTK 实时定位差分数据服务,还可通过 Internet 的 HTTP、FTP 等访问方式,向用户提供事后精密定位服务。SZCORS 设计覆盖 4 个 CORS 站构成的四边形面积及各站半径 13km 的范围,其实时定位服务精度达到平面 ±0.03m,垂直 ±0.05m,且网络 RTK 作业精度均匀,与距离、时间无关(刘晖,2005)。

2009 年,SZCORS 完成网络改造工程,顺利接入广东省 CORS(GDCORS)。SZCORS 基于深圳市政府信息网建设,由于该网出于安全保密的原因,无法与使用 Internet 构建 VPN 的 GDCORS 互联。此外,由于科技发展,SZCORS 使用 GSM 通信模式服务于实时用户的现状越来越显示出其滞后性。基于以上原因，对 SZCORS 进行了网络改造。网络改造中，建设了基于 MSTP（采用 SDH 的多业务数据传输平台）技术的 CORS 专网，既保证了数据安全性，又实现了与政府内网物理隔离的目的；同时与中国移动联系，构建了 SZCORS 专用的 APN 网络，即借助于中国移动的网络，授权测量用户只要在有 GPRS 信号的地方就可以实现与 SZCORS 控制中心的通信，从而得到高精度的定位结果。

同时，为兼顾不具备 GPRS 通信模块的老用户利益，SZCORS 依然保留了 15 个 GSM 通信接口。计划 3~5 年后，随着旧设备的淘汰，最终停止提供 GSM 的通信接入服务，届时实时用户全部转为 GPRS（或 3G）模式的服务。

2.2.3 省级 CORS

2005 年以来，随着 CORS 技术逐渐成熟和经济建设对地理空间信息的需求不断扩大，广东、江苏率先开展了省级 CORS 建设。截至 2015 年，先后已有广东、江苏、江西等十余个省份完成了覆盖全省范围的 CORS 的建设，广西、四川、陕西等近十个省份的 CORS 正处于建设或扩建之中，另有黑龙江、云南等省正在积极筹建。以上相关发展过程如图 2-2 所示。

由于城市级 CORS 的建设成本和技术难度较低，建设时间较早，因而部分省在省级 CORS 建设之初就面临着完全独立建网或融合已有城市 CORS 的选择。完全独立建网方式简单、统一，涉及单位少，无需共享机制，但建设和维护成本太高。为了节约成本、充分利用已有资源和统一区域基准，大多数省份都选择了通过纳入不同地方、行业的已有 CORS 来建立省级 CORS 网。

以广东省为例，广东 CORS（GDCORS）建设前，已有 1 个行业级和 3 个城市级 CORS 系统，见表 2-1，共有 36 个站。为了避免浪费和充分利用现有资源，GDCORS 采用"省中心-省级分中心-市级分中心"的混合模式将以上四个系统纳入其中，并另建直接联网到省中心的 CORS 站 42 个（2008 年二期工程完成后），最终组成了覆盖全省的 CORS 系统。

GDCORS 采用省市共建共享模式，组成了统一的空间数据参考框架，具有广泛的参考价值，其共享和维护情况如下：

①跨行业合作：省国土厅与省气象局合作。双方签订合作共享协议，国土厅利用气象局的 23 个站，气象局利用国土厅的 55 个站，国土 GDCORS 和气象 GPS/MET 各自建设和管理控制中心及基准站，并各自承担维护管理费用。同时，互不涉足对方业务应用领域，在其他领域应用上互相协商。

②跨级别合作：省国土厅与各市国土局合作。省国土厅利用各市国土局的共 13 个 CORS 站，市国土局可共享邻近的省级 CORS 站实现市域全覆盖，各市维护市级分中心、基准站和省级基准站的日常管理，省厅负责全网管理、维护和应用。

由此可见，在省级 CORS 建设过程中，我国已经积累了不少跨行业、跨级别合作的经验，这些宝贵经验可以作为省级 CORS 组网互联互通的参考。

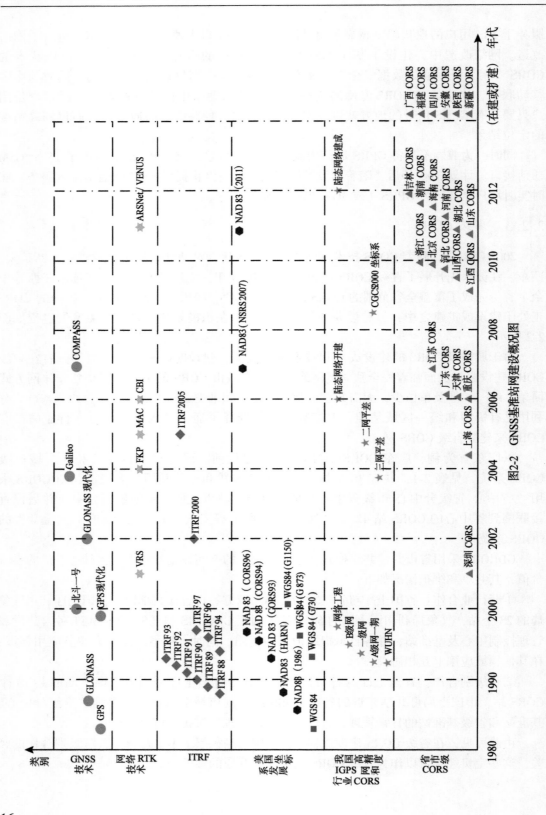

图2-2　GNSS基准站网建设概况图

表 2-1   GDCORS 组成表

系统名称	简称	基准站数量	权属单位	分中心级别	分布
广东省连续运行卫星定位服务系统	GDCORS	42+23+4+4+5	广东省国土资源厅	省中心	全省
广东省大气水汽总量观测站系统	GPS/MET	23+55	广东省气象局	省级分中心	全省
广州市连续运行卫星定位服务系统	GZCORS	4+2	广州市国土资源局	市级分中心	广州市
深圳市连续运行卫星定位服务系统	SZCORS	4	深圳市国土资源局	市级分中心	深圳市
东莞市连续运行卫星定位服务系统	DGCORS	5	东莞市国土资源局	市级分中心	东莞市

2.2.4 中国国家级 CORS 的建设现状

如前所述，国家测绘局已于 1992 年开始建设 GPS 连续跟踪站，2012 年中国大陆构造环境监测网络建成了 260 个连续观测站。但严格来说，国家级 CORS 还未完全形成。中国于 2012 年开始启动了国家现代测绘基准体系基础设施建设项目，如图 2-2 所示，预计将在 2020 年左右，将建成由 680 个连续运行基准站组成国家级 CORS。

2.3 中国区域 GNSS 网现状分析及建议

我国 GNSS 基准站网从 20 世纪 90 年代中期开始建设，经过 20 年左右的发展，如今许多省市都计划新建或者完善本省市范围内的连续运行参考站网。据不完全统计，截至 2016 年 1 月，中国建立的连续运行基准站已超过 2000 个。

2.3.1 GNSS 基准站网迅速发展的必然性

如前所述，GNSS 基准站网不仅是建立全球、国家和区域坐标参考框架的基础设施，也是提供导航位置服务的系统平台，还是揭示和认知固体地球物理变化等地球科学研究的一种重要观测手段。促使中国 GNSS 基准站网迅速发展的原因包括（陈俊勇等，2009；陈俊勇等，2008；过静珺等，2008；姜卫平等，2008；刘经南等，2009；袁鹏，2012）：

（1）卫星导航定位技术发展的必然

GNSS 具有全球性、全天候、连续、精确、实时的导航、定位、授时、守时等功能，能在全球任何地点、任何时间提供用户静止的和动态的地理位置和时间信息。同时，又具有抗干扰强、高效、廉价、小巧、方便等一系列显著优点，为经济建设、社会发展和科技进步，为陆海交通、运输管理和土地、农林、地矿等资源调查、环境和灾害监测等带来极大方便。因此，我国许多部门和行业也都在纷纷利用 GNSS 技术及设备，从事 GNSS 产品销售和技术开发（陈俊勇等，2009；袁鹏，2012）。

通常，GNSS 自身提供的定位精度一般在十米左右，甚至更差，不能满足精密定位的需求，这样就出现了差分和增强等技术。最初的差分技术是基于基准站的静态差分，之后又出现了 RTK 技术，使高精度差分动态定位得以实现，可以说是卫星定位技术发展史上的一个里程碑。然而，常规的 RTK 技术作业范围小（一般流动站与基准站的距离在 10 千米左右），并且容易造成技术上的低水平重复和无线电频率资源浪费拥挤。为了扩大常规 RTK 的作业范围和提高其定位精度，出现了网络 RTK 技术。一方面，基于该技术，通过建立基准站网，构建 CORS，可在扩大覆盖范围、降低成本、提高精度等方面都有较大的提高。另一方面，增强技术一般是基于基准站网来实现的，无论是广域增强系统，还是地基增强系统。可以说，卫星导航定位技术的发展必然促进了连续运行基准站网的建设。

此外，卫星接收机及基准站建设价格大幅度的下降也很好地促进了连续运行参考站网建设。

（2）建立三维、地心、动态坐标参考框架的迫切需要

GNSS 基准站网是建立全球、国家和区域坐标参考框架的基础设施。随着我国综合国力的增强，国家经济的飞速发展，为满足我国经济建设中对测绘技术不断提高的要求，要求测绘建立实现全自动、全天候、全时域、全空域（地下、水下、地面、天上、太空）的连续测量体系。这样，任何静态形式的、模拟方式的、人工方式的，以光电技术为主实现数据采集的测绘模式都远远不能满足这一要求。社会发展和进步的需要，迫使测绘工程现代化、信息化、实时化，建设基于卫星定位技术的三维实时动态测绘基准是测绘技术发展的必然趋势，是我国经济建设发展的迫切需要（陈俊勇等，2009；刘经南等，2009；袁鹏，2012）。然而，坐标参考框架是通过一组有坐标和速度场的测站来实现的。因此，测绘基准现代化的一项重要任务就是建立连续运行基准站网。目前，在省级层面，我国除西藏外，各省市都建成或正在建立连续运行基准站网。不仅如此，许多城市也建立了自己的 CORS。此外，国家测绘地理信息局也基本建立了一个由近 700 个站组成的连续运行参考站网。

（3）地壳运动研究、地质灾害监测、气象分析、安全监测等领域的必要手段

GNSS 基准站网也是揭示和认知固体地球物理变化等地球科学研究的一种重要观测手段。基于 GNSS，可以研究地壳运动、板块构造，也可以反演大气环境，还可以监测大坝、桥梁、地面沉降、滑坡等灾害。GNSS 观测可提供高精度、大范围和准实时的地壳运动定量数据，使得在短时间内获取大范围地壳运动速度场成为可能，GNSS 技术已成为监测现今地壳运动一种强有力的工具。早在 20 世纪 90 年代初，日本国家地理院（GSI）就开始着手布设覆盖全日本的地壳形变监测网，建成由 1000 多个 GPS 连续观测站组成的 COSMOS 系统。中国从 1990 年开始先后建立了多个全国性的 GNSS 监测网（中国地壳运动观测网络等）和主要活动带的区域性 GNSS 监测网（如在青藏和喜马拉雅山地区、川滇地区的 GPS 监测网等）。同时，GNSS 技术已经成为了解大型建筑物变形机制的重要手段。利用基准站网监测建筑物变形能克服传统手段所存在的缺陷，不仅精度能满足要求，而且可以更全面地了解目标各时期的变化，甚至瞬时变化。同时，传统的水汽探测手段往往存在空间或时间分辨率不足、精度有限或者适用范围较小等局限性，利用地基 GNSS 基准站

网的观测数据，通过断层扫描技术重构水汽的垂直轮廓线，获取水汽的三维分布信息，成为目前非常有优势的水汽探测手段之一。此外，在电离层电子含量监测中也是如此。因此，不但测绘部门、城市勘察部门，而且地震局、气象局也十分关心连续运行参考站网建设（过静珺等，2008；姜卫平等，2008；刘经南等，2009）。

（4）通信技术的飞速发展

通信技术的发展为构建 GNSS 基准站网系统提供了基础。在常规实时动态定位中，用户利用基准站进行快速定位时，除需配备基准站接收机和流动站接收机外，还需要数据通信链实现基准站与用户之间的数据实时传输。采用数传电台作为差分数据通信链，这种方式易受高大建筑物或者地形地物阻挡，影响数据传输。如在高楼林立的城市，作业距离短（一般小于 10 千米）。而且，用户自己还需架设专用大功率电台。网络 RTK 技术则采用 GPRS 及 CDMA 数字通信网，不受高楼阻挡影响。只要在无线数字通信区内，用户都可快速接收到卫星差分信号，这为大范围建立连续运行参考站网提供了重要的基础（刘经南等，2009）。此外，卫星通信技术的成熟和价格的下降也为建立连续运行基准站网提供了重要的支持。

（5）导航与位置服务的迫切需求

导航与位置服务泛指一切以移动设备地理位置和移动网络为基础而构成的信息娱乐综合服务，是当前信息服务业的重要组成部分。当前，我国卫星导航与位置服务产业发展已初具规模，一批企业的发展取得长足进步，形成了一定的技术和资本积累。国内正在形成一批基于互联网业务的位置服务提供商群体，一批互联网巨头也正积极研究和开拓位置服务新业务。地基（星基）GNSS 增强系统是实现导航与位置服务的基础，而基准站网是实现增强系统的前提。因此，导航与位置服务产业的需求也促进了连续运行基准站网的发展。

2.3.2 我国连续运行基准站网建设存在的问题及思考

虽然现在我国各地连续运行基准站网建设方兴未艾，并且在新建、改造 CORS 的过程中已经解决了很多问题，积累了不少经验，但我国连续运行参考站网建设仍不同程度地存在着以下几个问题（过静珺等，2008；姜卫平等，2014）：

①尚未成立国家级 CORS 组织机构，未能从组织管理层面进行统一管理规划协调；

②建设缺乏统一标准，各行业分别建立的标准不尽相同，不利于系统间的集成；

③建设缺乏统筹规划、分布不均，在经济发达地区存在重复建站、重复投资、资源与信息不能共享的现象，而在边远省份则站点稀少；

④系统的整合不够，区域基准站网存在超长、超短边，服务缝隙与网络交叉，省级区域 CORS 之间的互联互通尚未大范围实现；

⑤系统所采用的 CGCS2000 并非完全一致。这是由于各网独立建设，建网时间不同、所用设备、解算软件、解算策略等不尽相同，存在着基准差异；

⑥系统的应用推广不够，不同行业之间存在壁垒，尚未充分发挥出其在国家重大工程建设、国家经济社会发展和国家安全等方面的基础性和战略性作用。

针对以上问题，我国应尽快成立国家 CORS 组织机构，统一 CORS 建设标准，制定全国 CORS 发展规划，整合现有系统资源，平衡区域发展，促进区域 CORS 组网实现互联互通，开展数据共享网络以及共享机制的研究。此外，为了推动北斗卫星导航系统的发展和应用，应加大基于 BDS 的 CORS 技术研究及其推广应用。

第 3 章　高精度 GNSS 数据处理方法

精确获取基准站的坐标是实现 GNSS 基准站网功能的基础，而高精度 GNSS 数据处理方法是这一基础的关键。随着 GNSS 基准站网的规模不断增大，基准站数目不断增加，求解的参数（特别是模糊度参数）也越来越多。解算时，不仅需要高性能的计算机及大量的运算时间，而且目前大多数软件最多只能整体解算 100 个测站的数据（如 GAMIT 软件），或者在整体解算 200 个或以上测站时需要消耗大量的计算机硬件资源与时间，这严重影响了数据解算的效率。一般情况下，通常对于测站数量超过 100 个的大规模 GNSS 基准站网，采用的解算策略是将大规模网划分为若干个少于 100 个的子网，先进行子网单独解算，然后将各个子网解综合处理，得到最终解算结果。然而，分成子网解算大规模网的算法上难以实现严密解。此外，随着我国北斗卫星导航系统的逐步建成，多系统多频率融合数据处理方法也越来越受到重视。

本章首先分析 GNSS 测量误差源，讨论高精度静态数据处理的基本方法和介绍 GAMIT/GLOBK 软件；然后研究基于子网和整体解算的基准站网数据处理方法；最后探讨了多系统多频率融合数据处理方法。

3.1　GNSS 测量误差源分析

GNSS 接收机测量的信号是从 GNSS 卫星的天线相位中心到接收机的天线相位中心之间的信号。通常 GNSS 导航定位的误差源分为三部分：与接收机（或测站）相关的误差、与卫星相关的误差以及与传播路径相关的误差（李征航等，2005）。了解误差产生的来源及原因，并适当地加以改正，能提高 GNSS 定位的精度。

3.1.1　与卫星有关的误差

1. 卫星轨道误差

卫星星历表示的卫星轨道与真实的卫星位置之间的不符值称为卫星轨道误差，其大小取决于轨道计算的数学模型、软件，采用的是跟踪网规模、分布及数据观测时间的长短。相对定位中，轨道误差的影响可按式（3-1）估算。

$$db = \frac{dr}{r} \times b \qquad (3-1)$$

式中，r 是测站到卫星的平均距离；b 是基线长度，db、dr 分别为基线、星历误差。取 $r = 20200$km，采用 IGS 提供的精密预报星历（其精度为 5cm），对于 50km 的基线的最大影响为：

$$db = \frac{ds}{r} \times b = \frac{0.05}{20200 \times 10^3} \times 50 \times 10^3 \approx 0.1mm \qquad (3\text{-}2)$$

2. 卫星钟差改正

卫星钟差是指由于卫星钟频率漂移引起的 GNSS 卫星时间与标准时之间的差值。广播星历卫星钟差的精度在 5~10ns。在相对定位模式下，卫星钟差可通过测站间差分消除。对于非差定位则应该事先估计其大小，然后代入观测方程以消除该项误差的影响。若要实现厘米级精度的精密单点定位，就要求卫星钟差的改正精度达到亚纳秒级。目前，IGS 提供的精密钟差产品以 5 分钟或 30 秒间隔给出，其 RMS 为 75 微秒，STD 为 20 微秒（Larson，et al.，2005）。GNSS 观测值的采样间隔一般都小于上述值，此时需内插计算得到每个历元所对应的卫星钟差。内插一般采用低阶多项式就可以满足精度要求。

3. 卫星天线相位中心偏差改正

GNSS 观测量是相对于卫星天线相位中心的，而卫星定轨所用的轨道力模型参数、IGS 精密星历和卫星钟差是相对于卫星质量中心，因此建立观测方程时必须顾及卫星天线质量中心和相位中心之间的偏差。卫星天线相位中心相对于卫星质量中心的偏差一般以星固坐标系中偏差量的形式给出。假定在惯性坐标系中，星固坐标系轴的单位矢量为 $\bar{e}_x$，$\bar{e}_y$，$\bar{e}_z$，卫星天线相位中心的位置矢量为 $\bar{r}_{sant}$，则在惯性坐标系中的卫星天线相位中心偏差可表示为：

$$\Delta \bar{r}_{sant} = (\bar{e}_x, \ \bar{e}_y, \ \bar{e}_z) \, a \qquad (3\text{-}3)$$

已知卫星质量中心的位置矢量为 $\bar{r}_s$，则卫星天线相位中心在惯性系的坐标为：

$$\bar{r}_{sant} = \bar{r}_s + \Delta \bar{r}_{sant} \qquad (3\text{-}4)$$

一般在卫星发射前会测出该偏差量，数据处理时直接进行改正。但是卫星在运行过程中，该偏差由于种种原因可能发生变化，这就会给数据处理带来误差。目前多个 GNSS 分析中心通过大量的数据处理估计出天线相位偏差，并发布在网上，且自 2006 年起 IGS 已采用天线的绝对相位中心改正。

4. 相对论延迟

相对论延迟是由于卫星钟和接收机钟所处的状态（运动速度和重力位）不同而引起的卫星钟和接收机钟之间产生相对钟误差的现象。卫星钟比地面钟走得快，每秒约差 0.45ns。为了保持地面接收到的信号频率与 GNSS 导航系统设计的信号频率相一致，在卫星发射之前，人为地将卫星钟的标准频率减少约 0.00457Hz。但由于 GNSS 卫星轨道并非圆轨道，且卫星所在的位置受到的地球重力场影响也不同，相对论效应对卫星钟频率的影响并非一常数，经过上述改正后仍有残差，这部分影响可以用以下公式改正（Kouba，et al.，2001）：

$$\Delta D_{rel} = -\frac{2}{c} X_s \cdot \dot{X}_s \qquad (3\text{-}5)$$

式中，X_s 和 $\dot{X}_s$ 分别表示卫星的位置和速度向量，c 为真空中光速。

5. 相位缠绕改正

GNSS 卫星发射的是右旋极化（RHCP）的电磁波信号，接收机观测到的相位值依赖于卫星与接收机天线间的方位关系。接收机天线或卫星天线绕极化轴方向的旋转会改变相位观测值，最大可达一周（天线旋转一周），这个效应就称为"相位缠绕"。对于接收机天线而言，如果是静态观测，天线不发生旋转。但是对于卫星天线，卫星为了保持其太阳能翼板指向太阳，卫星天线相应地会发生缓慢的旋转，而且站星间的几何关系也不断变化。此外，在卫星进出地影区域时，卫星为了使其太阳能翼板指向太阳会快速旋转。卫星在 0.5h 内可旋转一周，在这段时间，载波相位观测数据需要进行相位缠绕改正，或者删除该部分数据。

在高精度相对定位处理模式下，对于几百千米以内的基线，双差后相位缠绕对定位结果的影响通常可以忽略不计，但对于 4000km 的基线，其影响量级可达 4cm。在固定卫星轨道和卫星钟的载波相位非差精密单点定位中，相位缠绕无法被有效消除，其改正量可达半周，必须加以考虑。

3.1.2 与传播路径有关的误差

1. 电离层延迟

电离层指的是高出地球表面 50~1000km 的大气层。在太阳光的强烈照射下，电离层中的中性气体分子被电离而产生大量的正离子和自由电子，从而形成了一个电离区域。电磁波信号在穿过电离层时，其传播速度会发生变化，变化程度主要取决于电离层中的电子密度和信号频率；其传播路径也会略微弯曲，但对测距结果所产生的影响不大，一般情况下可不予考虑。

电离层延迟误差是影响 GPS 定位的主要误差源之一。其引起的距离误差一般白天可达 15m，夜晚可达 3m；在天顶方向最大可达 50m，水平方向最大可达 150m。在基线较短的情况下（小于 10km），电离层延迟可以通过双差进行有效的削弱。但是，通常基线越长，双差后残余的电离层影响就越大。

GNSS 基准站网数据处理中，由于基准站的接收机一般是双频接收机，并且具有较好的接收性能，因此采用双频改正消去电离层延迟的一阶改正。GPS 现代化后或者 BDS，由于增加了第三频率，可以通过三频组合观测值消去电离层延迟的二阶项改正。Galileo 系统的发展将带来四个频率，采用四频组合观测值即可以消去电离层延迟三阶项改正。

2. 对流层延迟

对流层延迟一般泛指非电离大气对电磁波信号的折射。非电离大气包括对流层和平流层，大约是大气层中从地表面向上 50km 的部分。由于折射的 80% 发生在对流层，所以通常将两者对 GPS 信号的影响统称为对流层延迟。研究表明，对于工作频率在 15GHz 以内的微波而言，对流层使该种信号的传播路径比几何路径长，所导致的传播路径弯曲较小可忽略不计。对流层导致的 GNSS 信号传播路径增长的距离即为对流层延迟量，天顶方向的对流层延迟约为 2.3m；当卫星高度角为 10° 时，对流层延迟将增加至 13m 左右。

对流层延迟通常表示为天顶方向的对流层折射量 ΔD_z 与同高度角有关的映射函数 $M(E)$ 之积：

$$\Delta D_{trop} = \Delta D_z M(E) \tag{3-6}$$

对流层延迟的 80%~90% 是由大气中干燥气体引起的，称为干分量；其余 10%~20%

23

是由水汽引起的，称为湿分量。因此，对流层延迟也通常用天顶方向的干、湿分量和相应的映射函数表示：

$$\Delta D_{\text{trop}} = \Delta D_{z,\text{dry}} M_{\text{dry}}(E) + \Delta D_{z,\text{wet}} M_{\text{wet}}(E) \tag{3-7}$$

其干、湿分量通常采用天顶对流层延迟模型表示，具有代表性的模型是 Saastamoinen 模型和 Hopfield 模型。二者都能对干分量做较好的改正，精度为毫米级，但由于水汽分布不均，且随时间变化，因此湿分量改正精度较差，天顶方向一般为厘米级。为了有效提高对流层延迟模拟的精度，通常采用对流层模型改正联合附加未知参数法实现。

在 GNSS 基准站网数据处理中，由于基准站坐标已知且长期观测，如果能够很好地测定温度、气压等气象参数，我们可以采用模型获得厘米级的对流层延迟。如果不能获得可靠的气象参数，基线距离较短时可以直接采用标准大气参数，较长时则在计算基准站模糊度的同时估计对流层延迟参数。流动站的数据处理一般采用基准站网建立的对流层误差改正模型或用内插方法得到的改正数进行改正。

3.1.3　与接收机、测站有关的误差

1. 接收机钟差改正

接收机钟差是指接收机内的时标晶体振荡器由于其频率漂移而引起的接收机钟时间与 GNSS 标准时之间的差异。由于成本限制，接收机内一般安装的是高精度石英钟，其稳定度约为 10^{-9}。接收机钟差会对卫星位置以及站星间几何距离计算产生误差，在数据处理中必须考虑该项改正。为消除接收机钟差对定位结果的影响，在采用非差数据处理模式时，接收机钟差被当作一个未知参数与其他参数一起解算；而在采用双差相对定位数据处理模式时，接收机钟差是通过星间差分的方式直接消除。

2. 接收机天线相位中心偏差改正

接收机天线的相位中心与其几何中心在理论上应保持一致，而实际上天线的相位中心会随卫星信号输入强度、方向的不同而发生变化，即观测时相位中心的瞬时位置与理论值有所不同，两者的偏差可达数毫米到数厘米。目前 IGS 是通过测量机器人等手段对不同类型接收机天线的绝对相位中心进行检测，并将相关参数以表文件的形式提供给用户以消除该部分误差的影响。

3. 固体潮改正

摄动天体（月亮、太阳）对弹性地球的引力作用，使地球表面产生周期性的涨落，称为地球固体潮现象。它使地球在地心与摄动天体的连线方向拉长，与连线垂线方向上趋于扁平。固体潮对测站的影响包含着与纬度有关的长期偏移和主要由半日周期组成的周期项。若静态观测 24 小时，周期项的大部分影响可被平滑消除，但无法消除其长期项影响。因此，即使利用长时间观测（如 24 小时）的方法消除部分固体潮的影响，对于单个测站其残余影响在径向仍可达 12cm，在水平方向可达 5cm（Kouba, et al., 2001）。固体潮的变化对卫星轨道也会产生摄动作用，所以在卫星轨道设计中必须顾及这一影响。

4. 大洋潮汐改正

由于日月引力作用，实际的海平面相对于平均海平面会有周期性的潮汐变化，即海潮。地壳对海潮的这种海水质量重新分布所产生的弹性效应通常称为海潮负载。它引起的

台站位移要比固体潮的影响小一个量级，约为几厘米，但规律性要稍差一些。20 世纪 90 年代以来，已有多类大洋潮汐改正模型被应用到 GNSS 数据处理中。FES2004 是由 FTG（French Tidal Group）发布的大洋潮汐改正模型，该模型基于潮汐流体动力学方程以及数据融合技术而建立，是目前精度最高的全球大洋潮汐改正模型之一。

5. 地球极潮改正

由于极移现象的存在，地球自转产生的离心力可使得地球发生形变，称为极潮。极移使地球自转轴在北极描出直径约 20cm 的圆，极潮位移取决于观测瞬间自转轴与地壳的交点位置，它随时间而变化。极潮引起的台站漂移为 1~2cm，目前 GNSS 精密定位的精度已达到毫米级，故应加以考虑。

6. 大气负荷非潮汐改正

澳大利亚国立大学的 Tregoning 和 Van Dam 教授于 2005 年提出了大气压负荷改正模型（ATML），模型的非潮汐改正部分基于全球 6 小时间隔 2.5°×2.5° 区域气压数据及大洋压力负荷数据而建立。该模型根据大气非潮汐改正方式的不同分为两类：针对观测数据处理阶段地球整体质量中心的误差改正模型；针对地固系坐标后处理阶段固体地球部分质量中心的误差改正模型。

在利用 GAMIT 进行 GNSS 数据处理时应采用第一类误差改正模型，用户在使用时可根据测站处大地坐标及观测时刻采用二维线性内插的方法计算得到相应的误差改正量。大气日周期、半日周期潮汐改正模型目前已正式对外发布。全球大气压负荷非潮汐改正模型现在还无法满足实时应用的要求，其改正模型的提供存在一个月左右的滞后，两类误差改正模型文件可以从官方 ftp（ftp：//chandler.mit.edu/updates/grids）免费下载（姜卫平等，2008）。

3.1.4　其他误差源

1. 多路径效应

被测站附近的反射物所反射的卫星信号如果进入接收机天线，将和直接来自卫星的信号产生干涉，从而使观测值偏离真值，产生所谓的多路径误差，如图 3-1 所示。

在 GNSS 定位中，多路径效应将严重影响测量的精度，严重时还将引起卫星信号失锁。反射波被接收机接收时，除了存在相位延迟以外，信号强度一般也会减小。此外，多路径效应对伪距测量的影响要比对载波相位观测的影响严重很多。对于多路径效应的影响没有通用的模型算法，误差很难消除。因此，减小多路径效应的方法是采取预防措施，如选择合适的站址，避开大面积平静水面，高层建筑物等；选择合适的 GPS 接收机，进行精密定位的接收机天线下应配置抑径圈或抑径板；适当延长观测时间等都可以适当地削弱多路径效应的影响。

2. 测量噪声

测量噪声指的是在进行码或者相位测量中接收机本身所产生的噪声。这种噪声通常被认为是白噪声，噪声间没有相关性，主要是由于追踪环的不稳定性所造成的，可以采用零基线法测量白色噪声。测量噪声随着信噪比的减小而增大。

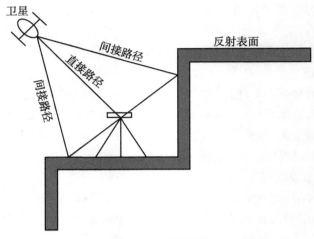

图 3-1　多路径效应

3.2　高精度 GNSS 数据处理的定位模式及考虑的主要因素

3.2.1　高精度数据处理中常用观测值及定位模式

在 GNSS 数据处理中，经常采用下列观测值中的一种或几种进行数据处理，以确定出待定点的坐标或待定点之间的基线向量：

- L1 载波相位观测值；
- L2 载波相位观测值（半波或全波）；
- 调制在 L1 上的 C/A 码伪距；
- 调制在 L1 上的 P 码伪距；
- 调制在 L2 上的 P 码伪距；
- L1 上的多普勒频移；
- L2 上的多普勒频移。

实际上，在进行定位时，除了使用上述的观测值进行数据处理以外，还经常使用由上述的若干种观测值通过某些组合而形成的一些特殊观测值，如宽巷观测值（Wide-Lane）、窄巷观测值（Narrow-Lane）、消除电离层延迟的观测值（Ion-Free）来进行数据处理。

在 GNSS 精密数据处理中，一般采用相位观测值。按照观测值是否组合来分，通常有差分和非差两种模式。在以上各种类型的观测值中，载波相位观测值是对 GPS 精密定位最常用的观测量。测站 i 对卫星 j 的相位观测值方程可以表示为：

$$\phi_{ij}(t_r) = -\bar{f}_{sj}[\rho_{ij}(t_r)/c + \Delta t_{ij}^{\text{trop}}(t_r) + \Delta t_{ij}^{\text{iono}}(t_r)] - f_0\Delta t_{ri}(t_r) + f_0\Delta t_{sj}(t_r) + f_0\Delta t_{SAj}(t_r) + n_{ij} + \varepsilon_{ij}(t_r) \tag{3-8}$$

其中，t_r 为卫星信号的接收时刻，$\rho_{ij}(t_r)$ 为信号发射时刻卫星天线相位中心到信号接收时刻接收机天线相位中心之间的几何距离，隐含了测站坐标、测站固体潮改正、天线相位中心改正、卫星轨道初值和力模型参数及两个参考框架之间的关系，Δ 项依次为对流层折射、电离层折射、接收机钟差、卫星钟差、SA 频率抖动影响，f_0 为相位观测值的标称频率，$\bar{f}_{sj}$ 为信号转播过程中的平均频率。c 为光速，n_{ij} 为相位观测值的模糊度参数，ε_{ij} 为观测噪声。

GNSS 差分定位是指利用在观测值之间作差得到的差分观测值进行定位。组成差分观测值的主要目的在于削弱或消除 GNSS 定位中的某些误差影响（如卫星钟差、接收机钟差、卫星轨道误差、大气延迟等），从而简化观测方程，提高解算精度。在精密差分定位中，一般是在接收机和卫星间求二次差，构成双差观测值组建法方程，并进行参数估计。双差模式的优点在于可以消除接收机/卫星钟差，卫星轨道误差、大气延迟也可以大大削弱，同时双差整周模糊度保持了整数特性，为模糊度参数的快速求解提供了有利条件。然而双差模式进一步减少了观测值的数目，双差模糊度的组建与选择也较为复杂（叶世榕，2002）。

GNSS 非差定位是指直接采用原始的载波相位观测值或伪距观测值，基于精密轨道和卫星钟差进行定位。观测值中的电离层延迟误差通过双频组合消除，对流层延迟误差通过引入未知参数进行估计。目前，精密单点定位（PPP）就是采用此模式。相对于差分定位而言，非差模式的主要优势在于观测值更丰富。但是，也存在不利：模型构建更为复杂，对流层、电离层、接收机及卫星钟差等误差需通过改正模型或参数估计对原始观测值进行修改；周跳探测更困难，只能利用单个测站的观测数据，通过其观测值组合的变化趋势来探测和修复周跳；存在更多的待估参数，因为对流层延迟、接收机及卫星钟差等误差不能通过差分消除或削弱。

3.2.2 高精度数据处理中考虑的主要因素及其影响

在高精度 GNSS 数据处理中，影响解算结果精度的主要因素有：卫星星历、地面起算点坐标误差、地面基准与星历框架/历元统一时归算方案的不同、基线解算方案与软件的不同、对流层折射的修正精度、周跳的修复与整周模糊度的固定等（姜卫平等，2001）。本节主要针对这些因素作一些具体分析。

1. 卫星星历

（1）卫星星历基准变化引起的系统误差

在 GNSS 相对定位中，一般采用双差模型，基线 Δb_{ij} 可表示为：

$$\Delta b_{ij} = (\boldsymbol{A}_{ij}^{\mathrm{T}} \boldsymbol{P} \boldsymbol{A}_{ij})^{-1} \boldsymbol{A}_{ij}^{\mathrm{T}} \boldsymbol{P} \boldsymbol{l}_{ij} - x_i \qquad (3\text{-}9)$$

式中，i、j 表示测站号，x_i 为已知点坐标，$\boldsymbol{A}_{ij}$、l_{ij} 分别为双差观测方程的系数矩阵、常数项，$\boldsymbol{P}$ 为权阵；

$$l_{ij} = [\, l_{ij}^{km}(t_{m_1}) \cdots l_{ij}^{km}(t_{m_n}),\ l_{ij}^{kq}(t_{q_1}) \cdots l_{ij}^{kq}(t_{q_n}) \cdots l_{ij}^{pu}(t_{u_1}) \cdots l_{ij}^{pu}(t_{u_n}) \,]^{\mathrm{T}} \qquad (3\text{-}10)$$

$$l_{ij}^{km}(t_{m_i}) = \nabla \Delta \varphi_{ij}^{km} - \frac{1}{\lambda} \nabla \Delta \rho_{ij}^{km} \qquad (3\text{-}11)$$

式中，$\nabla \Delta$ 表示"双差算子"，k、m、q、p、u 代表卫星号，i、j 代表测站号。由于卫

星星历系统不同带来的自由项 $l_{ij}^{km}(t_{m_i})$ 的变化可表示为：

$$\delta l_{ij}^{km}(t_{m_i}) = \left[\frac{\Delta\beta_{ij}^{k}(t_{m_i})}{\lambda} C^{k}(t_{m_i}) - \frac{\Delta\beta_{ij}^{m}(t_{m_i})}{\lambda} C^{m}(t_{m_i}) \right] \mathrm{d}y \tag{3-12}$$

式中，$\Delta\beta_{ij}^{k}(t_{m_i})$ 或 $\Delta\beta_{ij}^{m}(t_{m_i})$ 表示 t_{m_i} 时刻测站 i 和测站 j 至卫星 k 或 m 的方向余弦差。即

$$\Delta\beta_{ij}^{k}(t_{m_i}) = \left[\left(\frac{\Delta x_j^k}{\rho_j^k} - \frac{\Delta x_i^k}{\rho_i^k} \right), \left(\frac{\Delta y_j^k}{\rho_j^k} - \frac{\Delta y_i^k}{\rho_i^k} \right), \left(\frac{\Delta z_j^k}{\rho_j^k} - \frac{\Delta z_i^k}{\rho_i^k} \right) \right] \tag{3-13}$$

而

$$C^{k}(t_{m_i}) = \begin{bmatrix} 1 & 0 & 0 & x^k(t_{m_i}) & 0 & -z^k(t_{m_i}) & y^k(t_{m_i}) \\ 0 & 1 & 0 & y^k(t_{m_i}) & z^k(t_{m_i}) & 0 & -x^k(t_{m_i}) \\ 0 & 0 & 1 & z^k(t_{m_i}) & -y^k(t_{m_i}) & x^k(t_{m_i}) & 0 \end{bmatrix}$$

$$dy = \begin{bmatrix} \Delta x_0 & \Delta y_0 & \Delta z_0 & d_u & \varepsilon_x & \varepsilon_y & \varepsilon_z \end{bmatrix}^{\mathrm{T}} \tag{3-14}$$

式中，$x^k(t_{m_i})$、$y^k(t_{m_i})$、$z^k(t_{m_i})$ 分别表示 t_{m_i} 时刻卫星 k 在精密星历所参照的坐标参考框架下的坐标，dy 表示精密星历所参照的坐标参考框架至测站所参照的坐标参考框架之间的转换参数（3 个平移参数，1 个尺度因子，3 个旋转参数）；

不同的精密星历所参照的地球坐标参考框架略有差异。框架之间坐标原点的平移差异为 $0.05\sim0.50\mathrm{m}$，尺度差异为 $0\sim0.05\times10^{-6}$，坐标定向差异为 $0.01\sim0.02''$。坐标参考框架的变化对 GPS 基线向量单个分量的影响，其影响数值在最不利的情况下的影响量见表 3-1（施闯等，1999）。

表 3-1　　　　坐标参考框架系统的变化量对基线分量的影响

坐标参考框架系统的变化量	最不利情况下对基线分量的影响值		
	50km	100km	150km
平移 0.5m	1mm	2mm	3mm
尺度 0.05×10^{-6}	3mm	6mm	9mm
定向 0.02"	6mm	12mm	18mm

表 3-1 中三种因素对 GPS 基线向量各分量的综合影响最大可达到 1.36×10^{-7}，一般情况下为 5×10^{-8} 左右。这样对于不同期的 GPS 监测网，由于采用的星历不同，会给基线带来较大的误差，并且这一系统误差是不容忽视的。

（2）星历误差

1984 年 Bauersima 给出了卫星轨道误差 dr 与其对基线影响 db 之间的关系，参见式（3-1）。但从统计学的角度来讲，轨道误差对基线的影响可以较精确地用式（3-15）表示：

$$\frac{|db|}{b} = \frac{|dr|}{k \cdot r}, \quad 4 \leq k \leq 10 \tag{3-15}$$

式中，b 为基线长度，r 为测站到卫星的平均距离，db、dr 分别为基线、星历误差。

由此式可得在最不利的情况下其对不同长度基线的影响见表 3-2 所示。

表 3-2　　　　　　　　　　　星历误差对不同长度基线的影响

轨道精度	最不利情况下的影响值			
	1km	10km	100km	1000km
50m	0.5mm	5mm	50mm	500mm
5m	0.05mm	0.5mm	5mm	50mm
0.5m	0.005mm	0.05mm	0.5mm	5mm
0.05m	0.0005mm	0.005mm	0.05mm	0.5mm

早期的精密星历精度为几米乃至几十米，而最新的 IGS 事后精密星历精度可达 2cm，广播星历的精度一般在 10m 左右。在解算基线时，应根据网尺度的大小、基线的长短来决定采用哪种星历。从表 3-2 可以看出，如以 0.5mm 为限，广播星历（10m）只能满足 5km 以下基线的精密定位。因此对于 5km 以上的基线，数据处理时应采用精密星历。此外，不同时期的星历和不同机构发布的星历，也存在着一定的系统性误差。处理时，应尽可能采用同一种类型的星历。特别地，如果所用的精密星历不能满足需要，如 1993 年以前所测的数据（由于 NGS、CODE、SIO 等所用的精密星历精度只有 2m 左右），在处理时必须顾及星历误差对基线的影响，在定位时，应采取强约束高精度地面基准站坐标并同时松弛轨道的方案（刘经南等，1998）。

2. 地面起始点坐标所引起的系统误差

在基线解算中，需要一个起算点，起算点的精度将影响基线解算的精度（姜卫平等，1998）。当基准起算点坐标出现误差时，将导致整个 GPS 形变监测网基线向量解的系统性误差。研究表明这种系统误差主要反映为整网基线向量的系统性旋转和尺度的变化，式（3-15）可较为准确地用来表征基线起算点误差对基线尺度和方向误差的影响，此时，该式中的 dr 代表起算点某一方向的坐标误差。当 dr 是高程误差时，将主要引起网的尺度系统误差。

起算点对基线解算的最大影响可以用下式表示（周忠谟，1997）：

$$ds = 0.60 \times 10^{-4} \times b \times dx \tag{3-16}$$

式中，ds 为对基线的影响，b 为基线的长度，dx 为起算坐标的误差。根据此式，在最不利情况下，基准站坐标对基线的影响可以用表 3-3 表示。

表 3-3　　　　　　　　　　　基准站坐标误差对基线的影响

基准站误差	最不利情况下的影响值			
	1km	10km	100km	1000km
20m	1mm	10mm	100mm	1000mm
2m	0.1mm	1mm	10mm	100mm

29

续表

基准站误差	最不利情况下的影响值			
	1km	10km	100km	1000km
0.2m	0.01mm	0.1mm	1mm	10mm
0.02m	0.001mm	0.01mm	0.1mm	1mm

由表 3-3 可知，如以基准站坐标误差对基线的影响量 0.5mm 为限，基线处理时应注意如下三点：

①对于短基线（<10km），其基准站坐标精度应优于 1m；

②对于中长基线（<100km），其基准站坐标精度应优于 0.1m；

③对于长基线（>100km），其基准站坐标精度应优于 0.05m。

因此，应根据实际情况，通过与连续跟踪站或高等级控制点联测，获得基准站的坐标。对于整个 GNSS 网，在进行基线解算时，应采用一个或一组测站的坐标，作为固定或松弛的坐标基准；并应先从有已知基准站的同步观测网开始解算，然后用推算得到的未知测站的坐标作为基准来解算相邻的同步观测网，乃至整个 GNSS 网。

3. 地面基准与星历的框架、历元统一时不同归算方案引起的误差

GNSS 相对定位的基准是由卫星星历和基准站坐标共同给出的，并且要求地面基准站坐标的框架及历元与卫星星历的框架及历元保持一致性。因此，为了确定在严格基准下的基准站地心坐标，要将 GNSS 网纳入到 ITRF 参考框架中，即在处理时应加上在 ITRF 参考框架中已知坐标的基准站数据一起处理，并应统一地面基准站坐标与卫星星历的框架及历元。

统一地面站坐标与星历的框架及历元有两种方法：一种方法是将星历的框架和历元保持不动，而将地面站坐标的框架及历元归算到星历所在的框架和历元；另一种方法是将星历框架归算至地面站框架而历元保持不动，对地面站只归算历元，而框架保持不动，从而保证框架和历元的一致性。这两种方案的差异对基线精度要求为 10^{-9} 量级的结果的影响可以忽略不计。

4. 基线解算方案和软件不同引起的系统误差

（1）基线解算方案不同引起的系统误差

处理解算的方案不一致，即使所用的软件一致，也会带来较大的系统误差。如电离层和对流层改正模型的选取方式、基准站坐标和卫星轨道的固定或松弛约束程度、力模型的选择、周跳修复的方法，等等，这些因素的影响将造成基线解在尺度和方向上的系统误差。

利用项目"中国地壳形变运动与监测" GPS 监测网中的连续三天共三个时段观测数据，采用如下三种方案对此问题进行了研究：

方案一：使用并强约束全球站（十五个），松弛 IGS 轨道；

方案二：不使用全球站只固定 GM14，并固定轨道；

方案三：不使用全球站只固定 GM14，并松弛轨道。

从表 3-4 中可以看出，不同的解算方案将给监测网中基线向量带来 1.5×10^{-8} 尺度方面的系统误差。

表 3-4　　　　　　　　　　　　**不同解算方案之间基线重复性比较**

单天解时段	南北方向 mm+10^{-8}	东西方向 mm+10^{-8}	垂直方向 mm+10^{-8}	基线长度 mm+10^{-8}
1	1.6　0.6	4.6　0.6	8.9　0.7	0.4　1.5
2	1.7　0.6	7.0　0.8	8.7　0.8	2.3　1.3
3	1.0　0.5	3.1　0.9	5.9　0.9	3.5　1.5

为了避免不同解算方案对基线所带来的系统误差，对于不同期的数据应严格采用同一方案进行处理。采用的解算方案应特别注意网的尺度、基准站坐标和星历的精度。根据大量的数据处理研究，得出了如下削弱系统误差影响的原则：

①对于大规模高精度 GNSS 网应采用高精度基准站并强约束其坐标和松弛轨道的方案。其约束量应根据先验精度来确定，既不应太紧，也不应太松；

②对于小尺度、高精度 GNSS 网，应采用强约束高精度基准站固度轨道的方案；

③基准站和星历的约束量大小是否合适可用平差结果的改正数来判断，其判断标准是：基准站和星历的改正数应不大于 2 倍（或 3 倍）的约束量。

（2）基线解算软件的差异

即使基线解算时都采用高精度解算软件，如 GAMIT、BERNESE 等，但不同的基线解算软件，由于其采用的模型、数据处理方式等因素的不同，可能造成基线解算结果的系统性差异。因此，不同期的观测网应采用同一基线解算软件进行处理。

5. 对流层折射对精密基线解算的影响

由于对流层中的物质分布在时间和空间上具有较大的随机性，使得对流层折射延迟亦具有较大的随机性，因此，即使在经过模型改正后，由于改正模型精度并不是很高（其中湿分量的改正精度只有 80%），其不能模型化的残余偏差依旧是影响 GPS 高程精度的主要因素之一，这种影响在精密定位中必须加以顾及。目前，在模型改正的基础上，随机过程方法是最理想的对流层折射模拟方法（邵占英，et al.，1998），可以达到水蒸气辐射仪的观测精度，显著提高垂直方向上的重复性。

分段线性方法是随机过程的简化（R. W. King，et al.，2010），它包含了目前使用的单参数方法和多参数方法。从理论上讲，参数越多，便可以更精确地模拟对流层折射的影响，然而随着参数的增多，整个解的强度会随之降低，并且过多的附加参数还可导致法方程的病态甚至秩亏。但是，参数估计得不够，则不足以反映出对流层特别是湿分量部分随时间变化的特征，从而得不出很高的精度。因此，"窗口"的选择（即选择适当的参数，决定每隔多少时间间隔附加一个参数）是分段线性方法的关键。

通过研究发现，每个测站每 2 小时（或 4 小时）取一个参数较好，既能反映对流层折射影响的随机性，又能提高解的精度（邵占英等，1998）。选择时间"窗口"的一般原则为：

①在分段线性方法中，取多个参数比取一个参数的基线分量的重复性要好，特别是垂直方向上改善较大（对东西方向也有一定的提高，对南北方向几乎没有改善），可提高2~3 倍。

②对于中等长度基线够成的 GPS 网（观测时间大于 8 小时），每个测站每 4 小时（或2 小时）取一个参数较好，它能较好地反映出对流层折射影响随时间变化的趋势，从而提高基线解的精度。

不同方案之间，大多数基线在尺度上呈现出系统上的差异（缩短或伸长），这说明了对流层折射残余偏差对 GPS 网的确有尺度上的影响，并主要体现尺度误差的比例部分上。对于中等长度基线（100~300km）所构成的 GPS 网来说，其影响为 0.5~1.5mm。

6. 周跳的修复与整周模糊度确定

周跳是否修复是影响基线解算精度的重要因素之一。特别是在长距离定位中，模糊度的整数特性受大气改正不完善等因素的影响而变得很弱，周跳是否修复的问题尤为突出。修复周跳的方法有多种，如利用观测值的不同差分（或组合）、拟合法等。

当以相位观测值为观测量进行相对定位时，整周未知数的确定是一个关键问题，其解算的质量如何是相对定位精度的保障。解算整周未知数的方法有多种，如交换天线法、P码双频技术、滤波法、搜索法和模糊度函数法等。整周未知数的结果有两种：整数解和实数解。关于 GNSS 网解算过程中的整周模糊度问题，将在本书的第 4 章进行详细论述。

3.3　高精度 GNSS 数据处理软件

GNSS 接收机厂商提供的随机软件一般不能满足高精度数据处理的需要。其原因是由于在建模计算过程中，忽略了许多在定轨和长距离定位中不可忽略的因素，如有关轨道的各种摄动计算、对流层改正、测站位置受固体潮影响而引起的漂移等。为了获得可靠的解算结果，需要采用专门的高精度数据处理软件进行计算。目前世界上有四个著名的 GNSS高精度分析软件：美国麻省理工学院（MIT）和 SCRIPPS 海洋研究所（SIO）共同开发的GAMIT 软件；美国喷气动力实验室（Jet Propulsion Laboratory，JPL）的 GIPSY 软件；瑞士伯尔尼大学研制的 Bernese 软件；德国 GFZ 的 EPOS 软件。另外，还有美国得克萨斯大学的 TEXGAP 软件、英国的 GAS 软件、挪威的 GEOSAT 软件以及武汉大学的 PANDA 软件。由于设计的出发点和侧重点不同，这些软件在对 GNSS 数据的处理方面有着各自的应用特点。本书通过介绍 GAMIT/GLOBK 软件数据处理方法及应用，来讨论精密数据处理方法。

3.3.1　GAMIT/GLOBK 软件发展历史及现状

1. GAMIT 软件简介

GAMIT 是由美国麻省理工学院（MIT）和 SCRIPPS 海洋研究所（SIO）共同研制的用于定位和定轨的 GPS 数据分析软件（R. W. King, et al., 2010）。其发展主要经历了如下四个阶段：

①20 世纪 70 年代末，MIT 在研究 GPS 接收机的时候，就开始了 GAMIT 软件的编写工作，其初始代码来自于 1960—1970 年间行星星历解算及 VLBI 等相关软件；

②自 1987 年起，GAMIT 软件被正式移植到基于 UNIX 的操作系统平台；

③1992 年 IGS 的建立，促进了 GAMIT 软件自动化处理能力的提高；

④自 20 世纪 90 年代中期以来，GAMIT 软件真正实现了对 GPS 数据的自动批处理。

GAMIT 软件代码基于 Fortran 语言编写，由多个功能不同并可独立运行的程序模块组成。具有处理结果准确、运算速度快、版本更新周期短以及在精度许可范围内自动化处理程度高等特点。利用 GAMIT 可以确定地面站的三维坐标和对空中飞行物定轨，在利用精密星历和高精度起算点的情况下，基线解的相对精度能够达到 10^{-9} 左右，解算短基线的精度能优于 1mm，是世界上最优秀的 GPS 软件之一。

近年来，该软件在数据自动处理方面做了较大的改进。其不仅可在基于工作站的 UNIX 操作平台下运行，而且可以在基于微机的 Linux 平台下运行。

科研单位通过申请，可以免费获取 GAMIT 软件。由于 GAMIT 软件开放源代码，使用者可根据需要进行源程序修改。相对于 Bernese、EPOS 和 GIPSY 等软件来说，在国内应用比较广泛。GLOBK 与 PowerADJ 这两款经典的平差软件，都可使用 GAMIT 解算获得解文件。中国 A、B 级 GPS 网的基线解算均采用 GAMIT 软件进行。

2. GLOBK 软件简介

GLOBK（Global Kalman Filter）是一个卡尔曼滤波器，可联合解算空间大地测量和地面观测数据。其处理的数据为"准观测值"的估值及其协方差矩阵，"准观测值"是指由原始观测值获得的测站坐标、地球自转参数、轨道参数和目标位置等信息。其发展主要经历了如下三个阶段：

①20 世纪 80 年代中期由美国麻省理工学院开始了 GLOBK 软件的代码编写工作，该软件最初是用于处理 VLBI 数据；

②自 1989 年起，GLOBK 软件扩展了其对利用 GAMIT 得到的 GPS 基线解算结果的数据处理能力；

③20 世纪 90 年代，GLOBK 软件扩展了其对 SLR 及 SINEX 文件的数据处理能力，完成了 GLOBK 软件主要功能模块的研制。

GLOBK 软件主要有以下三个方面的应用：

①产生测站坐标的时间序列，检测坐标的重复性，同时确认和删除那些产生异常域的特定站或特定时段；

②综合处理同期观测数据的单时段解以获得该期测站的平均坐标；

③综合处理测站多期的平均坐标以获得测站的速度。

3.3.2 GAMIT 与 GLOBK 软件功能及组成

1. GAMIT 软件功能及组成

（1）GAMIT 软件模块

GAMIT 软件由许多功能不同的模块组成，这些模块可以独立运行。各个模块具有一

33

定的独立性，但它们之间又紧密地联系在一起，共同完成数据处理和分析的全过程。这些模块可按其功能分成两个部分：数据准备和数据处理。此外，该软件还带有功能强大的 SHELL 程序。数据准备部分包括原始观测数据的格式转换、计算卫星和接收机钟差、星历的格式转换等；数据处理部分包括观测方程的形成、轨道的积分、周跳的修复和参数的解算等。

1）数据准备模块

①MAKEXP：数据准备部分的驱动程序，建立所有准备文件的输出及一些模块的输入文件；

②BCTOT（NGSTOT）：将星历格式（RINEX、SP3、SP1）转换成 GAMIT 所需的卫星星历 T 文件；

③MAKEJ：读取观测数据，生成卫星钟差文件 J 文件；

④MAKEX：将原始观测数据的格式（RINEX）转换成 GAMIT 所需的接收机时钟文件 K 文件和观测文件 X 文件。

2）数据处理模块

①FIXDRV：数据处理部分的驱动程序。

②ARC：轨道积分模块；

③MODEL：求偏导数，组成观测方程；

④AUTCLN：进行相位观测值周跳和粗差的自动探测与修复；

⑤SINCLN：单站自动修复周跳；

⑥DBLCLN：双差自动修复周跳；

⑦CVIEW：在可视化界面下人工交互式修复周跳；

⑧CFMRG：用于创建 SOLVE 模块所需的 M 文件，选择和定义有关参数；

⑨SOLVE：利用双差观测值，按最小二乘法解算参数。

3）辅助模块

辅助模块包括 CTOX、XTORX、TFORM 等。

（2）GAMIT 常用文件及格式说明

1）测站信息文件

接收机和天线的型号、版本、天线高等情况均记录于测站信息文件 station. info 中，该文件会被 MAKEXP、MAKEX、MODEL 模块读取。此文件由用户自己准备，当然也可自动生成，具体形式见表 3-5。

表 3-5　　　　　　　　　　　　　　　　　测站信息文件

* SITE	Station Name	Session Start		Session Stop		Ant Ht	HtCod	Ant N	Ant E
Receiver Type		Vers	SwVer	Receiver SN		Antenna Type	Dome	Antenna SN	
WUHN	WUHAN	2002 026 00 00 00	9999 999 00 00 00			2. 3610	DHPAB	−0. 0094	−0. 0022
ASHTECH Z−XII3	CD00−1D02	9. 20	LP03210		ASH700936E	SNOW	CR15810		

表中上下两行内的各项相互对应，其中 SITE 为四个字符的测站名，Station Name 为该测站的完整测站名，Session Start 与 Session Stop 标明了该测站观测时段的起始与终止时间，Ant Ht 为测站天线高，HtCod 为测站天线高的量测类型，Ant N 为天线北方向改正，Ant E 为天线东方向改正，Receiver Type 为接收机型号，Antenna Type 为接收机天线型号，Dome 是指是否有天线罩。测站天线高和天线高量测方式的输入需认真核对，一旦出错，将会使解算结果在高程方向上产生系统性偏差。

2）测站信息控制文件

测站信息控制文件 sittbl. 分为 long 型和 short 型两种文件格式。short 型 sittbl. 文件适用于对 GAMIT 软件尚不够了解的初学者，该文件将大部分参数设定为缺省设置；而 long 型的 sittbl. 文件其可操作性更强，更有利于那些对 GAMIT 数据处理有一定了解的使用者根据具体情况修改相应参数。本文现仅以 long 型的 sittbl. 文件进行说明，文件格式见表 3-6。

表 3-6 测站信息控制文件

SITE	FIX	WFILE	--COORD. CONSTR. --			--EPOCH--	CUTOFF	APHS CLK	KLOCK	CLKFT
DZEN	WZEN	DMAP	WMAP	---MET. VALUE----		--SAT. --		ZCNSTR	ZENVAR ZENTAU	
<< default for regional stations >>										
ALL	NNN	NONE	20.	20.	20.	001- *	15.0	NONE	NNN	3
SAAS	SAAS	NMFH	NMFW	1013. 25 20. 0 50. 0		YYYYYYYY	0. 500		0. 020	100.
<< IGS core stations >>										
WUHN	WUHN_GPS	NNN	NONE	0. 005 0. 005 0. 01		001- *	15.0	NONE NNN		3
SAAS	SAAS	NMFH	NMFW	1013. 25 20. 0 50. 0		YYYYYYYY	0. 500		0. 020	100.

测站信息控制文件 sittbl. 中，SITE 为四字符点名；FIX 决定该测站是否为固定点，YYY 表示是固定点，NNN 表示不是固定点；WFILE 表示是否存在水汽辐射计文件，若存在则为 WVR 文件名，一般情况设为 NONE；COORD. CONSTR. 表示测站三维坐标约束量，如表 3-6 中的 0. 005 0. 005 0. 010 分别表示 WUHN 站的三维坐标约束量，单位：m。因为该例中将 WUHN 站作为固定点，即起算点，所以约束量较小，如果是非固定点的测站，约束量通常取 20. 00 20. 00 20. 00；EPOCH 指参加计算的起始历元数，001- * 表示所有历元；CUTOFF 指截止高度角，通常取 15. 0，单位:°；CLK 指是否解算接收机钟差的漂移量；KLOCK、CLKFT 指接收机钟差改正模型；DZEN 为对流层干项延迟的计算模型，默认为 SAAS；WZEN 为对流层湿项延迟的计算模型，默认为 SAAS；DMAP 与 NMAP 分别指干项延迟映射因子和湿项延迟映射因子；MET. VALUE 为标准气象参数，即气压、温度以及相对湿度。对于未在 sittbl. 文件中进行设置的测站，其测站参数将被赋予 sittbl. 文件中所指定的默认值。

3）测段信息控制文件

测段信息控制文件 sestbl. 主要是对 GAMIT 软件进行参数设定，其格式见表 3-7（只列出主要部分)。

Session Table		
Type of Analysis = 0-ITER	;	1-ITER/0-ITER(no postfit autcln)/PREFIT
Choice of Observable = LC_AUTCLN	;	L1_SINGLE/L1&L2/L1_ONLY/L2_ONLY/LC_ONLY/
	;	L1,L2_INDEPEND./LC_HELP/LC_AUTCLN
Choice of Experiment = BASELINE	;	BASELINE/RELAX./ORBIT
Zenith Delay Estimation = Y	;	Yes/No　　(default No)
Interval zen = 2	;	2 hrs = 13 knots/day　　(default is 1 ZD per day)
Zenith Model = PWL	;	PWL(piecewise linear)/CON(step)
Atmospheric gradients = Y	;	Yes/No　　(default No)

该文件中, Type of analysis 指对解算方法进行选择, 具体如下:

0-ITER: ARC (optional), MODEL, AUTCLN (optional), SOLVE,
SCANDD;

1-ITER: 指两个 0-ITER 序列, 但第一个是 QUICK 解;

2-ITER: 指在 1-ITER 基础上再加一个序列, 用于确定轨道。

Choice of observable 指对观测量类型进行选择, 具体如下:

LC_HELP: 用 LC 观测值解算, 利用虚拟电离层观测值解模糊度;

L1_ONLY: 仅仅使用 L1 观测值, 对于几公里的小网;

L2_ONLY: 仅仅使用 L2 观测值, 对于几公里的小网;

L1, L2_INDEPENDENT: 联合使用 L1、L2 进行解算, 对于几公里的小网。

Choice of experiment 指对解算类型进行选择, 具体如下:

RELAX: 包括定位、定轨, 并解地球自转参数 (ERP);

BASELINE: 仅仅是定位。

Zenith Delay Estimation 是指是否估算对流层天顶延迟, 若选 "YES", 则对下列项进行设置:

Interval zen: 设置间隔多少小时估计一个天顶延迟参数;

Zenith Model: 天顶延迟估算模型选择, PWL 指 "线形插值法";

Atmospheric gradients: 设置是否估算大气的水平梯度, 默认为 "NO"。一般来说, 应该估算对流层天顶延迟, 并按 2 小时估计一个天顶延迟参数。

4) 坐标文件

GAMIT 的输入 L 文件是站坐标文件, 包括测站的先验坐标 (近似坐标), 目前测站坐标以空间直角坐标表示。利用程序 glbtol 将 apr 文件转换为当前观测历元的 L 文件, 而 IGS 站的 apr 文件可由 ITRF 直接获得。如果不利用 GLOBK 进行平差, 可以直接将更新后的 L 文件作为当天的坐标平差结果。

测站近似坐标的正确与否对于基线解算精度有着较大的影响。在批处理中, 其近似坐标是根据所读取的测站观测 O 文件自动生成。将高精度已知点或与其进行了长时间联测的点位坐标作为基线处理的参考基准进行约束，解算各站点间的基线结果。在此必须强调，近似坐标文件所提供的各站点近似坐标其绝对误差必须小于 300m。这是因为在每个历元相位观测值的处理中我们都需要计算出接收机的钟差。如果接收机和卫星的坐标已知，根据所观测的伪距值，可按如下公式求出接收机钟的偏差：

$$D_t = \frac{p1 - r}{c} \tag{3-17}$$

式中，$p1$ 为伪距观测值，r 为卫星与接收机间的预报距离，c 为光速。当接收机钟的精度达到 1 微秒时，据此所解得的基线解算精度约为 1mm。为了达到这样一个精度水平，我们要求测站近似坐标误差对接收机钟所造成的偏差影响要小于 1 微秒。此时，则要求测站的近似坐标误差不能大于 300m。

5）基线处理结果文件和站坐标系

GAMIT 的数据处理输出文件为基线约束解 O 文件和基线松弛解 h 文件，主要包括测站的球面坐标及基线结果。球坐标与 ITRF 坐标的转换公式为：

$$\begin{cases} \varphi = \arctan^{-1}\left(\dfrac{Y}{X}\right) \\ \lambda = \arctan^{-1}\left(\dfrac{Z}{\sqrt{X^2 + Y^2}}\right) \\ r = \sqrt{X^2 + Y^2 + Z^2} \end{cases} \tag{3-18}$$

使用球坐标系的优点是：球坐标系与直角坐标系之间的转换简单，不需要像大地坐标那样进行迭代运算，经度与大地经度相同，纬度与大地纬度比较接近，并且径向方向的变化可以近似认为是高程的变化。严格地说，GNSS 数据处理是为了解算未知点的三维坐标，而不是基线分量。基线是由坐标计算的，即先有坐标后有基线，一些测量工作者往往混淆了这一概念。在建立误差方程时，一般是以测站坐标作为未知数。由于采用双差观测值作为基本观测量，在测站之间按全组合形成不同的基线。GAMIT 是将所有基线的观测方程一起处理，只建立一个法方程，一次性解算出所有未知点的坐标，在 O 文件中以基线形式输出。无论精度如何，同步环闭合差总为 0。在 O 文件中，基线形式以直角坐标系和站坐标系两种形式给出，即（DX，DY，DZ，S）和（N，E，U，S）以及各个分量的标准差。站坐标与直角坐标的转换公式为：

$$\begin{bmatrix} N \\ E \\ U \end{bmatrix} = H \begin{bmatrix} DX \\ DY \\ DZ \end{bmatrix} = \begin{bmatrix} -\sin B\cos L & -\sin B\sin L & \cos B \\ -\sin L & \cos L & 0 \\ \cos B\cos L & \cos B\sin L & \sin B \end{bmatrix} \begin{bmatrix} DX \\ DY \\ DZ \end{bmatrix} \tag{3-19}$$

需要说明的是，基线分量的协方差矩阵是根据站坐标未知数的协方差（法方程系数阵的逆和观测值单位权方差相乘）计算的，NEU 分量的标准差可以由（DX，DY，DZ）的方差-协方差矩阵根据误差传播律计算。在基线较短时，一般将站坐标系中基线 NEU 分量的误差作为基线水平方向和大地高方向的误差；基线较长时应考虑基线 NEU 分量的精度与测站点 NEU 分量的精度之间的差别。如图 3-2 所示，设基线方向为测站 A 到测站 B，站坐标系的原点为 A 点，假设 A 站点坐标没有误差，基线分量的误差即代表 B 站点的坐标误差。基线较长时，U 方向的误差几乎是 B 点水平方向的误差。因此，在分析测站水平和大地高方向的误差时，如果基线较长，不能仅从 NEU 基线结果的精度来分析，而应以 B 站的站坐标精度为准。

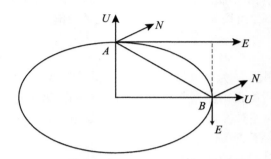

图 3-2　测站误差分析示意图

以拉萨至上海基线为例，基线长为 2865km，当基线 NEU 方向变化（0，0，40）mm 时，反映到上海站站坐标的位移量是（1，−17，36）mm。在分析测站水平和大地高方向位移或精度时，如果以基线为对象应考虑这一微小区别。

（3）数据处理质量的评价标准

GAMIT 基线解算结果的好坏，一般有以下几种评判标准：

①GAMIT 解算结果中的标准化均方根误差 NRMS（Normalized Root Mean Square）用来表示单时段解算出的基线值偏离其加权平均值的程度，是从历元的模糊度解算中得出的残差。NRMS 是衡量 GAMIT 解算结果的一个重要指标，其计算公式如下：

$$\text{NRMS} = \sqrt{\frac{1}{N} \sum_{i=1}^{n} \frac{(Y_i - Y)^2}{\sigma_i^2}} \qquad (3\text{-}20)$$

式中，Y_i 为基线向量历元解算值，Y 为基线向量真值，N 为历元总数，σ_i^2 为各历元解算值中误差。

一般说来，NRMS 值越小，基线估算精度越高；反之，精度较低。其值一般应小于 0.3，若 NRMS 太大，则说明处理过程中周跳可能未得到完全修复，或存在其他问题。

②参数的改正量不能大于其约束量的 2 倍。

③当 Choice of observable 为 L1_ONLY 时，B1Ll 计算的整周模糊度必须是整数。

④一般以坐标的重复性作为衡量坐标解算结果的评价指标。X_{ij}，Y_{ij}，Z_{ij} 表示 j 点在 i 测段（$i = 1，2，\cdots，n$ 为测段数）算得的坐标，则坐标分量重复性为：

$$\sigma_{Xj} = \sqrt{\frac{\sum\limits_{i=1}^{n} P_{Xi} (X_{ij} - \overline{X}_j)^2}{\sum\limits_{i=1}^{n} P_{Xi}}}, \quad \sigma_{Yj} = \sqrt{\frac{\sum\limits_{i=1}^{n} P_{Yi} (Y_{ij} - \overline{Y}_j)^2}{\sum\limits_{i=1}^{n} P_{Yi}}}, \quad \sigma_{Zj} = \sqrt{\frac{\sum\limits_{i=1}^{n} P_{Zi} (Z_{ij} - \overline{Z}_j)^2}{\sum\limits_{i=1}^{n} P_{Zi}}}$$

$$(3\text{-}21)$$

式中，σ_{Xj}，σ_{Yj}，σ_{Zj} 分别为点的坐标分量重复性，P_{Xi}，P_{Yi}，P_{Zi} 为 i 测段解的坐标分

量的中误差平方倒数，$\overline{X}_j$，$\overline{Y}_j$，$\overline{Z}_j$ 为坐标分量加权平均值，可分别由式（3-22）求得：

$$\overline{X}_j = \frac{\sum\limits_{i=1}^{n} P_{Xi}X_{ij}}{\sum\limits_{i=1}^{n} P_{Xi}}, \quad \overline{Y}_j = \frac{\sum\limits_{i=1}^{n} P_{Yi}Y_{ij}}{\sum\limits_{i=1}^{n} P_{Yi}}, \quad \overline{Z}_j = \frac{\sum\limits_{i=1}^{n} P_{Zi}Z_{ij}}{\sum\limits_{i=1}^{n} P_{Zi}} \tag{3-22}$$

⑤基线重复性是衡量数据处理质量的重要指标之一（刘经南，等，1995），可采用以下两式分别计算基线向量的重复性和相对重复性：

$$R_l = \left[\frac{\dfrac{n}{n-1} \sum\limits_{i=1}^{n} \dfrac{(L_i - \overline{L})^2}{\delta_i^2}}{\sum\limits_{i=1}^{n} \dfrac{1}{\delta_i^2}} \right]^{\frac{1}{2}} \tag{3-23}$$

$$R_r = \frac{R_l}{\overline{L}} \tag{3-24}$$

式中，R_l 为基线向量的重复性，R_r 为基线向量的相对重复性，n 为基线单日解数目，L_i 为第 i 日的基线分量（或边长），$\overline{L}$ 为单天解基线分量（或边长）的加权平均值，其公式如下：

$$\overline{L} = \frac{\sum\limits_{i=1}^{n} L_i/\delta_i^2}{\sum\limits_{i=1}^{n} 1/\delta_i^2} \tag{3-25}$$

进一步以基线重复性为观测值，用线性拟合求出重复性的常数部分和与边长成比例的部分：

$$R_k = a + bL_k \tag{3-26}$$

2. GLOBK 软件功能及组成

（1）GLOBK 平差方法

GLOBK 平差方法是基于动态参数的估算方法——卡尔曼滤波，要求观测方程中某些参数满足某一动态方程。卡尔曼滤波的数学模型包括观测方程和状态方程，如式（3-27），其中，ε_k 表示观测噪声，ω_{k-1} 表示动态噪声，L_k 为观测值，X_k 为状态值，$\boldsymbol{A}_k$，$\boldsymbol{\varphi}_k$ 分别为观测方程和状态方程的系数阵。

$$\begin{cases} L_k = \boldsymbol{A}_k X_k + \boldsymbol{\varepsilon}_k \\ X_k = \boldsymbol{\varphi}_k X_{k-1} + \boldsymbol{\omega}_{k-1} \end{cases} \tag{3-27}$$

卡尔曼滤波的随机模型如下式所示：

$$\begin{cases} E(\boldsymbol{\varepsilon}_k) = 0 \\ E(\boldsymbol{\omega}_{k-1}) = 0 \\ \mathrm{cov}(\boldsymbol{\varepsilon}_k, \ \boldsymbol{\varepsilon}_j) = \boldsymbol{P}_\varepsilon \delta(t_j - t_k) \\ \mathrm{cov}(\boldsymbol{\omega}_k, \ \boldsymbol{\omega}_j) = Q_\omega \delta(t_j - t_k) \\ \mathrm{cov}(\boldsymbol{\varepsilon}_k, \ \boldsymbol{\omega}_j) = 0 \end{cases} \tag{3-28}$$

式中，P_ε、Q_ω 分别表示动态噪声和观测噪声的方差矩阵；$\delta(t_j - t_k)$ 表示 kronecker 函数，该函数满足的条件为：

$$\delta(t_j - t_k) = \begin{cases} 0, & j \neq k \\ 1, & j = k \end{cases} \tag{3-29}$$

系统的初始状态 X_0 是一个随机向量，该向量具有正态分布或其他分布，其均值和方差阵为：

$$\begin{cases} E(X_0) = \mu_{X_0} \\ \text{var}(X_0) = D_{X_0} \end{cases} \tag{3-30}$$

满足式（3-28），式（3-30）的卡尔曼滤波递推公式可表示为：

$$X_{k, k-1} = \varphi_{k, k-1} \hat{X}_{k-1} \tag{3-31}$$

$$D_{k, k-1} = \varphi_{k, k-1} D_{k-1, k-1} \varphi_{k, k-1}^{\mathrm{T}} + D_{\omega_{k-1}} \tag{3-32}$$

$$X_{k, k} = \hat{X}_{k, k-1} + J_k (L_k - A_k \hat{X}_{k, k-1}) \tag{3-33}$$

$$D_{k, k} = (E - J_k B_k) D_{k-1, k-1} \tag{3-34}$$

$$J_k = D_{k-1, k-1} A_k^{\mathrm{T}} (D_{\varepsilon_k} + A_k D_{k-1, k-1} A_k^{\mathrm{T}}) \tag{3-35}$$

对于两期的观测结果，经过相似变换可获得两期的 ITRF 坐标，两期坐标作差便可以得到 ITRF 框架下测站的位移，除以时间则为测站速度；对于多期观测，一般将参考时刻的坐标和速度当作未知数建立方程求解，对 GAMIT 基线解算所获得的准观测值，建立如下观测方程：

$$\Delta X(t) = \Delta X_0 + \lambda X_0 + (t - t_0) \Delta V_0 + \sum_k r_k(t, t_k) \delta \varepsilon_k + $$
$$\gamma(t) + \tau_X + (t - t_0) \tau_V + \mu \omega_X + \mu(t - t_0) \omega_V \tag{3-36}$$

式中，ΔX_0 表示历元 t 时刻的松弛解坐标；X_0、ΔV_0 分别代表参考历元 t_0 的坐标和速度；λ 为尺度因子；τ_X 和 τ_V 为参考历元的平移参数和变化速率参数；ω_X 和 ω_V 为参考历元旋转参数和变化速率参数；$\gamma(t)$ 为随机噪声；$\delta \varepsilon_k$ 为第 t_k 时刻的位移突变，在估算测站速率的时候应予以考虑，并有

$$r_k(t, t_k) = \begin{cases} -1, & t < t_k < t_0 \\ 0, & t > t_k, \ t_k < t_0 \quad \text{OR} \quad t < t_k, \ t_k > t_0 \\ 1, & t > t_k > t_0 \end{cases} \tag{3-37}$$

且 μ 有如下的表示形式：

$$\mu = \begin{pmatrix} 0 & -z_0 & y_0 \\ z_0 & 0 & -x_0 \\ -y_0 & x_0 & 0 \end{pmatrix} \tag{3-38}$$

参考时刻的坐标先验值用 $X^0(x_0, y_0, z_0)$ 表示，待估参数用 p 表示，即 $p = (X_0, \Delta V, \lambda, \delta \varepsilon_k, \tau_X, \tau_V, \omega_X, \omega_V)$，那么状态方程可以表示为：

$$p_i = p_{i-1} + \omega_i \tag{3-39}$$

根据观测方程式（3-36）和状态方程式（3-39），可按经典的卡尔曼滤波估计参数。

（2）GLOBK 软件模块

GLOBK 软件模块可大致划为四大类：

1）格式转换模块（htoglb）

这个模块是将由 GPS、VLBI 和 SLR 等分析软件的解文件转换成 GLOBK 软件所需要的二进制文件 h-文件。目前支持如下几类文件：

① GAMIT 软件的 h-文件；

② GPS（或其他空间大地测量技术）SINEX 格式文件；

③ FONDA 软件的 h-文件；

④ JPL 机构提供的 Stacov 文件；

⑤ 包含站坐标和速度场的 SLR/GSFC 文件；

⑥ 包含站坐标和速度场的 VLBI/GSFC 文件。

2）运算模块（GLRED，GLOBK，GLORG）

GLRED 模块通过调用 GLOBK 模块分析单天解，其生成的解文件可以用来形成时间序列。GLOBK 模块是 GLOBK 软件的主模块，实现该软件的功能。GLORG 模块可以为平差结果定义参考框架，具体通过固定（或约束）站坐标和速度由坐标转换来实现。GLORG 模块可以单独运行，也可以被 GLOBK/GLRED 模块调用。所涉及的重要文件是 cmd_file，它们是 GLOBK 和 GLORG 的控制文件，内容包含求解策略等。

3）GMT 图形应用模块

这类模块主要包括：sh_plotcrd、sh_globk_scatter、multibase、sh_plotvel 等，主要功能是利用 GMT 软件绘制时间序列、速度场等图形，可用于分析数据质量和测站的地壳运动等情况。

4）其他辅助模块

其他辅助模块主要包括：glist、glsave、extract、exbrk、corcom、cvframe、velrot 等。这里面有两类，一类是为 GLOBK 等模块服务的，如 glist、glsave 等；一类是用于框架之间和板块运动分析的，如 corcom、cvframe、velrot 等。

（3）GLOBK 常用文件及格式说明

1）输入文件：GPS、SLR、VLBI 和 SINEX 文件

随机特征可由 apr_XXX 和 mar_XXX 表述。

2）数据文件和控制文件

包括二进制 H-文件和指令（cmd）文件。

3）GLOBK 结果文件中的 NEU 坐标

GLOBK 的输出结果文件一般为 *.prt 和 *.org，在给出 ITRF 坐标的同时还给出了新的 NEU 坐标，它与站坐标定义的 NEU 不同，这种坐标类似于平面坐标，属于圆锥投影。由 X、Y、Z 先计算出测点的大地经纬度和大地高 U，直角坐标与大地坐标的转换公式为：

$$\begin{cases} x = N_e \cos B \cos L \\ y = N_e \cos B \sin L \\ z = \left[(1 - e^2) N_e + H \right] \sin B \\ N_e = \dfrac{a_e}{\sqrt{1 - e^2 \sin^2 B}} \end{cases} \tag{3-40}$$

式中，a_e 为 WGS84 椭球的长半径，e^2 为第一偏心率。N、E 应严格定义为：

$$\begin{cases} N = a_e B \\ E = r_0 L \end{cases} \tag{3-41}$$

式中，B、L 的单位为弧度，r_0 为余纬为 θ_0 时的纬圈半径，即

$$r_0 = a_e \sin\theta_0 \tag{3-42}$$

θ_0 定义为最接近 0.00005 弧度（约 10 角秒）的余纬，

$$\theta_0 = \mathrm{int}\left[\left(\frac{\pi}{2} - B \right) \Big/ 0.00005 + 0.5 \right] \times 0.00005 \tag{3-43}$$

如此定义的 NEU 坐标意义在于：经度方向的平差值不受纬度方向的微小变化而变化，而 NEU 方向的中误差仍以站坐标的形式表示。

4）运行 GLOBK 时的注意事项

① GLOBK 是基于线性模型的。因此，在测站坐标或轨道参数的改正值较大时（测站坐标改正值大于 10m 或轨道参数的改正值大于 100m），需要进行前期数据的再处理以获得满足要求的准观测数据。

② GLOBK 不能解决在前期数据处理阶段因周跳未得到完全探测、数据质量差或大气层延迟模型误差所带来的问题。在 GLOBK 数据处理阶段，不能彻底消除特定测站或卫星的影响，只能通过特定手段减弱其影响。

③ GLOBK 不能进行整周模糊度的解算，因此，在前期数据处理阶段必须完成整周模糊度的解算。

3.3.3　GAMIT/GLOBK 软件的安装

目前，随着 PC 机性能的不断提高，越来越多的用户在基于 PC 机的 Linux 系统下运行 GAMIT/GLOBK 软件。本书介绍 Linux 操作系统下 GAMIT/GLOBK 软件安装，在采用 Linux 系统下的 Fortran 编译器（如 gcc）编译后方可进行 GPS 基线解算及网平差运算。

从麻省理工学院的 FTP 服务器（chandler. mit. edu）下载 GAMIT/GLOBK 软件包，其中包括软件的源代码和安装包，在 Linux 下建立软件安装目录/gamit，将安装包目录/source 下的文件拷贝至此文件地址中，其中有安装批处理文件 install_software 和几个压缩文件，以 10.4 版为例，分别为：

① com. 10. 4. tar. Z，组件压缩包；

② gamit. 10. 4. tar. Z，10.4 版压缩包；

③ help. 10. 4. tar. Z，帮助系统压缩包；

④ install_software，安装批处理文件；

⑤ kf. 10. 4. tar. Z，10. 4 版压缩包；

⑥ libraries. 10. 4. tar. Z，库文件压缩包。

另外，可选的还有：

⑦ templates. 10. 4. tar. Z，数据模板压缩包；

⑧ maps. 10. 1. tar. Z，地图数据压缩包。

在开始安装前，需要对 GAMIT/GLOBK 安装配置文件 Makefile. config 进行相关的配置修改，因为 GAMIT/GLOBK 兼顾各种不同的 Unix 版本，因此需要修改相关的系统路径设置。

解决办法是将 libraries. 10. 4. tar. Z 文件解压，在生成的 libraries 目录中找到 Makefile. config 文件，根据所安装的 Linux 版本设置相应的系统路径，在此文件中还有许多其他的设置文件，可以根据数据处理的需要进行修改，例如：

（1）设置 X11 的路径

根据所安装的 Linux 版本设置对应的路径信息，首字母为#表示该行信息被注释，不会参与编译，以下实例针对 RedHat7 或 8 的 Linux 版本进行设置。

Specific to Linux RedHat 7 and 8

X11LIBPATH /usr/X11R6/lib

X11INCPATH /usr/X11R6/include/X11

（2）GAMIT 软件参数设置

如果是做与对流层相关的研究，对流层天顶延迟估算参数个数要求较多，可将上述文件中的 MAXATM 项由 13 改为所需要的数值。同时还要解压 gamit. 10. 4. tar. Z 文件，找到 /gamit/includes 下的 dimpar. h 文件，将其中对应的 MAXATM 项改过来，使二者一致。需要注意的是，在修改完以后，可将 gamit. 10. 4. tar. Z 文件删除或移除，以免后面安装时软件再重新解压，将已经做过改动的文件覆盖。

注意，最大测站数和时段数等参数设置由分析计算的环境决定，如内存、磁盘（硬盘）容量及 CPU 的性能等，如设置得过大可能导致编译过程中或 GAMIT 运行时报错。GAMIT 软件是用 FORTRAN 语言编写的，由于早期 FORTRAN 的限制，最大测站数不能大于 100 个。

接下来就开始安装了，首先确保该目录下的 install_software 文件具有可执行属性，键入命令 . /install_software，再依屏幕提示给予回应即可，整个过程需要 20~40min。

（3）路径设置

在 Linux 中软件安装以后，利用 ln 命令在自己的账户目录中建立与 GAMIT 的链接：

ln   -s   /home/username/software/gamit   gg↙

此外，我们还需要给系统配置文件里加上 GAMIT/GLOBK 软件的路径指示。具体则根据操作系统类型，使用的 shell 版本以及用户级别而有所不同。一般来说，目前可以使用的 shell 语言有两种模式：bash 和 csh，因此，在路径设置时，可以任选一种并修改 . bashrc 或 . cshrc 文件。下面说明如何设置 . bashrc 文件及 . cshrc 文件。

csh：在 root/目录下可以找到 . cshrc 文件，该文件为隐藏文件，在其末尾加入以下代码：

set path = （ . /home/username/gg/com　/home/username/gg/gamit/bin

/usr/bin　/usr/sbin　/bin　/home/username/gg/kf/bin

/usr/X11R6/bin　/home/username/software/gcc3. 4. 5/bin ）

bash：如果在服务器上安装，则在用户目录下手工生成一个 . bashrc 文件；如果在单机上安装，则在/root 目录下已有 . bashrc 和 . bash_profile 文件（隐藏文件），用命令行方式打开：

ls　- a↙

vi　. bashrc↙

则用 vi 打开 . bashrc 文件，在 . bashrc 中设置：

alias gg = '/home/username/gg/source'

类似的在 . bash_profile 中设置：

PATH =/home/username/gg/com：$ PATH

PATH =/home/username/gg/gamit/bin：：$ PATH

PATH =/home/username/gg/kf/bin：$ PATH

HELP_DIR =/home/username/gg/help/

Export　PATH　HELP_DIR　gg

相关设置应根据用户路径的不同以及 gcc 版本等的差异做适当修改。

至此，GAMIT/GLOBK 的安装设置结束，重新启动后就可以开始利用它的功能进行 GPS 数据处理和分析了。建议用户创建单独的目录作为工作目录，尽量避免在 GAMIT 源程序目录中直接进行运算，以免造成文件混乱而损坏系统文件。

在其他的 Linux 发行版本下，如 Mandrake Linux、Turbo Linux、Blue Point Linux，以及 Apollo、Sun、Hp/Apollo、Hp700、IBM/RISC 和 DEC 工作站等，只需进行相应的设置，同样可以安装成功。

3.3.4　GAMIT 与 GLOBK 数据处理流程

1. GAMIT 数据处理流程

（1）数据准备

建立测站的先验坐标文件 L-file，如果原始数据中的先验坐标可靠，在 process. defaults 和 site. defaults 中配置相应的参数，软件即可自动配置 L-file；配置包含天线类型、天线高类型、接收机类型等信息的 station. info 文件，如果此类信息在 rinex 观测文件中准确，软件亦可自动配置此文件，因此建议在数据前，将 rinex 观测文件中头文件有关信息配置准确；sestb1. 为测段分析策略文件；sittb1. 对各站使用的钟差、大气模型及先验坐标进行约束；process. defaults 和 site. defaults 是数据处理控制文件。用 makexp 建立所有准备文件，执行 makej 程序和 makex 程序读取接收机的观测文件（RINEX 格式）并获得用于分析的卫星时钟文件（J-file）和接收机时钟文件（K-file）以及观测文件（X-file），执行 BCTOT 程序获得各卫星的运行轨迹。

（2）批处理

首先为批处理分析编辑建立控制文件 sittbl. 和 sestbl.，执行 FIXDRV 程序产生批处理文件，实施批处理的工作主要由 ARC、MODEL、AUTCLN、CFMRG、SOLVE 模块完成。ARC 程序通过对卫星的位置和速度的最初条件文件（G-file）的数学积分获得星历表文件（T-file）；MODEL 程序计算观测的理论值和相对于这些观测估计参数的偏差，并将它们写入 C 文件用于编辑和估算；AUTCLN 程序完成相位观测值周跳（cycle slip）和异常域（outlier）自动编辑；CFMRG 程序生成 M 文件；SOLVE 程序完成最小二乘解算，并输出信息到 O 文件、Q 文件，同时根据计算得到的协方差矩阵等信息形成 H 文件。

此外，GAMIT 软件有一个 SHELL 命令 sh_gamit，利用此命令可以自动处理。例如，利用 sh_gamit 命令可进行基线自动解算，如解算 2001 年 001—083 天的数据，运行命令如下：

sh_gamit -expt runa -yrext -s 2001 001 083 -copt o q m k x -dopt D ao b c k m ps x o -orbit IGSF >&! sh_gamit_2001a. log

sh_gamit 的具体用法可以运行 sh_gamit – help 得到有关信息，或参考软件手册。

（3）分步处理及结果分析

如果数据处理质量很差，其原因可能是周跳未得到完全修复，可调用 CVIEW 模块在可视化图形界面下交互编辑从 C-file 中获得的残差，这项工作可在 SCANRMS、SCAND 和 SCANM 程序协助下进行。

SOLVE 的输出包括 Q 文件，内含估计得到的基线向量和基线向量各分量的不确定度，以及通过对待估参数松约束计算得到的全协方差矩阵 H 文件。H 文件提供了 GAMIT 和 GLOBK 的交互面。GLOBK 则用卡尔曼滤波对许多时段和测次的单时段解进行综合处理，从而获得测站位置和速度、卫星轨道参数和地球自转参数等。

GAMIT 软件在数据处理时考虑了以下模型和参数：

① 地球 8×8 阶次重力场模型，并顾及 C21，S21 的影响；
② 日、月引力摄动；
③ 太阳辐射压模型缺省值为简单的球面模型，解算辐射系数，Y 偏差与 Z 偏差；
④ 对流层折射改正模型可选用 Saastamoinen 模型或 Hopfield 模型，解算天顶对流层折射改正参数；
⑤ 卫星钟差改正和接收机钟差改正；
⑥ 电离层折射改正；
⑦ 卫星和接收机天线相位中心改正；
⑧ 测站固体潮、海潮、极潮及大气负荷潮等模型改正；
⑨ 轨道约束与测站约束。

程序允许用户根据实际情况和具体的要求，选择不同的参数和不同的约束条件，可选用不同的截止高度角，不同的数据采样率，固定轨道或松弛轨道，采用精密星历或广播星历。在得到单时段基线解后，首先分析单时段解的重复性，对重复性差的解仔细分析，找出误差产生的原因，必要时重新进行解算。

当然，由于接收机质量、卫星系统和软件的改善，用到 CVIEW 模块的情况不多。整个 GAMIT 软件处理 RINEX 标准格式的观测文件分两步，先编辑数据，得到干净的 X-file，再用 X-file 进行各种处理方案的参数估计，得出每个时段的解。图 3-3 是 GAMIT 数据处理的详细流程（数据流和命令流），其中最后一项批处理的具体流程细化为图 3-4。

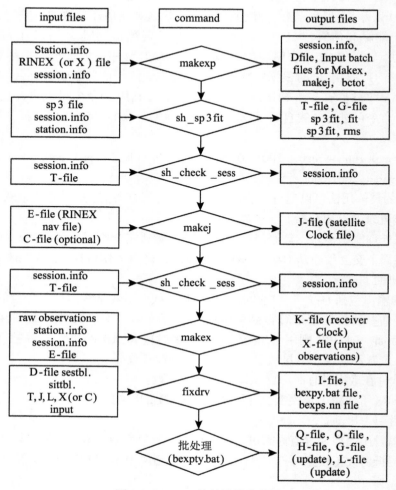

图 3-3　GAMIT 软件计算流程图

2. GLOBK 数据处理流程

①将 ASCII 格式的 H-file 转换成可被 GLOBK 读取的二进制 H-file。然后运行 GLRED/GLORG 以获得测站坐标的时间序列；

②通过时间序列分析，确定具有异常域的特定站或特定历元。在指定的文件中，通过 rename 命令调用这个文件，删除或修改具有异常域的特定站的特定历元或直接删除对应的 H-file；

③运行 GLOBK/GLORG 将单时段解的 H-file 合并成一个 H-file，其代表在所选择的时间跨度里测站的平均坐标；

④使用合并后的 H-file，再次运行 GLRED/GLORG 获得时间序列，而运行 GLOBK/GLORG 则可获得测站坐标和速度。

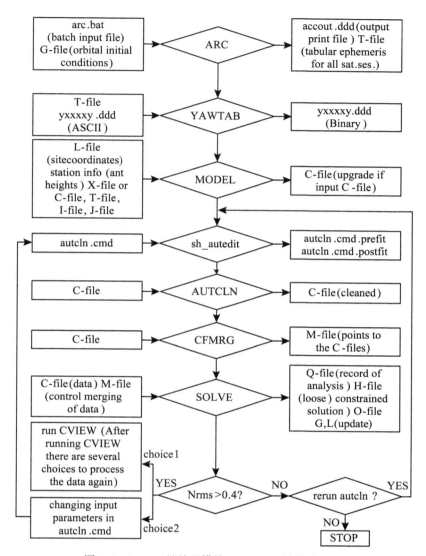

图 3-4　GAMIT 批处理模块 bexpty. bat 计算流程图

3. sh_glred 的用法

sh_glred 利用 GAMIT 的结果 H 文件可生成测站坐标时间序列，并能组合其他解文件，如 SOPAC 的区域网解 IGS1，还可进行速率估计。如建立 runa 工程并结合 igs1 和欧洲 eura 子网从 1992 年 205 天到 2003 年 150 天的时间序列，运行命令如下：

sh_glred -s 1992 205 2003 150 -expt runa -net igs1 eura -local -ncomb 1 -opt H G E -yrext > &! sh_glred15f. log

此外，sh_gamit 的具体用法可以运行 sh_gamit － help 得到有关信息，或参考软件手册。

3.4　基于子网划分的基准站网数据处理

3.4.1　概述

随着 GNSS 基准站网的不断发展，不同规模基准站网越来越多，基准站的数目也在不断增加。目前大多数 GNSS 数据处理软件只能同时处理少于 100 个测站的数据（如 GAMIT），或者同时处理 200 及以上测站时需消耗大量的计算机硬件资源和时间，从而严重影响数据解算的效率，并导致解算结果的滞后。

为了解决这个现实性难题，IGS 分析中心（如美国 SIO 等）采用的策略是：将一个大规模 GNSS 基准站网分成若干测站数小于 100 的子网，首先各子网独立解算，然后将各子网解联合处理，从而得到最终解算结果。以 SIO 为例，2009 年 5 月 2 日，SIO 将分析测站按不同来源、用途等分成了 46 个子网（包括 IGS1～IGS6，NET1～NET9，NETA～NETC 等）。每个子网测站数 30～40 不等，且不同网间包含一定的公共站。需要指出的是，SIO 对子网的划分会按照站点的稳定性、空间位置、数据完好性等指标进行调整，以保证子网数据的稳定性（杨凯，2011）。

划分子网不仅在数学模型的严密性上受到了影响，而且也增加了潜在的技术难点，主要有两点：

①子网划分问题。对于一个大规模基准站网，可以有多种子网划分方案。如何选取最优的子网划分策略，以及不同的子网划分方法对最终解算结果的影响，是需要考虑的问题。

②公共站选择问题。为了将各个子网解联合，需要在子网间保留一定的公共站。这就需要在选择时加以考虑公共站的数目、空间分布、仪器的硬件要求等因素。

本节首先讨论 IGS 分析中心 SIO 采用的分子网解算策略；然后，针对目前大规模基准站网的技术特点，提出子网划分与公共站选取的一般性原则；最后，利用实际数据，通过不同子网划分、不同公共站选取方法进行处理并加以对比分析，得出子网划分及公共站选取对最终解算精度的影响量级。并且，根据算例结果，研究分子网解算与全网整体解算两种方案的优缺点。

3.4.2　子网划分与公共站选择一般性原则

如前所言，在采用分子网解算大规模 GNSS 基准站网数据时，如何划分子网与选取公共站对解算结果均存在不同程度的影响。因此，子网划分和公共站选取方法是提高分子网解算精度的重要措施。

目前，大规模 GNSS 基准站网主要有如下几个特点：

①基准站一般为全天候不间断观测，并配以观测墩；

②在基准站的选址和建设时，通常考虑了数据信号接收情况，数据质量在很大程度上能够得到保证；

③基准站所用仪器（包括接收机和天线）在一定程度上具有一致性，即同一期建设

的基准站采用的仪器类型基本一致；若在多期建设中采用多种仪器，那么通常情况下这些仪器的精度及数据质量亦能基本保持一致。

为此，针对大规模基准站网的自身特点，我们提出子网划分与公共站选择的一般性原则如下：

①应尽量保证个子网间的测站数目基本一致，避免出现子网间测站数目过于悬殊的情况；

②应保证子网空间分布具有一定的重叠性，仅以地域来划分子网并非最优方式；

③应考虑各子网中测站的分布以较为均匀为佳，避免出现部分子网测站过密、而其他子网测站过于稀疏的情况；

④应考虑公共站的空间分布：公共站应在子网内均匀分布为佳，应避免公共站集中于某一区域的情况；沿子网间的边界选取公共站并非最优选择；

⑤应注意公共站的数据质量，有明显质量缺陷的测站不应作为公共站；

⑥公共站的数目并非越多越好，一般情况下大于 3 个公共站就可以了。

3.4.3　子网划分方法分析

关于子网划分方法，已有学者进行研究，并得出了一些结论（刘经南等，1998；隋立芬，2001；文鸿雁等，2002）。刘经南等（刘经南等，1998）按照测站的观测质量将国家 1992 A 级 GPS 网划分为两个子网进行处理；隋立芬（隋立芬，2001）处理全国高精度 GPS 网与中国地壳运动观测网络数据时，按照测站的地域分布、中国大陆地壳构造、地震断裂带分布等因素，分为 6 个区域处理。

上述子网划分的研究成果基本上是针对某一特定工程而进行的，同时对于如何选取子网间的公共站也没有进行论述。同时，已有的研究成果主要是针对由不同时期施测的会战式 GPS 网组合而成的大规模网数据情况，特别是 1998 年之前，早期观测的 GPS 数据中粗差较多、数据质量较弱，与现在的大规模基准站网的特点不一致。

为了研究不同子网划分方案对大规模基准站网数据解算的影响，本节以 2009 年 5 月 2 日至 7 日的 IGS 全球连续运行跟踪站数据为例，按照不同的原则来划分子网，通过分析，以验证上节所提子网划分原则的可靠性与实用性。

1. 子网划分方法设计

采用的数据为 SIO 划分的 IGS1（43 站）和 IGS2（43 站）子网数据。两个子网有 3 个重复的公共站，将其合并为 83 个测站的整网（以下称 IGSA），测站分布如图 3-5 所示。数据观测时间为 2009 年 5 月 2 日至 7 日，共计 6 天。设计的四种解算模式为：

方案一：IGSA 整网解算，即不划分子网。

方案二：按照 SIO 的划分原则，将 IGSA 分为 IGS1 和 IGS2 两个子网，测站分布如图 3-6 所示，公共站为 CHAT、GENO、KIRI 三站。

方案三：将 IGSA 分为 IGS1_1（46 站）和 IGS2_1（40 站）两个子网，其测站分布如图 3-7 所示，公共站为 CHAT、GENO、KIRI 三站。本方案与方案二相比，均为 2 个子网，子网测站数基本保持一致，测站的空间分布不同。

方案四：将 IGSA 分为 IGS1_2（62 站）和 IGS2_2（24 站）两个子网，其测站分布如图 3-8 所示，公共站为 CHAT、GENO、KIRI 三站。本方案与方案二相比，均为 2 个子网，但子网测站数以及测站空间分布均发生了改变。

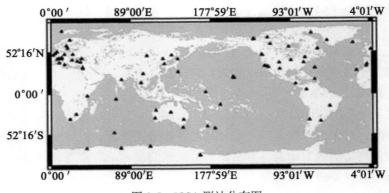

图 3-5　IGSA 测站分布图

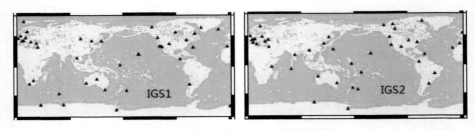

图 3-6　子网划分方案二测站分布图

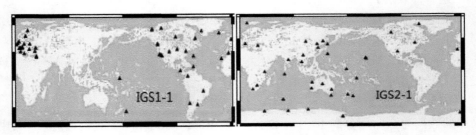

图 3-7　子网划分方案三测站分布图

在上述的四种方案中，方案一为整体解算方案，即同时解算全部 83 个测站；方案二、方案三、方案四为分子网解算，即首先将各子网独立解算，然后将各子网的基线解进行整体平差，得到最终解算结果。

2. 数据处理方案

数据处理采用 GAMIT/GLOBK（10.4 版本）软件。数据处理方案见表 3-8。

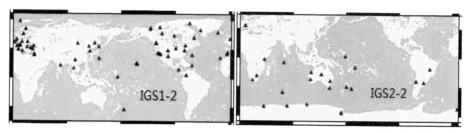

图 3-8　子网划分方案四测站分布图

表 3-8　　　　　　　　　　　　　子网划分数据处理方案

参数	改 正 模 型
观测值	LC+PC 组合观测值
卫星星历	IGS 事后精密星历
卫星轨道	考虑卫星轨道误差，松弛 IGS 卫星轨道
坐标框架与历元	ITRF2005 框架，单天瞬时历元
截止高度角	10°
电离层延迟	LC 观测值消除（一阶影响）
对流层延迟	Saastamoninen 模型改正+GMF 映射函数+分段估计（步长 2h）
采样率	30s
观测时间	24h/d
天线相位改正	绝对天线相位改正模型（卫星+接收机天线）
潮汐改正	固体潮+极移潮+洋潮
相位缠绕	改正
相对论效应	改正

　　基线解算完毕后，采用 GLOBK 软件进行网平差。平差时将各方案的基线结果文件作为输入文件，进行整体网平差，得到各方案的点位结果。平差时基准站选取为：ALIC、CHAT、CHUR、DAV1、KELY、KERG、MKEA、NRC1、SANT、SYOG、VESL、WSRT。这 12 个基准站均为 ITRF2000 和 ITRF2005 参考框架的核心站，观测时间长、数据质量较好，同时在全球分布较为均匀。平差基准为 ITRF2005 框架、2009.3315 历元。

3. 实验结果分析

　　为判定子网划分方式是否合理，采用的方法是：分析平差后的点位中误差以及点位坐标与真实值的较差。点位中误差体现了平差结果离散程度的大小，点位坐标与真实值之间的较差体现了平差结果与真值之间的偏离程度。由于实际中绝对真实值无法获取，以 SOPAC 发布的 IGS 站点在 ITRF2005、2009.122 历元的坐标为真值。

由于方案一、方案二、方案三、方案四采取一致的处理策略，区别仅在于子网划分不同，因此，可以认为此时方案一、方案二、方案三、方案四之间的结果差异是由于不同的子网划分方法引起的。方案一、方案二、方案三、方案四平差后点位中误差示意图如图 3-9、图 3-10、图 3-11 所示。

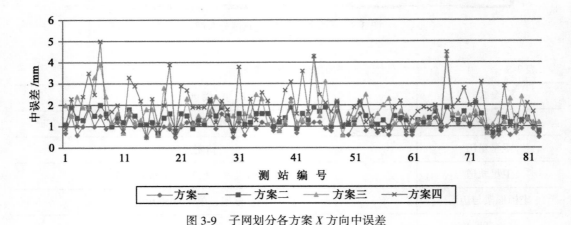

图 3-9　子网划分各方案 X 方向中误差

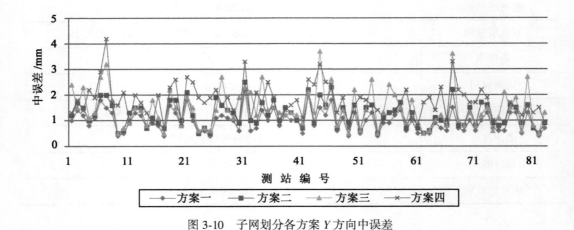

图 3-10　子网划分各方案 Y 方向中误差

由图 3-9、图 3-10、图 3-11 可知，四种方案的点位中误差量级大体一致，均优于 5mm。方案一平差后的点位中误差最小，方案二与方案一精度大致相当，差异不超过 1mm。而方案三和方案四精度略差。虽然四种方案点位中误差的差异数值不大，但可以反映整体求解的精度具有优势。同时，以 SOPAC 发布的 IGS 站点坐标为真值，并将方案一、方案二、方案三、方案四平差结果与之比较，得到的精度统计见表 3-9。

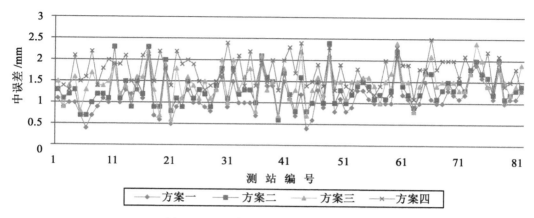

图 3-11 子网划分各方案 Z 方向中误差

表 3-9 　　　　　　子网划分各方案多天解精度统计表（单位：mm）

坐标分量	方案一		方案二		方案三		方案四	
	RMS	均值	RMS	均值	RMS	均值	RMS	均值
X	3.20	−1.66	3.51	−1.81	3.77	−3.35	3.65	−2.53
Y	6.11	−0.72	6.14	−0.95	6.46	−1.08	7.32	−0.09
Z	5.52	−1.41	5.90	−1.26	6.19	−0.83	8.50	−2.46

由表 3-9 可以看到，四种方案的解算精度较高，坐标分量的统计精度均优于 1cm。方案一的精度最高，方案二精度与方案一接近，但仍略低于方案一。方案三与方案四精度较方案一、方案二为低，特别是方案四，Z 方向的精度较方案一降低了 3mm。

比较方案二、方案三、方案四，可以得到：三种方案均将同一个大规模基准站网划分为 2 个子网，子网间的公共站也相同。但在子网测站的数目及空间分布上，方案二中 2 个子网的测站数目一致（均为 43 站），测站分布也大体一致，空间分布较为均匀。方案三中 2 个子网的测站数目大体一致（46 站与 40 站），但测站的分布不均匀：IGS1_1 中的测站位于欧洲及美洲，而 IGS2_1 中测站位于非洲、南极及亚太地区，2 个子网测站分布重叠区域较小。方案四不仅测站数目相差较大（62 站与 24 站），空间分布也很不均匀：IGS1_2 子测站均位于北半球，而 IGS2_2 子网测站均位于南半球，两个子网间基本上没有重叠区域。

结合图 3-9、图 3-10、图 3-11 和表 3-9，可以看到，无论是平差后的中误差还是与真实值之间的较差，精度可以按从高到底排列为：方案二>方案三>方案四。这些差异主要可能是由于子网划分不同造成的。方案二在子网测站数与测站分布上都很均匀，精度较高；方案三的子网测站数较均匀，但分布不均匀，精度次之；方案四子网测站数和分布均很不均匀，精度更次。从这个角度来说，SIO 划分的子网（方案二）是一种较合理的划分子网方式，而方案三、方案四的划分方式则是不合理的。同时，当子网划分合理时，精度与整体解算的结果基本一致。

综合上述两种评判方法，方案一无论是平差后点位中误差还是与真值的较差均为最小，方案二与方案一大体相当而略差；方案三、方案四虽然精度水平较高，但与前两者相比仍较差。因此，可以得到如下结论：

①先划分子网处理，然后将基线解联合平差得到结果是一个行之有效的手段；

②子网划分较为合理时，分子网求解与全网整体求解的结果大体一致；

③子网划分较不合理时，分子网求解的精度可能会有一定程度的降低；

④由于全网整体处理策略不需要划分子网，因此可以避免子网划分不当而带来的精度损失。

3.4.4　公共站选择方法分析

为了获得整体解，在子网解算之后，需要将各子网的基线解结果统一平差。若子网间没有一定数目的公共站进行联系，则无法获得整体解。各子网独立进行平差，这样会由于子网基准的不统一而造成解的不兼容，从而影响定位结果的精度。

为了研究公共站对大规模基准站网数据处理带来的影响，本节选取前文方案二的子网划分形式，即 IGS1 和 IGS2 两个子网，然后针对这两个子网选取不同的公共站分析其结果差异。

1. 公共站选取方案设计

选取 2009 年 5 月 2 日至 7 日的 IGS 跟踪站观测数据，根据 SIO 划分的子网 IGS1 和 IGS2，通过对公共站的不同选取，设计四种方案：

①方案一：即 SIO 的公共站选取方式，公共站为 CHAT、GENO、KIRI 三站，分布如图 3-12 所示；

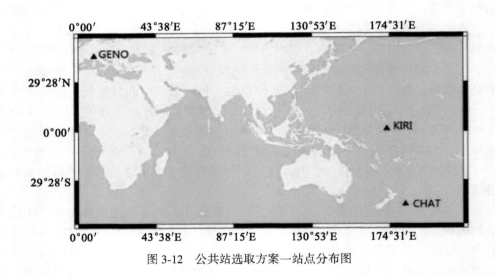

图 3-12　公共站选取方案一站点分布图

②方案二：选取公共站为 MAUI、MKEA、HILO 三站，公共站分布如图 3-13 所示；

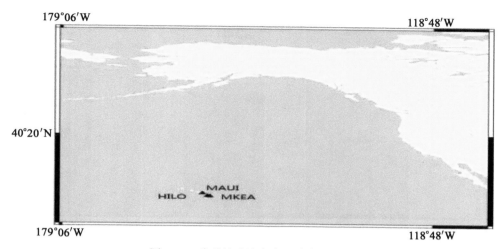

图 3-13　公共站选取方案二站点分布图

③方案三：选取公共站为 MAUI、GENO、CHAT 三站，公共站分布如图 3-14 所示；

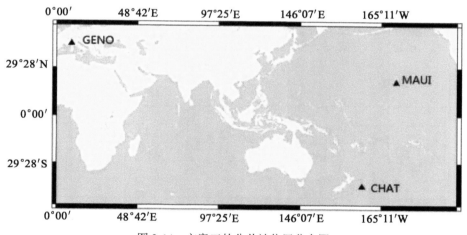

图 3-14　方案三的公共站位置分布图

④方案四：选取公共站为 GENO、CRAO、SULP 三站，公共站分布如图 3-15 所示。

由图 3-12、图 3-13、图 3-14、图 3-15 可以看到，四种方案的公共站选取各有特点。方案一的公共站，空间分布较均匀，KIRI 站大致位于赤道、东经 180°左右，GENO 和 CHAT 分别位于北、南半球，且其纬度大致沿 KIRI 站对称分布。方案二为公共站均位于夏威夷群岛上，站间距离较近（平均边长约为 113km）。方案三的公共站分布较均匀，只是将 KIRI 站换为 MAUI 站。方案四的公共站均位于欧洲南部，站间距离较方案二适中。

2. 数据处理方案

方案一、方案二、方案三、方案四的数据处理方案参见 3.4.3 的相关内容。

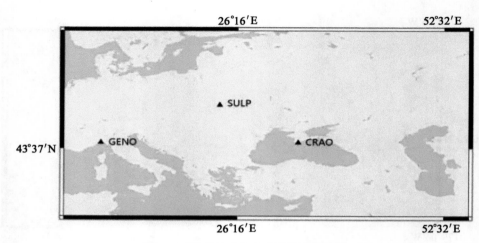

图 3-15　公共站选取方案四站点分布图

3. 实验结果分析

采用的分析方法同前。由于方案一、方案二、方案三、方案四采取数据处理策略一致，区别仅在于公共站不同，因此，可以认为方案一、方案二、方案三、方案四之间的结果差异是公共站的不同引起的。

方案一、方案二、方案三、方案四平差后坐标中误差如图 3-16、图 3-17、图 3-18 所示。

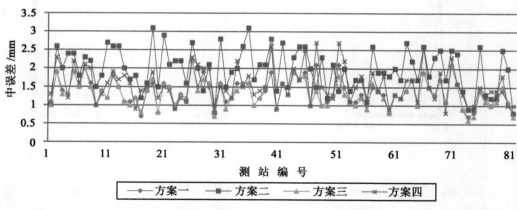

图 3-16　公共站选取各方案 X 方向中误差

由图 3-16、图 3-17、图 3-18 可以看出，四种方案平差后的点位中误差较小，均优于 5mm。具体来说，方案一的精度最优，方案三次之，并与方案一的精度大体一致，方案二与方案四的精度相对较差。同时，将方案一、方案二、方案三、方案四的平差结果与 SOPAC 发布的成果相比较，得到精度统计见表 3-10。

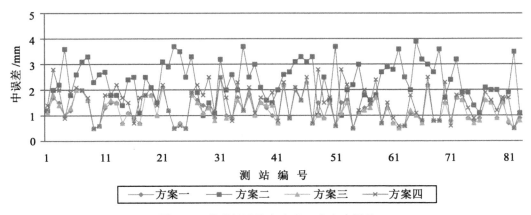

图 3-17 公共站选取各方案 Y 方向中误差

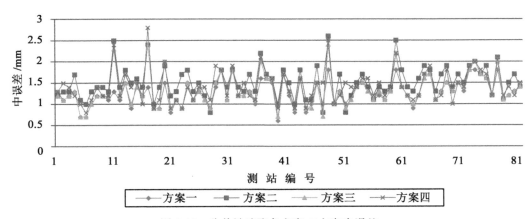

图 3-18 公共站选取各方案 Z 方向中误差

表 3-10　　　　　公共站选取各方案多天解精度统计表（单位：mm）

坐标分量	方案一		方案二		方案三		方案四	
	RMS	均值	RMS	均值	RMS	均值	RMS	均值
X	3.51	−1.81	5.68	−1.94	3.55	−1.78	3.74	−1.68
Y	6.08	−0.95	7.42	−0.66	6.14	−0.84	6.35	−1.79
Z	5.90	−1.26	6.12	−2.76	5.90	−1.57	6.27	−0.38

由表 3-10 可知，方案一、方案二、方案三、方案四的平差结果统计精度较高，均优于 1cm。其中，方案一的精度最优，方案三与方案一的精度大体一致，方案四精度略差，而方案二的 RMS 值最大，特别在 X 方向与方案一相比 RMS 值增加了约 2mm。同时结合图 3-12、图 3-13、图 3-14、图 3-15，可以发现，方案一和方案三选取的公共站在全球范围内

均匀分布，而方案二和方案四选取的公共站分布上较为集中：方案二的公共站均位于夏威夷群岛，而方案四的公共站均位于欧洲南部。

结合图 3-16、图 3-17、图 3-18 和表 3-10，方案一无论在点位中误差还是与真值的较差精度统计上均是最优的，方案三与方案一大体一致，方案二的精度相对较差。因此，可以认为方案一选取的公共站较为合理，而类似方案二选取的公共站则较不合理。不合理之处主要在于公共站过于集中，难以将两个子网较好联结起来；同时，方案三与方案一的差别在于将 KIRI 站换成了 MAUI 站，虽然 MAUI 站同样位于北半球，但由于三个公共站之间分布较为均匀，因此得到了与方案一相一致的解算结果。

综上所述，可以得到如下结论：

①公共站的选择是影响解算精度的因素，公共站的不同会对结果造成不同程度的影响；

②当公共站选取较不合理时，解算精度可能会有一定程度的降低；

③全网整体处理可以避免由于公共站选取不当带来的精度损失。

3.5　基于整体解算的 GNSS 基准站网参数估计方法

如何高效地处理拥有数百、甚至上千个基准站的大规模基准网数据，是一个亟需解决的技术问题。如本章 3.4 节所述，目前 IGS 各分析中心普遍采取的措施是分网解算方法。然而，子网划分在一定程度上损害了数学模型的严密性，同时增加了子网划分、公共站选取等一系列的技术问题。目前高精度数据处理软件包括 GIPSY、GAMIT、BERNESE、EPOS 等，其中 GAMIT 只能解算不超过 100 个站的基准站网数据（Herring，et al.，2010），BERNESE 和 EPOS 等虽然可以同时解算超过 100 个基准站的观测数据，但解算时间过长、占用的内存过多，限制了其在大规模基准站网数据处理中的应用（Ge，et al.，2006）。因此，在解算大规模基准站网的观测数据时，消除整体解算时的测站数量限制，缩短解算时间并减小解算时占用的内存资源，是实现大规模 GNSS 基准站网的高性能数据整体解算时亟需解决的问题。本节仅讨论基于全网整体解算的 GNSS 基准站网参数估计方法，关于基准站网的整体快速解算方法将在第 4 章介绍。

3.5.1　现有参数估计方法评述

在 GNSS 精密定位定轨中，在给出观测值的数学模型后，应使用参数估计方法求出测站坐标等待估参数的最优估值。目前参数估计方法主要包括滤波算法和最小二乘估计算法。

1. 最小二乘估计方法

最小二乘估计方法是大地测量中基本的数学工具，也是 GNSS 精密定位定轨的基本工具。在 GNSS 基准站网数据处理中，待估参数通常包括测站三维坐标、整周模糊度参数、接收机钟差、ZTD 参数等。最小二乘进行参数估计时，首先形成观测方程：

$$f(x) = l + v \qquad (3-44)$$

其中，$f(x)$ 是包含有待估参数的观测量函数，l 为观测值，v 为观测误差。将式（3-44）

线性化后可得到下式：

$$f(x_0) + A\mathrm{d}x = l + v \tag{3-45}$$

式中，A 为系数矩阵，由观测方程对待估参数的偏导数组成，即所谓设计矩阵；$f(x_0)$ 是由待估参数的先验值 x_0 计算得到的理论观测值，v 为拟合后的观测残差，$\mathrm{d}x$ 是待估参数相对于先验值的改正数。

若矩阵 A 非奇异，即 A 阵可逆，则可以得到待估参数的最小二乘估值 $\hat{x}$。根据最小二乘原理，加权残差平方和 $v^{\mathrm{T}}Pv = \min$ 求得唯一解，其中 P 阵为权矩阵。通过形成法方程并求其逆，可以得到最小二乘解如下：

$$\begin{cases} \hat{x} = x_0 + \mathrm{d}x \\ \mathrm{d}x = N^{-1}A^{\mathrm{T}}P[l - f(x_0)] \end{cases} \tag{3-46}$$

其中，$N = A^{\mathrm{T}}PA$。

对于基准站网的数据处理来说，观测方程并不对所有待估参数均敏感，例如，双差观测方程中并不包含原点信息，只能估计测站间的相对位置。在这种情况下，若对所有可能的待估参数组成法方程，矩阵 N 将奇异。为了解决这一问题，通常至少固定一个测站的坐标，对待估参数施加先验约束。此时，最小二乘准则变为 $v^{\mathrm{T}}P_{vv}v + \mathrm{d}x^{\mathrm{T}}P_{xx}\mathrm{d}x = \min$ 并求得唯一解，其中 P_{vv} 是先验参数的权矩阵。对应的，此时最小二乘解为：

$$\mathrm{d}\hat{x} = (A^TPA + P_{xx})^{-1}A^{\mathrm{T}}P[l - f(x_0) + P_{xx}\mathrm{d}x_a] \tag{3-47}$$

待估参数的方差—协方差矩阵为法方程矩阵 N 的逆矩阵，即

$$C_{xx} = \hat{\sigma}_0^2 N^{-1} \tag{3-48}$$

若待估参数已施加先验约束，则为：

$$C_{xx} = \hat{\sigma}_0^2 (N + P_x)^{-1} \tag{3-49}$$

其中，$\hat{\sigma}_0^2$ 为单位权方差，可按下式得到：

$$\hat{\sigma}_0^2 = (\hat{v}^{\mathrm{T}}P\hat{v} + \mathrm{d}\hat{x}^{\mathrm{T}}P_x\mathrm{d}\hat{x})/r \tag{3-50}$$

r 为自由度，即观测数与待估参数个数之差。对于施加了先验约束的最小二乘估计，应将被约束的参数条件也作为观测数（魏子卿等，1998）。

2. 均方根信息滤波

滤波算法一般用以解决包含了状态参数的估计问题，能实时输出状态参数及其方差，占用计算机内存资源较少。滤波算法中的卡尔曼滤波（Kalman Filter）（Kalman，1960；Kalman，et al.，1961；Welch，et al.，1995）在众多领域中得到了广泛的应用，并出现了多种变体（Julier，et al.，1997；Wan，et al.，2000）。在 GNSS 精密定轨定位中，均方根信息滤波（Square-Root Information Filter，简称 SRIF）算法（Bierman，1975；Bierman，1982；J. K. Miller，1994；Psiaki，1998）已在美国喷气动力实验室（JPL）研发的高精度 GNSS 精密数据处理软件 GIPSY（Gregorius，et al.，1996；Webb，1993）中得到应用，在处理观测数据时能够有效避免滤波发散，具有较高的数值稳健性和有效性。

3. 参数估计方法比较与分析

对于 GNSS 基准站网的数据处理来说，虽然在解决动态参数估计的问题上滤波算法（特别是均方根信息滤波）具有很大的优势，但 GNSS 事后精密定位所关心的待估参数多

为固定偏差（如测站坐标），一般不关心中间过程不确定因素影响的状态参数（如接收机钟差、对流层延迟参数、太阳光压参数等）求解。即使需要显式求解状态参数的估值，滤波方法也需要进行进一步的平滑（SRIS）。同时，滤波算法是逐历元求解法方程，SRIF 则需要逐历元进行信息矩阵的更新。在大规模基准站网的数据处理中，当测站超过 100 个时，每历元进行一次法方程求解或信息矩阵更新，将耗费大量的计算时间，特别是当采样间隔较短时，计算时间将呈倍数增长。在 GIPSY 软件中，为了提高计算效率，将观测数据的采样间隔压缩为每 300s 一个历元（LICHTEN，1990；葛茂荣，1995）。

为了量化比较不同参数估计方法的效率，我们利用 SRIF 算法进行参数估计，并采用 2009 年 5 月 2 日的 IGS 跟踪站网数据（采样率为 300s），分别在 50 站、100 站、150 站和 200 站的数目情况下进行解算。各种情况的测站分布如图 3-19 所示，得到每历元 SRIF 解算所花费的时间如图 3-20 所示，计算机软、硬件平台信息见表 3-11。

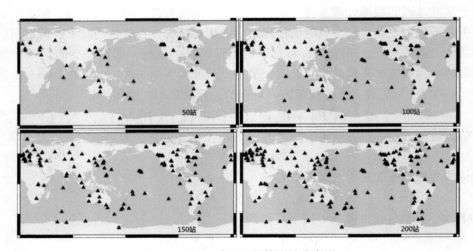

图 3-19　SRIF 单历元解算测站分布图

表 3-11　　　　　　　　　　　　　　计算机软、硬件平台

编程语言	FORTRAN 95
运行环境	LINUX
编译器	Intel Fortran 11.2 编译器
处理器	Intel I7-720QM（主频 1.6GHz）
内存	4G DDR3 1066
操作系统	OpenSuSE 11.3 64bit

由图 3-20 可知，随着测站数目的增加，SRIF 算法单历元解算时间增长非常迅速。当测站数目为 150 个时，单历元解算时间超过 5min；而测站数目为 200 个时，单历元解算时间超过了 15min，由此推断，解算采样率为 300s 的全天观测数据时间将超过 72h。这对

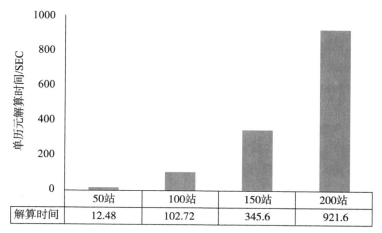

	50站	100站	150站	200站
解算时间	12.48	102.72	345.6	921.6

图 3-20　SRIF 单历元解算时间对比图（单位：秒）

于大规模基准站网数据解算来说，是难以容忍的效率。

另外，由于最小二乘估计算法不需要逐历元求解法方程，只需在观测时段的每个历元进行法方程叠加，直到最后一个历元才显式求解 GNSS 精密定位所关心的确定性参数和状态参数，因此在计算效率上具有优势。同时，如果将状态方程和状态参数的先验信息转化为伪观测值并参与法方程叠加，那么最小二乘估计算法与卡尔曼滤波算法是等价的（崔希璋等，2001）。

因此，对于大规模基准站网的事后静态数据处理，采用最小二乘算法进行高性能参数估计可能更为合适。

3.5.2　高性能法方程求逆方法研究

在基于最小二乘方法的参数估计中，需要逐历元读取观测数据并叠加法方程，至观测时段历元结束时形成最终法方程并加以求逆，得到待估参数的最小二乘估值。因此，法方程解算（主要是法方程求逆过程）是最小二乘参数估计中非常重要的环节，也是影响数据处理效率的关键因素之一。为了实现大规模基准站网的高性能数据处理，需要解决两个关键问题：在特定维数下提高法方程解算效率和减小法方程的维数。后者将在第 4 章中进行详细研究，本节详细探讨研究提高法方程解算效率的方法。

1. 高性能线性代数函数库

法方程求逆过程是一个标准的线性代数问题，可以用任意标准方法进行解算。在最小二乘估计方法中，法方程系数矩阵为一正定对称矩阵，因此高斯消元法、LU 分解法、Bunch-Kaufman 选主元法以及乔里斯基分解法均可用于法方程求解。从原理上说，不同方法求解效率并不一致。对于大规模基准站网的高性能数据处理，需要找出与最小二乘估计相关的最优法方程求逆算法。

此外，对于法方程求逆问题，不仅运用不同的方法求逆效率有差异，即便同一个方法、不同编程实现方式的解算效率也可能相差较大。因此，对于非数值计算的专业人员而言，面对这样一个标准的数值计算问题，要使自行编写的函数具有较高的计算机数值解算效率，需要投入精力与时间进行反复调试。

具体来说，对于高斯消元法这样一个相对简单的算法，在编程时主要问题是如何提高内存读/写的效率。目前计算机处理器具有分级的存取速度设计，如 L1 缓存、L2 缓存等，其中可以直接被处理器使用的部分缓存速度最快（通常来说只有几百 KB），而普通内存虽然容量更大，但速度慢了几个量级。因此，如果计算操作可以在处理器缓存中完成，那么执行效率较高。但处理器缓存毕竟容量有限，为了避免溢出常常需要在处理器缓存和内存之间交换数据。这些操作会大大地影响计算效率，因为处理器的计算速度比内存读取速度快几百，甚至上千倍。可见，如何尽量减少对内存等慢速存储器的访问，决定了数值计算的效率。同时，现有的高性能线性代数函数库，包括 BLAS、LAPACK、MKL 等，其运算效率已经被很多学者加以验证（Anderson, et al., 2002; Demmel, 1989）。因此，使用这些已有的函数库，可以将精力放在与 GNSS 相关的算法研究上，而不必在与计算机底层硬件相关的计算效率问题上花很多时间。

（1）BLAS

BLAS（Basic Linear Algebra Subroutines，基本线性代数子程序库）是一个高质量的基本向量、矩阵运算子程序库。最早是由 FORTRAN 语言编写，后来又发展了其他语言接口，包括 C 语言、JAVA 等。BLAS 仅涉及最基本的向量和矩阵运算，因此可将高性能数值计算程序的开发同特定硬件平台的性能优化区分出来。开发者只需将所涉及的计算过程转换为基本的矩阵、向量运算并调用相应的 BLAS 子程序即可，而不必考虑与计算机硬件相关的性能优化问题。这一模式提高了高性能线性代数函数库的开发效率，如 LAPACK、ScaLAPACK 等都是基于 BLAS 而设计的（张林波，2006）。

BLAS 从结构上可以分为三个层次：Level 1 BLAS、Level 2 BLAS 和 Level 3 BLAS。其中 Level 1 BLAS 涉及向量与向量、向量与标量之间的运算，Level 2 BLAS 涉及向量和矩阵之间的运算，Level 3 BLAS 则涉及矩阵之间的运算。一般来说，层次越高的 BLAS 子程序效率越高（张林波，2006）。因此，应尽可能地使用 Level 3 BLAS 的子程序。

（2）LAPCAK

LAPACK（Linear Algebra PACKage，线性代数软件包）是由美国 Argonne 国家实验室、Courant 研究院和 NAG 公司联合开发完成的一个大型线性代数函数库，以 FORTRAN 语言编写。第一个版本发布于 1992 年 2 月（Anderson, et al., 1999; Anderson, et al., 1995）。LAPACK 包含了求解科学与工程计算中最常见的线性代数数值计算问题，如线性方程组求解、矩阵奇异值求解、特征值求解等，还可以实现各种矩阵分解、矩阵求逆、条件数估计等相关计算问题。LAPACK 通过对矩阵进行分块，将许多操作转换为矩阵运算，调用 Level 3 BLAS 的高效子程序来完成。这样有助于提高处理器缓存的命中率，从而进一步提升了运算效率。

LAPACK 是一个开放源代码的工程，包含了 LAPACK 所有源代码的程序安装包可以从网址 http://www.netlib.org/lapack/免费获得，其软件包结构如图 3-21 所示（张林波，2006）。

（3）MKL

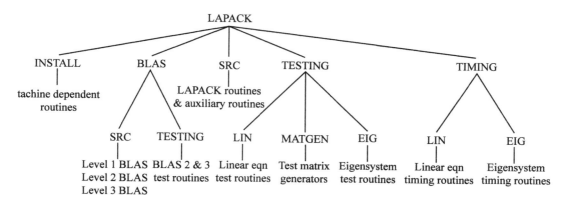

图 3-21　LAPACK 软件包结构图

英特尔数学核心函数库（Intel Math Kernel Library，MKL）是英特尔公司为科学和工程计算设计的数学函数库，并针对目前和将来的英特尔公司的处理器（包括奔腾系列、至强系列、安腾系列、酷睿系列等英特尔公司全系列处理器）进行了优化，特别针对英特尔至强、酷睿系列多核处理器进行了多线程的性能优化（Gustafson, et al., 2007; Basics, 2005）。MKL 中包含了 BLAS 库和 LAPACK 库，并已集成在英特尔 FORTRAN 编译器 ifort 中，因此使用时可直接调用 LAPACK 子函数，而不必显式链接 LAPACK 库。

为了研究分析适用于最小二乘估计方法的最优法方程解算方法，分别利用高斯消元法、LU 分解法、Bunch-Kaufman 选主元法和乔里斯基分解法来解算法方程，并采用 2009年 5 月 2 日的 IGS 跟踪站网数据（采样率为 300s），分别在 50 站、100 站、150 站和 200站的不同测站数目情况下进行解算。所用数据如图 3-19 所示，解算时的计算机软、硬件平台见表 3-11。采用上述四种不同方法解算法方程的效率见表 3-12。其中，高斯消元法是自行编写的子程序，LU 分解法采用了 LAPACK/MKL 库中的 DGETRF、DGETRI 子程序，Bunch-Kaufman 选主元法采用了 LAPACK/MKL 库中的 DSYTRF、DSYTRI 子程序，乔里斯基分解法采用了 LAPACK/MKL 库中的 DPOTRF、DPOTRI 子程序。

表 3-12　　　　　　　　　**不同方法法方程求解效率**（单位：秒）

	高斯消元法	LU 分解法	B-K 选主元法	乔里斯基分解法
50 站	542	28	23	16
100 站	4573	231	167	111
150 站	16136	794	566	391
200 站	28925	1416	1050	694

由表 3-12 可知，对于最小二乘估计法方程的解算，高斯消元法所用时间较多，接近 LU 分解法所用时间的 20 倍。LU 分解法、Bunch-Kaufman 选主元法和乔里斯基分解法所用

63

时间基本在同一量级，而乔里斯基分解法所用时间最少，大约为 LU 分解法所用时间的一半。可见，上述情况一方面说明了自行编写的法方程求解函数与专业函数库相比效率过低，另一方面也说明了高斯消元法的计算量较大而导致与 LU 分解法等方法相比解算时间过长。

上述四种不同测站数目情况下法方程的维数如图 3-22 所示。

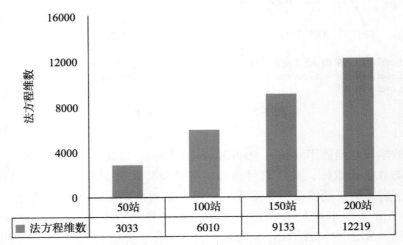

	50站	100站	150站	200站
法方程维数	3033	6010	9133	12219

图 3-22　不同测站情况下法方程维数示意图

结合表 3-12 和图 3-22，可以看到，对于法方程解算，乔里斯基分解法的效率较高，在 200 个测站、法方程维数高达 12219 的情况下，其解算时间 694s，仅为同等情况下高斯消元法的 2.4%。原因在于其与最小二乘估计法方程特征的匹配。最小二乘估计法方程的系数矩阵，是一个实正定对称矩阵，乔里斯基分解法可以充分利用其正定对称特性，而 LU 分解法（适用于所有可逆实矩阵）和 Bunch-Kaufman 选主元法（适用于所有可逆实对称）则不能充分利用这一特征，因此乔里斯基分解法的解算效率最高。

因此，对于大规模 GNSS 基准站网高性能数据处理中的法方程解算，可以得到如下结论：

①高斯消元法由于计算量较大，并不适用于大规模基准站网的高性能数据处理；

②对于法方程解算这样的标准线性代数问题，建议采用 BLAS/LAPACK/MKL 等高性能线性代数函数库以提升解算效率；

③鉴于最小二乘估计法方程的正定对称特性，建议在求解法方程时使用乔里斯基分解法以提高解算效率。

2. 基于 OPENMP 的高性能并行计算

上一节研究了大规模 GNSS 基准站网数据处理中的法方程解算方法与算法实现的优化问题。然而，数据处理仅占用了计算机处理器的一个线程（thread），即所谓的单线程解算。目前的计算机技术已经进入了多核处理器时代，Intel 和 AMD 公司面向个人消费者推出了众多款式的多核桌面/移动处理器。个人桌面计算机的处理器已经普遍采用双核处理器，部分已经使用了高端的四核甚至六核处理器；个人移动（笔记本）计算机也已经普遍使用了双核处理器，部分使用了四核处理器。特别是 Intel 公司在推出的酷睿 2 系列桌面/移动处理器中，使用了"超线程"（Hyper-Threading）技术，可将一个物理内核扩展为两个线程使用，使得双核处理器可以使用四个线程，而四核处理器可以使用八个线程，大大扩展了多核处理器的应用。事实上，目前上述两家公司已经停止了单核处理器的生产，市场上可以购买到的个人桌面/移动计算机的处理器已经全部是多核处理器。因此，在进行大规模 GNSS 基准站网的高性能数据处理时，可考虑同时使用多个线程进行并行计算，以提升解算效率。

一般来说，并行计算是由并行计算机来实现的。目前主要的并行计算机包括多计算机系统（Multi-Computer）和集中式多处理器系统（Centralized Multi-Processor）。多计算机系统是由多台单核或多核计算机通过网络互联组成的并行计算机系统，在多个计算机上的处理器之间通过传递消息（Message）来通信。目前国际上流行的超级计算机系统大多是按照这一标准组建的，由于构建多计算机系统在实现上较为复杂且成本较高，本节内容暂不涉及。集中式多处理器系统同时也称为对称多处理器系统（Symmetrical Multi-Processor，SMP），是集成度更高、更加紧密的并行计算机系统，在该系统中所有处理器共享物理内存，并通过共享内存来实现多个处理器之间的通信和同步。本节内容所涉及的多线程并行计算，就是集中式多处理器系统的一个实现方式，在单台计算机中同时使用多个物理内核或线程，以达到并行计算的目的。

从某种意义上说，目前所有具备多核处理器的个人计算机均可视作集中式多处理器并行计算机。并行算法在并行计算机上需要通过并行编程来实现，当前使用较多的并行编程环境主要有消息传递编程接口（Message Passing Interface，MPI）以及共享存储编程接口（Open Multi-Processing，OPENMP）两种。

（1）消息传递编程接口 MPI

MPI 是目前国际流行的用于并行计算的消息传递标准，被大多数商用并行计算系统采用。MPI 1.0 版于 1994 年 5 月推出，2009 年 4 月更新，免费的 MPI 库 MPICH 可从 Argonne 国家实验室网站（hhtp：//www-unix. mcs. anl. gov/mpi/mpich）获取。MPI 提供了 C/C++、FORTRAN 77/90 四种编程语言的接口。

MPI 定义了一组实现消息传递模型的函数，并集成了不同消息传递函数库中业已被证明为最有效的部分，形成了功能丰富的并行函数库，具有良好的可移植性、扩展性、易用性，并具有完备的异步通信功能。MPI 的发展，为并行计算软件产业的发展打下了坚实的基础。

虽然 MPI 已被证明为并行计算使用最广泛的编程接口之一，但它的优势主要体现在由多个节点（计算机）组成的大型多计算机系统上。对于单台多核计算机而言，使用 MPI 需要为每个物理处理器内核或线程单独分配独占的内存资源如图 3-23 所示（Quinn，2003），实现起来较为繁琐。同时由于单台计算机的物理内核数目并不多（不超过 10 个），MPI 的优势并不能充分体现。更为重要的是，使用 MPI 进行并行编程时，需要对已有的串行（单线程）代码进行较多的修改，因而在单台计算机上不建议采用 MPI 进行并行编程计算。

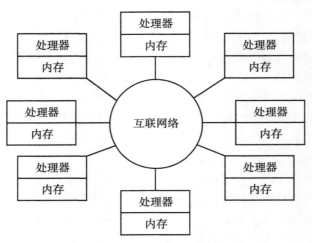

图 3-23　消息传递模型示意图

（2）共享存储编程接口 OPENMP

　　与 MPI 不同，OPENMP 是专为共享存储环境下进行并行计算而设计的编程接口，即所有处理器内核/线程共用一个本地内存资源，而 MPI 标准下每个处理器/内核/线程有自己的内存并只能读取本地内存上的数据。共享存储模型示意图如图 3-24 所示。

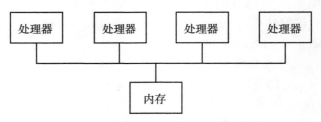

图 3-24　共享存储模型示意图

　　OPENMP 支持 FORTRAN 语言的第一个标准公布于 1997 年 10 月，支持 C/C++语言的标准于 1998 年 11 月发布，目前 OPENMP 可支持包括 FORTRAN 77/90，C/C++语言。

　　基于 OPENMP 的共享存储并行模式称为"fork/join"模式。如图 3-25 所示，当程序开始执行时，只有一个主线程存在。主线程按串行模式执行程序代码，当进入并行计算区域时，主线程派生出若干线程并协同工作（即 fork）。在并行代码结束时，派生的线程销毁或挂起，程序回到单一的主线程中（即 Join），直至程序执行完毕。

　　基于 OPENMP 的并行计算与基于 MPI 的并行计算的区别在于 MPI 中所有进程存活于整个程序的执行过程之中。而在 OPENMP 中，在程序开始与结束时仅有唯一的主线程，程序在执行过程之中线程数会根据情况而动态变化。在基于 OPENMP 的并行计算算法实现时，可以逐步从程序最费时的模块开始进行并行化改造，然后依次对其他模块进行评估并根据情况进行改造。这样，可以在不大规模改动原有代码的基础上完成串行程序代码到

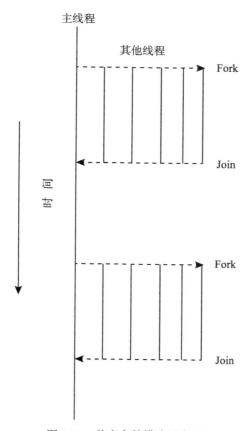

图 3-25 共享存储模式示意图

并行代码的改造，节约了编程时间。

MPI 和 OPENMP 是常用的两种并行编程环境。它们都可以应用在多计算机系统上，其中 MPI 适用于多台计算机组成的集群系统中，而 OPENMP 由于在多个计算机内核/线程间共享本地内存。因此，并不适合这种无共享内存的多节点集群系统。MPI 和 OPENMP 之间的比较见表 3-13。

表 3-13   **OPENMP 与 MPI 的比较**

特 点	OPENMP	MPI
适合多处理器	是	是
适合多计算机	否	是
支持增量式并行化	是	否
最少附加代码	是	否
显式控制内存层次	否	是

由表 3-13 可见，OPENMP 与 MPI 两者各有特点，MPI 更适合于多台计算机节点组成的计算机集群系统，而 OPENMP 更适用于多个计算机内核/线程的单台计算机（节点）。因此，在由多个具有多处理器/内核的计算机节点组成的集群系统中，可以采取 OPENMP 和 MPI 混合编程的模式来实现并行计算，即在集群的每个节点上创建一个 MPI 进程，而在单个节点内使用 OPENMP 实现共享存储并行计算。一般来说，使用 OPENMP 和 MPI 混合编程的效率比仅用 MPI 编写程序的要高。

综上所述，由于本节内容的研究重点是个人计算机平台上的大规模 GNSS 基准站网数据处理，因此暂不涉及基于 MPI 的并行计算。我们在笔记本计算机上实现了基于 LAPACK/MKL 的 OPENMP 并行化计算，所用的计算机软、硬件平台见表 3-11。

在将 3.5.2 节中的四种最小二乘法方程求解方法进行并行化改造之后，采用 2009 年 5 月 2 日的 IGS 跟踪站数据进行了算例分析，所用测站数目分别为 50 站、100 站、150 站与 200 站，采样率为 300s。测站分布如图 3-19 所示。3.5.2 中通过算例分析，得出对于最小二乘估计而言，利用乔里斯基分解法进行法方程求解效率较高，乔里斯基分解法在并行化之后的解算效率如图 3-26 所示，解算时同时使用了四个线程进行并行计算。

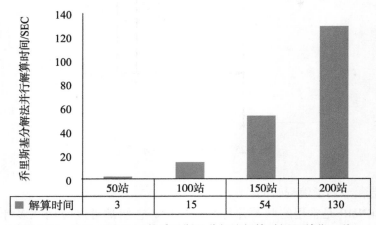

图 3-26　基于 OPENMP 的乔里斯基分解法解算时间（单位：秒）

结合表 3-12 和图 3-26 可知，在实现了并行化计算后，解算效率提升超过 400%，在 200 个测站、法方程维数为 12219 的情况下，乔里斯基分解法求解法方程仅用 130 秒，仅为串行计算时 694 秒解算时间的 18%，可见并行计算对解算效率的巨大影响。

综上所述，在大规模 GNSS 基准站网法方程解算中，可以采用基于 OPENMP 的并行化乔里斯基分解方法，充分利用多核/多线程处理器的优势进行法方程求逆解算，从而大幅度提高个人计算机平台的解算效率。

3.6　多系统融合数据处理

当前，GNSS 领域存在着四大系统并存的局面，而且新卫星均提供至少三个频率的服务。大量研究表明，综合利用多个 GNSS 的信号，并在观测值层面统一处理不同系统的观测数据，能有效提高 GNSS 定位的可靠性和稳定性，尤其是在山区、城市峡谷等卫星信号遮挡严重的地区。因此，联合多系统多频率数据进行融合定位已成为 GNSS 数据处理发展的新趋势。

3.6.1 多系统融合定位的优势

多 GNSS 并存的局面为进一步优化系统的服务性能、拓展其应用空间提供了可能。相较于单一的 GPS，多系统不仅能够扩展 GNSS 应用的地域范围，增加可见卫星数量和观测值类型，而且可以优化卫星几何构型，缓解高山、城市峡谷等对 PNT（Positioning, Navigation and Timing）用户的影响，进一步提升服务的可用性、精度和可靠性（Montenbruck, et al., 2013; 辜声峰, 2013; Chen, et al., 2014a, b）。此外，多系统服务也为采用射线追踪技术研究对流层和电离层增加了可用信号的数量与类型。总之，多 GNSS 服务可以实现不同系统间的优势互补，有望大幅提升 GNSS 多项性能指标。表 3-13 显示了一条长约为 2 km 的基线采用 4 小时解在不同截止高度角情况下的重复性统计信息。可以发现，随着高度角的增加，基线重复性急剧下降，然而当同时采用 GPS、GLONASS 数据时，下降幅度减少，当采用四系统数据时，基线重复性随着截止高度角的增加，下降幅度急剧减少。这也印证了综合多系统数据能有效提高定位的稳定性和可靠性这一观点。

表 3-13　**4 小时观测时段不同截止高度角与星座组合所对应的基线各分量重复性比较**

高度角/°	单 GPS（cm）			GPS&GLONASS（cm）			4 系统（cm）		
	N	E	U	N	E	U	N	E	U
10	0.25	0.16	0.70	0.22(12)	0.12(25)	0.52(26)	0.21(16)	0.17(−6)	0.50(29)
20	0.30	0.18	1.27	0.30(0)	0.17(6)	1.05(17)	0.22(27)	0.18(0)	1.21(5)
30	1.14	0.28	5.29	0.27(76)	0.14(50)	1.92(64)	0.26(77)	0.15(46)	1.71(68)
40	3.66	2.96	31.47	1.34(63)	2.40(19)	23.68(25)	1.02(72)	1.93(35)	11.12(65)

注：括号中为多模系统相对于单 GPS 结果基线重复性的提升/%。

3.6.2 多系统融合数据处理基本原理

多系统数据融合处理原理相较于单系统数据处理更加复杂。首先，它不仅要统一时间和坐标系统，还需要顾及不同系统之间、不同频率观测值之间的偏差等问题。其次，在双频情况下，有些参数无法区分，不得不和其他参数进行合并。当然，处理三频数据时，部分参数是可以分离的，如伪距差分码偏差（DCB）等。为了更为完整地表达 GNSS 数据处理原理，可将公式（3-8）扩展为：

$$Lc_i = \rho + B_{sys} + \mathrm{d}t_R - \mathrm{d}t^S + mT + \lambda_{ci}N_{ci} + u_{ir} + u_i^s + \Delta\rho_{Lci}$$
$$Pc_i = \rho + B_{sys} + \mathrm{d}t_R - \mathrm{d}t^S + mT + h_{ir} + h_i^s + \Delta\rho_{Pci} \tag{3-51}$$

式中，i 为无电离层组合频率号；Lc_i，Pc_i 分别为载波相位和伪距的无电离层组合；ρ 为接收机相位中心到卫星天线相位中心的几何距离；B_{sys} 为接收机相关的系统间偏差；dt_R，dt^s 分别为接收机钟差和卫星钟差；T 为测站天顶方向的对流层延迟；m 为相应的投影函数系数；N_{ci} 为相应的无电离层组合的模糊度；λ_{ci} 为相应的无电离层组合的波长；u_{ir}，u_i^s 分别为组合观测值上的接收机和卫星相关的相位延迟；h_{ir}，h_i^s 分别为组合观测值上的接收机和卫星相关的伪距延迟；$\Delta\rho_{Lci}$，$\Delta\rho_{Pci}$ 分别为相位和伪距上的噪声和误差改正，包括接收机和卫星天线相位中心改正、相对论效应改正、相位缠绕改正、潮汐改正等。

式（3-51）是基于无电离层组合观测值的一般观测方程，适合多系统多频率 GNSS 数据处理的数据。观测方程涉及的参数种类多，在实际数据处理中，需要根据实际情况对估计的参数进行一些调整。式（3-8）即是式（3-51）的一种特殊情况。为了推导和描述简便，假设与相位和伪距相关的偏差如 u_{ir}，u_i^s，h_{ir}，h_i^s 在一段时间内稳定，即假设这些偏差在一天内能作为常数进行估计。

1. 单系统双频数据处理

当处理单 GNSS 系统双频数据时，只能形成一组载波相位和伪距无电离层组合观测值，即 $i=1$。此时只有一个系统，无需估计系统间偏差 B_{sys}。由于只有一个无电离层组合伪距观测值，接收机和卫星相关的伪距延迟 h_{ir} 和 h_i^s 无法与接收机和卫星钟差分离，它们将被钟差完全吸收。为了保证相位和伪距钟差定义一致，伪距的相关延迟 h_{ir} 和 h_i^s 也将随着钟差引入相位观测值中，而且接收机相关的和卫星相关的相位延迟（u_{ir} 和 u_i^s）无法与模糊度参数 N_{ci} 分离，因此需要将这五个参数合并作为一个模糊度参数进行估计。具体观测方程为：

$$Lc_i = \rho + (dt_R + h_{ir}) - (dt^s - h_i^s) + mT + \lambda_{ci}B_{ci} + \Delta\rho_{Lci}$$
$$Pc_i = \rho + (dt_R + h_{ir}) - (dt^s - h_i^s) + mT + \Delta\rho_{Pci} \qquad (3\text{-}52)$$
$$\lambda_{ci}B_{ci} = \lambda_{ci}N_{ci} + u_{ir} + u_i^s - h_{ir} - h_i^s$$

B_{ci} 即为合并后的模糊度参数，这与式（3-8）中的 b_c 一致。若将轨道和卫星钟差固定，即为基于无电离层组合观测值的 PPP 定位模型，而 $u_{ir} + h_{ir}$ 即为接收机端的 UPD，$u_i^s + h_i^s$ 即为卫星端的 UPD。估计时仅能估计不足一周的小数部分，整数周的部分可以并入模糊度参数，不影响模糊度固定。

2. 单系统多频率数据处理

当处理单系统多个频率数据时，即 $i>1$。此时系统间偏差 B_{sys} 仍无需估计。由于存在 i 组伪距的相关延迟 h_{ir} 和 h_i^s，为了保证法方程正常求逆，需要选取一组作为参考，即可估计 $i-1$ 组伪距相关的硬件延迟。此时在相位观测方程中，同样为了保证钟差定义一致，引入了参考伪距的相关延迟。类似地，需要将相关的模糊度、相位延迟以及钟差引入的伪距延迟进行参数合并。假设将第一个观测值的伪距相关延迟作为基准，则观测方程可以表示为：

$$\begin{cases} Lc_1 = \rho + (\mathrm{d}t_R + h_{1r}) - (\mathrm{d}t^S - h_1^s) + mT + (\lambda_{c1}N_{c1} + u_{1r} + u_1^s - h_{1r} - h_1^s) + \Delta\rho_{Lc1} \\ Pc_1 = \rho + (\mathrm{d}t_R + h_{1r}) - (\mathrm{d}t^S - h_1^s) + mT + \Delta\rho_{Pc1} \\ Lc_i = \rho + (\mathrm{d}t_R + h_{1r}) - (\mathrm{d}t^S - h_1^s) + mT + (\lambda_{ci}N_{ci} + u_{ir} + u_i^s - h_{1r} - h_1^s) + \Delta\rho_{Lci} \\ Pc_i = \rho + (\mathrm{d}t_R + h_{1r}) - (\mathrm{d}t^S - h_1^s) + mT + (h_{ir} - h_{1r}) + (h_i^s - h_1^s) + \Delta\rho_{Pci} \end{cases}$$

$$(3\text{-}53)$$

类似地，相位观测中的模糊度参数可以与其他四个参数进行合并，作为一个模糊度参数进行估计。从式（3-53）可以看出当处理单系统多频率数据时，只需要选择其中一个伪距相关的延迟作为基准，其他的均需要当成参数进行估计，当然估计得到的值均相对于所选基准。

3. 多系统多频率数据处理

当处理多个系统多个频率数据的时候，观测方程与式（3-53）类似，但是对于每个不同的系统，由于选择的伪距相关延迟基准不一样，导致不同系统下接收机钟差定义有矛盾。这就导致了在多系统情况下需要对每一接收机增加一个系统间偏差。其观测方程可以表达为：

$$\mathrm{system1}\begin{cases} Lc_1 = \rho + (\mathrm{d}t_R + h_{1r}) - (\mathrm{d}t^S - h_1^s) + mT + (\lambda_{c1}N_{c1} + u_{1r} + u_1^s - h_{1r} - h_1^s) + \Delta\rho_{Lc1} \\ Pc_1 = \rho + (\mathrm{d}t_R + h_{1r}) - (\mathrm{d}t^S - h_1^s) + mT + \Delta\rho_{Pc1} \\ Lc_i = \rho + (\mathrm{d}t_R + h_{1r}) - (\mathrm{d}t^S - h_1^s) + mT + (\lambda_{ci}N_{ci} + u_{ir} + u_i^s - h_{1r} - h_1^s) + \Delta\rho_{Lci} \\ Pc_i = \rho + (\mathrm{d}t_R + h_{1r}) - (\mathrm{d}t^S - h_1^s) + mT + (h_{ir} - h_{1r}) + (h_i^s - h_1^s) + \Delta\rho_{Pci} \end{cases}$$

$$(3\text{-}54)$$

$$\mathrm{system}i\begin{cases} Lc_1 = \rho + B_{sys} + (\mathrm{d}t_R + h_{1r}) - (\mathrm{d}t^S - h_1^s) + mT + (\lambda_{c1}N_{c1} + u_{1r} + u_1^s - h_{1r} - h_1^s) + \Delta\rho_{Lc1} \\ Pc_1 = \rho + B_{sys} + (\mathrm{d}t_R + h_{1r}) - (\mathrm{d}t^S - h_1^s) + mT + \Delta\rho_{Pc1} \\ Lc_i = \rho + B_{sys} + (\mathrm{d}t_R + h_{1r}) - (\mathrm{d}t^S - h_1^s) + mT + (\lambda_{ci}N_{ci} + u_{ir} + u_i^s - h_{1r} - h_1^s) + \Delta\rho_{Lci} \\ Pc_i = \rho + B_{sys} + (\mathrm{d}t_R + h_{1r}) - (\mathrm{d}t^S - h_1^s) + mT + (h_{ir} - h_{1r}) + (h_i^s - h_1^s) + \Delta\rho_{Pci} \end{cases}$$

其中系统间的偏差 B_{sys} 主要是保证两个系统下的接收机钟差定义一致，从式（3-54）中可以推导出系统偏差至少包含着两个系统选择的接收机相关伪距延迟的基准之差 $\mathrm{system1}\{h_{1r}\} - \mathrm{system2}\{h_{1r}\}$。值得指出的是，对于 GLONASS 这种采用频分多址技术（FDMA）的系统，还需要估计频率间的偏差。假设每一颗卫星的频率均不一致，则需要在每个接收机上对每一颗卫星估计一个频率偏差参数。

3.6.3 多系统数据处理发展趋势

随着北斗卫星导航系统的建成和应用，多系统多频率数据融合处理方法越来越受到重视，目前已经成为了导航定位领域的研究热点。然而这种数据处理方法发展还不完善，主要体现在一些偏差本身的定义和性质还不明晰；大多数方法仍是基于无电离层组合观测值导致部分原始信息损失；计算效率仍有待提高。因此，多系统多频率数据处理方法需要朝着概念清晰化、处理非组合化、计算高效化三个方向发展。

概念清晰化主要是指需要确定各类偏差的定义及性质。以差分码偏差（DCB）和频间偏差为例。DCB 包含两种：一种是由于接收机锁定方式不同造成的同一频率不同码观测值之间的偏差，如 $P1-C1$；另一种是不同频率码观测值之间的偏差，如 $P1-P2$。本质上，$P1-P2$ 也应属于频间偏差。其次，频率间偏差包含的内容也没有明确的指明，如有研究发现由 GPS L1/L2 观测值确定的卫星钟差与 GPS L1/L5 确定的钟差存在一随时间变化的偏差，有文献称为钟间偏差（Inter Clock Bias，ICB），也有文献称为频间偏差。并且，这种变化还没有得到很好的解释。因此确定各类偏差的定义和性质，进而确定各类偏差的估计方法成为多系统多频率 GNSS 数据处理发展的趋势。

处理非组合化是指数据处理需将观测方法直接建立在原始观测值上，避免任何形式的做差或者组合，以最大限度的保留原始观测值的信息。目前，GNSS 数据处理方法主要以无电离层组合观测值为基础。它消去了电离层信息，没有充分顾及电离层的时空关系对结果的影响。因此，非差非组合数据处理方法也是多系统多频率 GNSS 数据处理发展的方向之一。

计算高效化是指需要提高 GNSS 数据处理的计算效率。当前即使针对单一的 GPS，超大规模网数据整体处理耗时已经让人难以接受，在多系统多频率的情况下，这种情况更糟。然而，对于时效性要求更高的实时数据处理来说，当前的一般方法几乎无法满足。因此，研究高效的多系统多频率数据处理方法也是 GNSS 数据处理的发展方向。

第4章　整周模糊度分离与快速固定方法

　　模糊度固定与分离是 GNSS 精密数据处理方法中的关键问题。如前文所述，随着基准站数目的增多，在整网解算时，模糊度参数也大大增加。因此，日渐庞大的 GNSS 基准站网对数据处理软件以及计算机硬件都提出了更高的要求。参数消去-恢复法通过消去"不活跃"参数可以有效降低待求参数维数，提高解算效率，节省内存空间，已经越来越受重视。

　　本章首先介绍几种常用的模糊度固定方法；然后以参数消去-恢复法为基础，讨论了基于"最大可能性"原则的独立模糊度选取方法以及基于参数消去-恢复法的模糊度固定方法；最后，给出了基于 Carrier-range 的大规模 GNSS 网整体快速解算新方法。

4.1　引言

　　由于接收机所接收到的载波相位观测值是不足一周的载波部分，而载波信号本身是一组没有其他特征的余弦波，因此必须将卫星天线相位中心至接收机天线相位中心所包含的载波相位整周数，亦即整周模糊度加以确定（即整周模糊度固定）。一旦整周模糊度得以确定，载波相位观测值便可以转化为高精度的测距值，从而获得高精度的定位结果。理论上而言，模糊度参数应该为整数，但由于其他模型误差以及观测误差的影响，利用最小二乘法求得的模糊度参数一般为实数。正确地将模糊度参数固定为整数可以大幅度提高结果精度。整周模糊度固定方法是提高 GNSS 定位精度的一个非常关键的技术问题，国内外学者对此已进行了多年深入研究，并提出了多种模糊度参数固定方法（Blewitt，1989；Dong，et al.，1989；Forssell，et al.，1997；Ge，et al.，2005；Hanssen，et al.，2001；Hofmann－Wellenhof，et al.，1988；Joosten，et al.，2002；Melbourne，1985；Mervart，1995；Teunissen，1995）。目前常用的模糊度固定方法包括取整法（李征航等，2005；魏子卿等，1998）、区间判定法（Blewitt，1989；Dong，et al.，1989）、LAMBDA 方法（De Jonge，et al.，1998；Joosten，et al.，2002；Teunissen，1995；Teunissen，2007）、M－W 分解法（Melbourne，1985；Wübbena，1985；魏子卿等，1998）等。

　　随着 GNSS 在各领域发挥的作用日趋重要，越来越多的 GNSS 基准站被投入使用。同时，由于俄罗斯 GLONASS、欧盟主持的伽利略系统（Galileo）以及我国的北斗二代卫星导航定位系统的不断建设，GNSS 可用导航定位卫星数目也在不断增加。这些因素导致 GNSS 基准站网所需处理的数据日渐庞大。然而，解算大规模 GNSS 基准站网数据，不仅耗时长，而且大多采用分网解算策略，因此影响了解算方法的严密性和效率。

　　为了解决上述问题，参数消去-恢复法得到了大家的普遍重视。参数消去-恢复法通过从法方程中消去不活跃的参数，降低待求参数维数，节省内存空间，提高解算效率（Ge，et al.，2006）。

4.2　常用模糊度固定方法

针对不同的定位方式，有不同的模糊度固定方法。如对于动态定位，常用的模糊度解算方法有在航模糊度解算法 OTF（On The Fly）；对于快速静态定位，有已知基线法、交换天线法、快速模糊度解算法（Fast Ambiguity Resolution Approach，FARA）等。静态定位中常用的模糊度解算方法有取整法、区间判定法、LAMBDA 方法以及 M-W 方法等，下面将分别予以介绍。

4.2.1　取整法

取整法即采用"四舍五入"的方法，取最接近模糊度参数实数值的整数为模糊度参数的整数解。取整法要求实数解与整数解的误差在 ±0.5 周之内。当实数解的标准差较小时，取整法比较可靠，但实数解的标准差取决于观测时间长度、卫星几何分布等一系列因素，可靠性较难保证（魏子卿等，1998）。

4.2.2　区间判定法

对于每一个模糊度参数而言，假设一定的置信水平（$1-\alpha$），则对应的模糊度区间为：

$$\left(\hat{x}_i - \xi_{t\left(f, \frac{\alpha}{2}\right)} \, \sigma_0 \sqrt{q_{\hat{x}_i}}, \ \hat{x}_i + \xi_{t\left(f, \frac{\alpha}{2}\right)} \, \sigma_0 \sqrt{q_{\hat{x}_i}}\right)$$

即模糊度参数落入此区间的概率为（$1-\alpha$）。其中，$\hat{x}_i$ 为模糊度参数实数解，$\xi_{t\left(f, \frac{\alpha}{2}\right)}$ 为由学生 t-分布概率密度表中查得的自由度为 f、置信度为（$1-\alpha$）的上、下界范围，σ_0 为实数解中的单位权中误差，$q_{\hat{x}_i}$ 为实数解中对应此模糊度的方差。从统计学的角度来讲，如果置信度取得足够大，则模糊度参数就应该位于此区间内。若此区间内只有一个整数，则此整数即为模糊度参数的整数解。若此区间内没有整数或者有多个整数，则不能判断其整数解（魏子卿等，1998）。

在实际计算中，通常用区间判定法将实数解中的一部分参数固定为整数，再将这些模糊度参数的整数解作为固定值代入法方程中，以改善法方程性态，增加解的强度。然后再利用此方法重新分析所求出的模糊度参数，这时往往又可以将一部分参数固定为整数。重复上述过程，直到没有新的模糊度参数被固定为整数为止。可利用迭代求解是此方法的优点。利用迭代求解参数也是模糊度固定理论中用得比较多的一种方法。

4.2.3　最小二乘模糊度降相关平差法（LAMBDA）

在模糊度固定过程中，对于一个模糊度参数，假设落入其置信区间内的整数个数为 n 个，则称这 n 个整数为此模糊度参数的备选解。所有模糊度参数的备选解构成了整个模糊度向量 N 的备选组，而正确的模糊度组合仅仅是其中的一组。理论上而言，使观测值的残差平方和最小的一组模糊度即为正确的模糊度组合，即使一个模糊度参数固定错误也会导致较大的残差。在解算过程中，如果模糊度参数的实数解精度很低，参数之间的相关性较强，则模糊度参数的备选组合数量是惊人的，求取每个备选组合所对应的残差平方和需要耗费巨大的工作量。

最小二乘模糊度降相关平差法（Least-square AMBiguity Decorrelation Adjustment），简称 LAMBDA 方法，是由 Teunissen 教授于 1993 年提出的。该方法通过整数变换以减小搜索范围，是目前比较有效的一种模糊度搜索方法。

通过从备选组中挑选模糊度组合使观测值的残差平方和最小等价于：

$$(\hat{N} - N)^{\mathrm{T}} \boldsymbol{Q}_{\hat{N}}^{-1} (\hat{N} - N) = \min \tag{4-1}$$

式中，$\hat{N}$ 为实数模糊度解，N 为所求的模糊度整数解，$\boldsymbol{Q}_{\hat{N}}$ 为实数模糊度解的协因数阵。
LAMBDA 方法不直接对模糊度参数进行搜索，而是先对模糊度实数解 $\hat{N}$ 及其协方差阵 $\boldsymbol{Q}_{\hat{N}}$ 进行整数变换：

$$\hat{z} = \hat{\boldsymbol{Z}}^{\mathrm{T}} \cdot \hat{N}$$
$$\boldsymbol{Q}_{\hat{z}} = \boldsymbol{Z}^{\mathrm{T}} \cdot \boldsymbol{Q}_{\hat{N}} \cdot \boldsymbol{Z} \tag{4-2}$$

式中，$\boldsymbol{Z}$ 为整数变换矩阵。整数变换具有以下性质：当 N 为整数时，变换后所得 z 也为整数，反之亦然。经过变换之后，$\hat{z}$ 之间的相关性大幅降低，而且方差也减小，此时式（4-1）等价于：

$$(\hat{z} - z)^{\mathrm{T}} \boldsymbol{Q}_{\hat{z}}^{-1} (\hat{z} - z) = \min \tag{4-3}$$

再利用前面所述算法求得 z 的置信空间，构成 z 值的备选组合，然后逐一搜索挑选出满足上式的整数 z 值组合。通过前述的整数变换使 z 值之间的相关性大幅降低，故此时的搜索将相当迅速。

求得满足上式的 z 值组合后再实施逆变换：

$$N = (\boldsymbol{Z}^{\mathrm{T}})^{-1} \cdot z \tag{4-4}$$

此处的整数 N 值即为我们最初所寻求的整周模糊度整数解组合（李征航等，2010）。

4.2.4 Melbourne-Wuebbena 方法

Melbourne-Wuebbena 方法即利用双频 P 码伪距观测值来确定整周模糊度参数，是由 Melbourne 和 Wuebbena 提出的，简称 M-W 方法，实质是通过两个频率上的 P 码观测值确定宽巷模糊度，主要用于利用 LC 观测值进行解算时的模糊度固定（魏子卿等，1998）。

同一历元的相位与双频 P 码伪距观测值有以下关系：

$$P_1 = \rho + \frac{A}{f_1^2} \tag{4-5}$$

$$P_2 = \rho + \frac{A}{f_2^2} \tag{4-6}$$

$$\varphi_1 = \frac{\rho}{\lambda_1} + \frac{A}{cf_1} - N_1 \tag{4-7}$$

$$\varphi_2 = \frac{\rho}{\lambda_2} + \frac{A}{cf_2} - N_2 \tag{4-8}$$

式中，A 表示电离层影响，ρ 表示接收机至卫星的几何距离以及与频率无关的偏差项，c 表示光速，λ_1、f_1，λ_2、f_2 分别表示 L1、L2 载波的波长以及频率。

由式（4-5）、式（4-6）可求得：

$$A = \frac{f_1^2 f_2^2}{f_1^2 - f_2^2}(P_1 - P_2) \tag{4-9}$$

$$\rho = \frac{f_1^2}{f_1^2 - f_2^2}P_1 - \frac{f_2^2}{f_1^2 - f_2^2}P_2 \tag{4-10}$$

由式（4-7）、式（4-8）可得：

$$\varphi_1 - \varphi_2 - \rho\left(\frac{1}{\lambda_1} - \frac{1}{\lambda_2}\right) - \frac{A}{c}\left(\frac{1}{f_1} - \frac{1}{f_2}\right) = N_2 - N_1 \tag{4-11}$$

将式（4-9）、式（4-10）代入式（4-11）可得：

$$\varphi_1 - \varphi_2 - \frac{f_1 - f_2}{f_1 + f_2}\left(\frac{P_1}{\lambda_1} + \frac{P_2}{\lambda_2}\right) = N_2 - N_1 \tag{4-12}$$

式（4-12）两端同乘以宽巷观测值的波长 $\lambda_w = \dfrac{c}{f_1 - f_2}$，并令 $\varphi_w = \varphi_1 - \varphi_2$，$N_w = N_1 - N_2$，则有：

$$\varphi_w \lambda_w - \frac{f_1 P_1 + f_2 P_2}{f_1 + f_2} = N_w \lambda_w \tag{4-13}$$

式（4-13）既消除了电离层的影响，同时也消除了卫星与接收机钟差等的影响，仅受测量误差以及多路径效应的影响，这个影响可以通过多历元平滑的方法消除或削弱，因此利用式（4-13）可以较准确地确定波长达 86cm 的宽巷观测值的模糊度参数。

根据 L1、L2 载波的模糊度参数 N_1、N_2，LC 观测值的模糊度参数可以表示为：

$$N_c = \frac{f_1^2}{f_1^2 - f_2^2}N_1 - \frac{f_1 f_2}{f_1^2 - f_2^2}N_2 \tag{4-14}$$

对式（4-14）进行变换可得 LC 观测值的模糊度参数与相应的宽、窄巷模糊度参数之间的关系为：

$$N_c = \frac{1}{\lambda_1}\left(\frac{f_1}{f_1 + f_2}\lambda_w N_w + \lambda_n N_2\right) \tag{4-15}$$

式中，λ_w 为宽巷观测值的波长，约 86cm，λ_n 为窄巷观测值的波长，约 10.7cm。

在以 LC 为观测值的观测方程中，虽然通过不同频率观测值的线性组合消除了电离层延迟，但模糊度参数已经不具备整周特性，此时可以根据式（4-15），将 LC 模糊度参数分解为宽巷观测值的模糊度 N_w 以及 N_2，其中 N_w 可以利用式（4-13）。通过多个历元平滑而确定，此时观测方程中的模糊度参数只剩下 N_2，具备整周特性，可以通过前面所述几种方法确定。当宽、窄巷观测值的模糊度均确定之后可以回代求出 LC 观测值的模糊度，从而实现高精度定位。利用双频 P 码伪距观测值确定宽巷模糊度基本不受基线长度限制，可以准确确定上千千米长基线的模糊度参数，是高精度长距离相对定位数据处理中有效的模糊度固定方法。

4.3 参数消去-恢复法研究

4.3.1 研究背景

以 IGS 网解定位及卫星定轨的数据处理模式为例，基准站网需要估计的参数包括测站坐标、卫星轨道、测站及卫星钟的钟差、测站的天顶对流层延迟（ZTD）参数、载波相位模糊度参数等。假定大规模 GNSS 基准站网的测站数目 nsta = 200，可用卫星数 nsat = 30，需求解的各类参数数目见表 4-1。

表 4-1 　　　　　　　　　　　　待估参数数目统计表

参数	所有参数		活跃参数	
	公式	数目	公式	数目
测站坐标	nsta * 3	600	nsta * 3	600
卫星轨道	nsat * 15	450	nsat * 15	450
测站及卫星钟差	nsta+nsat	230	nsat+nsta	230
ZTD 参数	nsta * 12	2400	nsta * 1	200
模糊度	nsta * nsat * 2	12000	nsta * nobs	2000
总计		15680		3480

由表 4-1 可知，在全网的所有待估参数中，模糊度参数数目最多，几乎为其余参数数目总和的 6 倍。随着全球可用导航定位卫星的增加，该参数数目还会迅速增大。另一个数目较多的参数是 ZTD 参数。一般来说，ZTD 模型采用分段函数来模拟，这里假设每 2 小时估计一个 ZTD 参数，但在某些特定的应用中，比如 GNSS 气象研究，需要估计更多的 ZTD 参数，以提供更高分辨率的解，此时，ZTD 参数数目也会增大。

对于表 4-1 所示的大规模 GNSS 网，如果 ZTD 参数及模糊度参数全部保存在法方程中，然后与其他参数一起整体求逆，所需估计的参数高达 15680 个，不仅将消耗海量的内存，而且对 CPU 的浮点运算能力也提出了更高要求。更为重要的是，对于如此庞大的法方程矩阵，个人计算机几乎无法解算，即便对于高性能的服务器，解算所消耗的资源也让人难以接受。

事实上，无论是模糊度参数还是 ZTD 参数，它们都是典型的随时间相关的参数，只有在特定的时间段内才是有效的。法方程生成时，它们有两种可能的状态：活跃或者不活跃。当处理的数据位于其可用时间段内时，它们表现为活跃状态，反之则表现为不活跃状态。例如，对某一测站来说，只有在解算历元处仍连续追踪的卫星的模糊度参数才是活跃的。因此，单站单历元的活跃模糊度参数数目大约为可见卫星数（见表 4-1，对于当前

77

GPS 卫星星座来说，可取 nobs = 10）。这些参数应当仅在需要时才进入法方程，并在其可用时段结束后马上消去。消去的参数可以在随后的步骤中恢复。这样一来，仅活跃参数进入法方程，将使得法方程矩阵维数大大减小，总体待估参数的数目仅为全部参数的 25% 左右。相应地，对计算机性能的要求也会大大降低，从而使得个人计算机也有可能解算超过 100 个站的 GNSS 网。

4.3.2　参数消去-恢复法研究现状

在 GNSS 精密数据处理中，将一些不需要的参数消去，以减小最终法方程维数的方法，国内外学者对此已有一定研究，并在部分 GNSS 数据处理软件中加以应用（Boomkamp, et al., 2003；Ge, et al., 2006；Schaffrin, et al., 1986；杨凯，2011）。

崔希璋等人证明了若把状态方程及状态参数的先验信息转化为相应的观测方程，那么最小二乘估计与卡尔曼滤波在广义最小二乘框架下是等价的（崔希璋等，2001）。葛茂荣在其博士论文中以此建立了同时估计状态参数和确定性参数的最小二乘递推算法，当 GNSS 观测数据发生周跳时，若周跳不可修复，那么从周跳开始的历元上应加入一个新的整周模糊度参数。此时，可以将原有的模糊度参数消去，而将新的整周模糊度参数放置于原有模糊度参数在法方程中的位置，只有最后一个连续观测弧段的模糊度参数置于最终法方程中并显式求出，并不求出已消去的模糊度参数（葛茂荣，1995）。魏子卿、葛茂荣在其 1998 年的论著中再次详细论述了最小二乘估计实现时的参数消去问题（魏子卿等，1998）。赵齐乐在其博士论文中研究了精密定轨中的状态估计问题，包括均方根信息滤波和最小二乘估计中的模糊度参数消去方法（赵齐乐等，2005）。M. Ge, G. Gendt 等人在其 2006 年的论著中系统研究了参数消去-恢复方法，以及与之相应的模糊度固定方法（Ge, et al., 2006；杨凯，2011）。

下面将针对大规模 GNSS 基准站网的高性能数据处理，系统地介绍参数消去-恢复法。

4.3.3　基于大规模基准站网的参数消去-恢复法

基于大规模 GNSS 基准站网的参数消去-恢复法主要目的是在 GNSS 数据处理时消去多余的参数，以减小法方程的维数，达到提高解算效率、减少计算机内存消耗的目的。

由表 4-1 可知，在大规模 GNSS 基准站网数据处理中，数量最多的待估参数是整周模糊度参数和 ZTD 参数，二者在全部待估参数中所占比重超过 90%。同时，这两类参数是比较典型的"与时间相关"的待估参数，即二者仅在一个特定的时间段内是有效的。对于模糊度参数来说，在接收机连续跟踪某颗卫星信号的一个观测弧段内是有效的，此时称这一模糊度参数是"活跃"的。当接收机不再连续跟踪该卫星时（由于周跳或者卫星运动至接收机不可见空域中），称其为"不活跃"的模糊度参数。对于 ZTD 参数来说，同样可划定一个时间窗口，当该参数在时间窗口内时，称其为"活跃"参数，反之则称之为"不活跃"参数。参数消去的宗旨在于将"不活跃"的参数消去，仅保留"活跃"参数，以达到减小法方程维数的效果。在 200 个测站、30 颗卫星情况下参数消去前后待估参数数量对比情况见表 4-1。

由表可知，参数消去法主要针对整周模糊度参数以及 ZTD 参数，在 200 个测站的情况下，仅保留上述两种参数的活跃参数，可以将法方程维数缩小为原有的 22% 左右，大幅度降低了法方程的维数。鉴于上述原因，这里主要针对整周模糊度参数以及 ZTD 参数进行研究论述。

1. 整周模糊度参数的消去-恢复算法

由表 4-1 可以看出，在所有待估参数中整周模糊度参数是数量最多的参数。将不活跃的模糊度参数消去，可以大幅度降低法方程的维数，也是参数消去法的主要目的之一。整周模糊度参数的消去-恢复算法过程如图 4-1 所示。

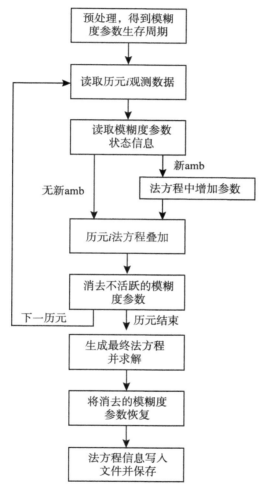

图 4-1 模糊度参数消去-恢复流程图

在算法实现时，与现有的 GNSS 数据处理软件相比，有如下几个要点：

（1）待估参数分类

由表 4-1 可知，根据待估参数性质的不同，可以将待估参数分类，编程实现时按待估参数的各类性质进行排列。测站坐标的数量完全由测站个数决定，因此为确定性参数，且不随时间变化（称之为 X 参数）。接收机/卫星钟差随时间呈不规则变化，在数据处理中一般每历元进行一次参数估计，因此其数量也完全由测站以及卫星个数决定，为相关随机过程噪声参数（称之为 P 参数）。ZTD 参数与接收机钟差参数类似，随时间变化且完全由测站个数决定，亦为 P 参数。整周模糊度参数由于周跳的存在，其数目在数据处理初始阶段并不能完全得到，因此称为不确定性参数（称之为 Y 参数），在编程实现时应将其放置在法方程的最下端。因此，在事后静态 GNSS 数据处理中，为了实现参数消去-恢复算法各类参数可按如下方式进行排列：

$$[\text{测站坐标　接收机/卫星钟差　ZTD 参数　模糊度参数}]^\text{T}$$

（2）数据预处理

一般来说，GNSS 数据处理中的预处理阶段主要进行周跳探测与修复、野值点的探测与剔除等。预处理算法可采用 JPL 提出的基于单站非差数据的 TURBOEDIT 算法（Blewitt，1989，1990），若周跳不可修复，则增加一个新的模糊度参数。同时，记录单站所有模糊度参数的生存周期并写入 log 文件中，以便之后模糊度参数消去时读取。

（3）基于最小二乘递推估计的模糊度参数消去算法

假设在第 i 个历元的法方程如下：

$$\begin{bmatrix} N_{XX} & N_{XP} & N_{XY} \\ & N_{PP} & N_{PY} \\ \text{对称} & & N_{YY} \end{bmatrix} \begin{bmatrix} X \\ P \\ Y \end{bmatrix} = \begin{bmatrix} W_X \\ W_P \\ W_Y \end{bmatrix} \tag{4-16}$$

其中，Y 参数是需要消去的不活跃模糊度参数。为了将 Y 参数从法方程中消去，需要对式（4-16）进行变换，用 X 参数和 P 参数将 Y 参数表示为如下形式：

$$Y = N_{YY}^{-1}[W_Y - N_{XY}X - N_{PY}P] \tag{4-17}$$

将式（4-17）回代至式（4-16），并化简，得到消去 Y 参数后的法方程形式为：

$$\begin{bmatrix} \overline{N}_{XX} & \overline{N}_{XP} \\ \text{对称} & \overline{N}_{PP} \end{bmatrix} \begin{bmatrix} X \\ P \end{bmatrix} = \begin{bmatrix} \overline{W}_X \\ \overline{W}_P \end{bmatrix} \tag{4-18}$$

其中，变化后的系数阵各项为：

$$\begin{cases} \overline{N}_{XX} = N_{XX} - N_{XY}N_{YY}^{-1}N_{YX} \\ \overline{N}_{XP} = N_{XP} - N_{XY}N_{YY}^{-1}N_{PY} \\ \overline{N}_{PP} = N_{PP} - N_{PY}N_{YY}^{-1}N_{PY} \\ \overline{W}_X = W_X - N_{XY}N_{YY}^{-1}W_Y \\ \overline{W}_P = W_P - N_{PY}N_{YY}^{-1}W_Y \end{cases} \tag{4-19}$$

同时，由式（4-16）可得：

$$V^\text{T}PV = L^\text{T}PL - X^\text{T}W_X - P^\text{T}W_P - Y^\text{T}W_Y \tag{4-20}$$

参数 Y 消去后，将式（4-17）代入式（4-20），得：

$$V^\text{T}PV = L^\text{T}PL - X^\text{T}\overline{W}_X - P^\text{T}\overline{W}_P - W_Y^\text{T}N_{YY}^{-1}W_Y \tag{4-21}$$

其中，$\overline{W}_X$ 和 $\overline{W}_P$ 的含义如式（4-19）所示。

由此，多余参数 Y 在法方程中被消去，从而实现了减少法方程维数的目的。在实际编程实现中，在每个历元需对所有可能的模糊度参数循环式（4-16）至式（4-21）的过程，是否消去的判断由读取预处理阶段生成的模糊度参数生存周期 log 文件来实现。

（4）模糊度参数的恢复

不活跃模糊度参数经由上一步骤，可完全由法方程中消去。在最终生成的法方程中，仅保留最后一个连续观测弧段的模糊度参数。但这些消去的不活跃模糊度参数并不是完全无用的。GNSS 数据处理通常分为两步：首先求解得到模糊度参数的浮点解，然后将其固定，得到最终的固定解。需将所有单站非差模糊度参数组成双差模糊度参数并加以固定，才能得到最终的固定解。同时，验后残差分析中，也需要消去的模糊度参数信息，这些消去的不活跃模糊度参数不能完全丢弃。

在具体编程实现中，当消去一个不活跃的模糊度参数时，保留式（4-17）中参数间的相互关系，并写入文件中保存。当最终法方程形成并求解后，再次读取保存了消去的不活跃参数与保留的活跃参数间关系的文件，由式（4-17）将所有消去的不活跃模糊度参数估值恢复，最后将模糊度信息写入文件中保存，以为后续模糊度参数固定时所调用。

2. ZTD 参数的消去-恢复算法

对于对流层延迟可采取模型改正+映射函数投影+附加未知参数（Zenith Total Delay，对流层天顶延迟，简称 ZTD）估计的方法进行误差改正。

Saastamoinen 模型以及 GMF 映射函数目前已经得到了大多数学者的认可与使用，本处不再赘述。ZTD 参数估计方法包括单参数方法、多参数方法、分段线性方法以及随机过程方法等。可以证明，上述四种方法均为一阶高斯-马尔可夫过程的特殊情况（葛茂荣等，1996）。根据对水汽辐射仪的湿分量延迟分析表明，天顶方向的湿分量延迟可以用一阶高斯-马尔可夫过程描述，用随机过程方法得到的天顶方向湿分量延迟与水汽辐射仪的观测结果差异小于 1cm（Elgered，et al.，1991；Tralli，et al.，1988；Tralli，et al.，1990），因此，在理论上随机过程法是目前最严密的对流层湿分量延迟估计方法。分段线性法是随机过程法的近似（Herring，et al.，2009），被包括 GAMIT 在内的多个高精度 GNSS 数据处理软件所采用。

对于随机过程方法和分段线性法而言，随机过程方法不仅在理论上是更为严密的 ZTD 参数估计方法，同时，由表 4-1 可知，随机过程方法可以大幅度降低 ZTD 参数的数目，降低的程度为 $nsta * 11$（$nsta$ 为测站个数）。因此，本章采用随机过程方法来估计 ZTD 参数。

根据对水汽辐射计观测到的对流层湿分量延迟分析发现，对流层天顶方向的湿分量延迟可以用一阶高斯-马尔可夫过程来描述：

$$\frac{\mathrm{d}\rho(t)}{\mathrm{d}t} = -\frac{1}{\tau_\rho}\rho(t) + W(t) \tag{4-22}$$

式中，τ_ρ 为相关时间，$W(t)$ 为零均值高斯白噪声，方差为 σ_w^2。式（4-22）的离散解为：

$$\begin{cases} \boldsymbol{\rho}_{i+1} = e^{-\frac{\Delta t}{\tau_\rho}} \boldsymbol{\rho}_i - \overline{w}_i \\ \overline{w}_i = \int_{t_i}^{t_{i+1}} e^{\frac{t_{i+1}-\tau}{\tau_\rho}} w(\tau) \mathrm{d}\tau \\ \sigma_{\overline{w}_i}^2 = \frac{1}{2}\tau_\rho \sigma_w^2 \left[1 - \left(e^{\frac{t_{i+1}-\tau}{\tau_\rho}} \right)^2 \right] \end{cases} \tag{4-23}$$

一般情况下，可将式（4-23）简化为 τ_ρ 无穷大时的随机过程：

$$\begin{cases} \boldsymbol{\rho}_{i+1} = \boldsymbol{\rho}_i + \overline{w}_i \\ \sigma_{\overline{w}_i}^2 = \Delta t \sigma_w^2 \end{cases} \tag{4-24}$$

在随机过程方法实现时，需要特别注意 σ_w^2 的取值，不能太大也不能太小。对于 GNSS 精密定位而言，σ_w^2 的典型值为 $4\mathrm{m}^2/\mathrm{h}$。（葛茂荣等，1996）

由式（4-22）至式（4-24）可知，随机过程方法要求每个测站逐历元估计一个 ZTD 参数，因此一般情况下，用随机过程估计 ZTD 参数，需要使用滤波方法。为了实现在最小二乘估计中使用随机过程，可以构造同时估计状态参数以及确定性参数的最小二乘递推算法（葛茂荣，1995；葛茂荣等，1996），即将状态方程及状态参数的先验信息转化为对应的伪观测方程，并在组成法方程的过程中消去之前的状态参数，以保证法方程维数不变。ZTD 参数消去-恢复算法与模糊度参数类似，根据式（4-16）至式（4-21）实现。

4.3.4 参数消去-恢复法解算效率与精度评判

为了验证参数消去-恢复法在大规模 GNSS 基准站网数据处理中应用的效果，本节通过解算时间、所用计算机内存、解算结果等一系列指标来对参数消去-恢复法进行分析。

1. 解算时间比较

解算时间是评判参数消去-恢复法效果的关键指标之一，也是实现大规模 GNSS 基准站网高性能数据处理的关键之一。

为了评判参数消去-恢复方法在大规模 GNSS 基准站网高性能数据处理中所用解算时间，本节使用 2009 年 5 月 2 日（年积日 122 天）的全球 IGS 连续运行跟踪站数据（采样间隔为 300s），在 30~250 个测站情况下的解算时间加以对比，不同情况下测站分布如图 4-2 所示，解算时间如图 4-3 所示。策略 A 为不采用参数消去-恢复法，策略 B 为采用参数消去-恢复法。为了加快计算速度，法方程解算采用基于 OPENMP 并行计算的乔里斯基分解法，并行线程为 4。

由图 4-3 可知，当测站数目小于 50 站时，是否使用参数消去-恢复法，解算时间相差并不大，但随着测站数目增多，策略 A 所用解算时间快速增加，测站数目超过 200 个后解算时间已经超过 7 小时；而策略 B 解算时间随测站数目的增多大致呈线性增长趋势，且 250 个测站所用解算时间也未超过 3h。由此可见，使用参数消去-恢复法可以大幅提升最小二乘估计的解算速度，从而达到大规模 GNSS 基准站网的高性能数据处理目的。同时，需要注意的是，在完整的 GNSS 精密数据处理中，至少需要进行两次最小二乘估计解

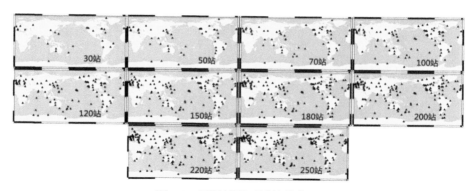

图 4-2　不同情况下测站分布图

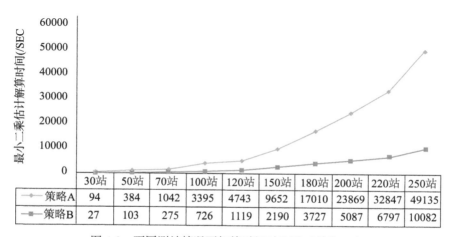

	30站	50站	70站	100站	120站	150站	180站	200站	220站	250站
策略A	94	384	1042	3395	4743	9652	17010	23869	32847	49135
策略B	27	103	275	726	1119	2190	3727	5087	6797	10082

图 4-3　不同测站情况下解算时间对比图（单位：s）

算（分别得到浮点解和固定解），因此，采用参数消去-恢复法所节省的解算时间会更为可观。

2. 所用计算机内存比较

解算所用计算机内存是实现大规模 GNSS 基准站网高性能数据处理的关键指标之一，为了能够同时解算更多测站的数据，必须要求相同测站数量情况下所用计算机内存尽可能少。

由于所用计算机内存直接与法方程维数相关，因此，此处使用 2009 年 5 月 2 日（年积日 122 天）的全球 IGS 连续运行跟踪站数据（采样间隔为 300s），将不同测站数目情况下不同策略法方程维数以及所用计算机内存两个指标加以对比。法方程实际维数对比如图 4-4 所示，所用计算机内存对比如图 4-5 所示。策略 A 为不采用参数消去-恢复法，策略 B 为采用参数消去-恢复法。

由图 4-4 可以看到，使用参数消去-恢复法后，法方程维数大幅度减小，250 站时策略

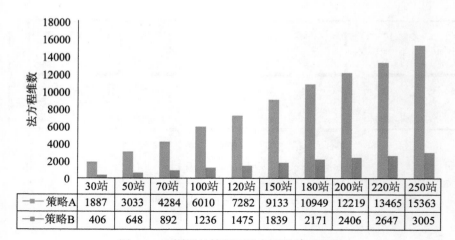

图 4-4　不同测站情况下法方程维数对比图

	30站	50站	70站	100站	120站	150站	180站	200站	220站	250站
策略A	1887	3033	4284	6010	7282	9133	10949	12219	13465	15363
策略B	406	648	892	1236	1475	1839	2171	2406	2647	3005

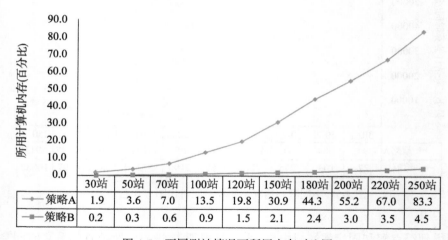

图 4-5　不同测站情况下所用内存对比图

	30站	50站	70站	100站	120站	150站	180站	200站	220站	250站
策略A	1.9	3.6	7.0	13.5	19.8	30.9	44.3	55.2	67.0	83.3
策略B	0.2	0.3	0.6	0.9	1.5	2.1	2.4	3.0	3.5	4.5

B 法方程维数仅为 3005，约为策略 A 的 20%；同时，由图 4-5 可知，在使用参数消去-恢复法后，解算时所用计算机内存同样大幅度降低，250 站情况下所用内存仅为 184MB。因此，可以认为，在使用了本节所述的参数消去-恢复法后，能够在个人计算机平台上处理大规模 GNSS 基准站网的观测数据。同时，解算时所用的计算机内存资源大幅度降低，在非极端情况下可以不予考虑解算时内存溢出问题。

3. 解算结果比较

为了验证参数消去-恢复法解算的精度，选择 2009 年 5 月 2 日（年积日 122 天）350站的全球 IGS 连续运行跟踪站数据（采样间隔 300s），测站分布如图 4-6 所示。

首先采用参数消去-恢复法加以处理，并与未采用参数消去-恢复法的结果加以比较，见表 4-2。

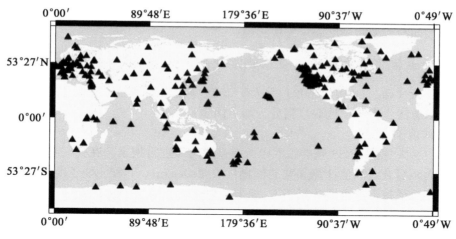

图 4-6   全球 IGS 跟踪站分布图（350 站）

表 4-2   **参数消去-恢复法使用与否结果比较**（单位：mm）

	X	Y	Z
最小	0.0003	0.0002	0.0001
最大	0.0532	0.0549	0.0175
平均	0.0076	0.0150	0.0050

由表 4-2 可知，使用参数消去-恢复法，在大幅度提升解算效率的同时，解算结果与未使用参数消去-恢复法时基本一致，二者解算的较差最大不超过 0.1mm。

因此，可以认为，基于参数消去-恢复法的最小二乘估计不仅可以大幅度提高解算效率，降低解算时所需的计算机内存，同时也保证了定位精度，是实现大规模 GNSS 基准站网高性能数据处理的一个行之有效的方法。

4.4   基于参数消去-恢复法的模糊度固定策略

目前在大部分网解模式的 GNSS 数据处理软件中，模糊度固定模块是基于法方程中的双差模糊度进行的。已固定的双差模糊度参数作为已知值回代入法方程中，剩余未固定的双差模糊度的估值及其方差随之更新，如此迭代并最终完成模糊度参数的固定（Blewitt，1989；Dong，et al.，1989；Mervart，1995；Teunissen，1995）。在这种情况下，所有模糊度参数必须保存在法方程中以解算得到浮点解，后期加以固定从而得到固定解。基于参数消去-恢复法的最小二乘解算过程中，在最终形成的法方程里仅显式求解最后一个观测弧段的模糊度参数，消去的模糊度参数在法方程解算完毕后再恢复其估值。此时在最终形成的法方程中，模糊度待估参数为非差模糊度，而非双差模糊度。因此，大型 GNSS 基准站网的模糊度参数固定问题需要解决如下两个技术难点：①最小二乘法方程迭代过程中消去的模糊度参数在恢复后，如何与未消去的模糊度参数一同加以固定；②法方程中非差模糊度参数的固定如何与双差模糊度固定方法相统一。

4.4.1 选择最优化最大无关双差模糊度映射算子 d

根据葛茂荣（Ge，et al.，2005）等人于 2005 年提出的基于"最大可能性"原则的独立模糊度选取方法，模糊度选取过程分为如下两步：

（1）基线范围

本方法中，大规模 GNSS 基准站网中所有基线均需进行搜索。在任一基线上，首先由载波相位及伪距组合观测值计算其宽巷模糊度（Melbourne，1985；魏子卿等，1998），并计算其可固定至最接近的整数的概率 P_0 如下（Blewitt，1989；Dong，et al.，1989）：

$$P_0 = 1 - \sum_{n=1}^{\infty} \left[\mathrm{erfc}\left(\frac{n-b+I}{\sqrt{2}\,\sigma} \right) - \mathrm{erfc}\left(\frac{n+b-I}{\sqrt{2}\,\sigma} \right) \right] \tag{4-25}$$

其中

$$\mathrm{erfx}(x) = \frac{2}{\sqrt{\pi}} \int_x^{\infty} \mathrm{e}^{-t^2} \mathrm{d}t \tag{4-26}$$

式中，b、σ 分别为宽巷模糊度的估值、中误差，I 为 b 的最近整数。

置信水平通常可取 $\alpha = 0.1\%$（Dong，et al.，1989），亦即，若 $P_0 > 1 - \alpha$，则该宽巷模糊度可以固定至与其最接近的整数，反之则暂未固定。由前所述可知，固定宽巷模糊度是 LC 双差模糊度可固定的前提，只有宽巷模糊度固定，对应的 LC 双差模糊度才可固定。

对应 LC 双差模糊度的估值 b_c^d 及其方差 $\sigma_{b_c^d}^2$ 可由组成双差模糊度的四个非差模糊度浮点解及其方差得到，其形式为：

$$\begin{cases} b_c^d = \boldsymbol{D} \cdot \boldsymbol{b}_c \\ \sigma_{b_c^d}^2 = \sqrt{\boldsymbol{D} \cdot \boldsymbol{C}_{b_c} \cdot \boldsymbol{D}^{\mathrm{T}}} \end{cases} \tag{4-27}$$

式中，$\boldsymbol{b}_c$ 为组成双差模糊度的四个非差模糊度向量，$\boldsymbol{C}_{b_c}$ 为其方差矩阵，$\boldsymbol{D}$ 为组成双差模糊度的映射矩阵。

在宽巷模糊度固定后，相应的窄巷模糊度估值 b_n^d 及其方差 $\sigma_{b_n^d}^2$ 可由下式得到：

$$\begin{cases} b_n^d = \dfrac{f_1 + f_2}{f_1} b_c^d - \dfrac{f_2}{f_1 - f_2} b_w^d \\ \sigma_{b_n^d} = \dfrac{f_1 + f_2}{f_1} \sigma_{b_c^d} \end{cases} \tag{4-28}$$

窄巷模糊度的固定概率与宽巷模糊度的计算方式一致。LC 双差模糊度的固定是一个迭代的过程，当部分 LC 双差模糊度固定后，窄巷模糊度的估值与方差会更新，从而其固定概率也会更新。

由上述过程，可以将单条基线上所有双差模糊度进行排序。其宽、窄巷模糊度均可固定的 LC 双差模糊度子集应排在最前，其次仅为宽巷模糊度可固定的 LC 双差模糊度子集。在每个子集内部，LC 双差模糊度按宽、窄巷模糊度固定概率的乘积以降序排列。由于在模糊度固定过程中要求映射矩阵可逆，因此应将所有其他未能固定的模糊度放置在基线双差模糊度排序的最后部分。在排序完成后，可按照 Gram-Schmidt 法则进行模糊度参数的独立性检验，从而得到单条基线上的全部独立双差模糊度。

（2）全网范围

在全网所有基线均按照步骤（1）得到单条基线上的独立双差模糊度参数后，对所有选出的候选独立双差模糊度参数按照 Gram-Schmidt 法则进行独立性检验，从而获得整网的全部独立双差模糊度参数。

基于"最大可能性"原则的独立双差模糊度选取方法在具体实现时，其算法流程如图 4-7 所示。

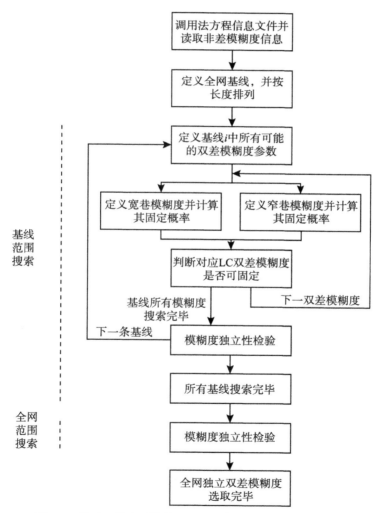

图 4-7 基于"最大可能性"原则的模糊度选取方法流程图

本方法在编程实现时，有两个具体问题需要考虑：

①理论上说，本方法中所有基线均需进行独立模糊度的搜索。但在实际算法实现中，过长的基线并不需包含在内。例如，对于一个 80~100 站的全球网来说，考虑超过 4000km 的基线，所得到的独立模糊度参数仅比只考虑 4000km 以下基线时多 2%~3%，但计算时间会大大增加（Ge，et al.，2005）。因此，在处理实际数据时，可以仅考虑 4000km 以下的基线。

②在任一基线上，所有可形成的双差模糊度均视为待选模糊度参数。但根据实际数据处理经验，连续观测时间小于 10min 的双差模糊度通常难以固定，因此在实际搜索时可只考虑观测弧段超过 10min 的双差模糊度作为待选参数。

由上文可知，基于"最大可能性"原则的独立双差模糊度选取方法是根据各个 LC 双差模糊度的固定概率来进行选取的，相对已有方法，其优点可以概括如下（Ge，et al.，2005）：

①不可固定的模糊度参数在候选模糊度排列中不会优于可固定的模糊度参数，从而保证了模糊度固定的成功率；

②由于宽、窄巷模糊度固定概率仅由载波相位及伪距组合观测值计算得来，因此体现了真实的伪距观测值质量；

③选取的独立双差模糊度是从所有双差模糊度中得来的，因此最大限度地避免了模糊度丢失的问题；

④将搜索过程划分为基线、全网范围两步进行，大大提升了计算效率。

4.4.2　基于参数消去-恢复法的模糊度固定方法

基于"最大可能性"原则的独立双差模糊度选取方法，提出了使用非差模糊度参数的网解模糊度固定方法（Ge，et al.，2006），该方法基于参数消去-恢复方法，其具体实现过程如下：

在最终法方程形成并解算完毕后，将消去的多余模糊度参数估值恢复，并将模糊度参数估值信息写入文件中保存。在模糊度固定模块中，首先打开并读取模糊度参数信息，并按 4.4.1 节中方法选取全网所有可固定的独立双差模糊度。对于以非差模糊度为待估参数形成的法方程，解算双差模糊度等价于将组成该双差模糊度的四个非差模糊度做如下约束（Ge et al.，2005）：

$$\boldsymbol{D} b_c = \bar{b}_c^d \tag{4-29}$$

式中，$\boldsymbol{D}$ 为组成双差的映射矩阵，$\bar{b}_c^d$ 为 LC 双差模糊度的固定解。

式（4-29）可以写成如下形式的伪观测方程：

$$v_{fix} = Dx + l_{fix} \tag{4-30}$$

在式（4-30）中，x 为四个非差模糊度参数，l_{fix} 为固定解与浮点解之差，伪观测值的权阵为 $\boldsymbol{p}_{fix}$。为了保证该伪观测值的强约束性，权阵 $\boldsymbol{p}_{fix}$ 应取较大值，如 10^{10}，以使得观测残差 v_{fix} 尽可能小。

在 4.4.1 节中选取的可固定的独立双差模糊度参数，均可写成如式（4-30）所示的伪观测方程，然后在最小二乘估计中逐个逐历元加入法方程中。由此可见，基于"最大可能性"双差模糊度选取的模糊度固定方法，得到的并非模糊度固定后的最小二乘固定解，而是模糊度固定的约束信息。此信息可写入文件保存，当进行最小二乘估计时，若存在模糊度约束信息文件，则打开并读取，解算得到固定解，若无此文件则解算得到浮点解。

一旦如式（4-30）所示的 LC 双差模糊度加入法方程中，那么形成该双差模糊度的四个非差模糊度就可作为多余参数从法方程中消去。这样，在得到固定解的最小二乘估计解算过程中，就可以同样实现参数消去-恢复算法，从而保证了解算的高效率和计算机内存的低占用率。

在得到双差模糊度的约束信息，并将其作为伪观测值加入法方程中时，有以下三个问题需要在具体实现时考虑。

（1）伪观测值的观测历元

在最小二乘估计的法方程叠加过程中，每个观测值都有其观测历元，观测历元决定了该观测值何时加入法方程中。如式（4-30）所示的伪观测值是由四个非差模糊度构成的，每个非差模糊度参数都有其生存周期。因此，由此构成的双差模糊度的生存周期就由四个相关非差模糊度的生存周期构成，如图 4-8 所示。

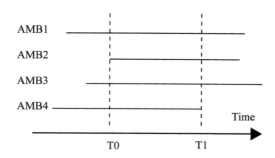

图 4-8 双差模糊度生存周期示意图（Ge，et al.，2006）

如图 4-8 所示，AMB1 ~ AMB4 是组成双差模糊度的四个非差模糊度。对于 AMB1 ~ AMB4 组成的双差模糊度，其生存周期为 $[T_0 \quad T_1]$ 的时间区间内。若观测历元晚于 T_1，则 AMB4 无法顾及；若观测历元早于 T_0，则 AMB2 无法顾及。因此，该双差模糊度的观测历元可选为 T_1，即在 T_1 时刻加入法方程中。

（2）窄巷模糊度的固定问题

窄巷模糊度的固定，需要得到窄巷模糊度方差信息。基于参数消去-恢复法的最小二乘估计中，仅显式求解最后一个观测弧段的模糊度参数，之前的模糊度参数作为多余参数消去，并在法方程求解完毕后恢复。因此，多余模糊度参数恢复后仅有模糊度参数估值的信息，而无相关的方差信息。

对于这一矛盾，葛茂荣等人在其 2006 年的论著中进行了分析论证（Ge，et al.，2006）。一般来说，双差模糊度的方差主要受测站–卫星间的几何关系以及连续观测的观测值影响。特别是对于大规模 GNSS 基准站网，包括卫星轨道误差/钟差在内的误差源可以有较好的初值或者模型加以削弱，测站初始坐标通常也较好，从而可加以先验约束。根据经验，若有超过 15min 的连续观测，双差模糊度的方差通常较小。在此情况下，模糊度的固定成功率主要依赖其估值。对于窄巷模糊度来说，若其估值距离其最近的整数值小于 0.15 周，则该窄巷模糊度可以固定至距其最新的整数。

当测站初始坐标未知或精度较差时，仅仅使用窄巷模糊度参数的估值加以固定是不够的，可能导致估值与其最近的整数非常接近，但方差较大，或者估计虽很接近一整数，一旦与真实值偏差较大的情况出现，此时该方法的适用性将受到制约。

（3）模糊度固定的可靠性

对于整周模糊度固定来说，一个重要问题是模糊度固定的可靠性。双差模糊度一旦固定至错误的整数值上，会严重影响数据处理的精度。为了检验模糊度固定正确与否，以及检测是否有新的周跳/野值发生，可以通过分析验后残差来确定。验后残差分析的主要工作为分析上一次最小二乘估计迭代完成后的验后残差，删除有效连续观测孤段过短的观测值，并检验判断观测值中残存的周跳/野值。若组成双差模糊度的四个非差模糊度中有任意一个未能通过验后残差检验，那么如式（4-30）所示的伪观测值就必须消去，以保证解算的可靠性。

4.5　基于 Carrier-range 的 GNSS 大网数据处理新方法

4.5.1　基本原理

一般而言，GNSS 无电离层组合观测值的观测方程如下：

$$L_C = \frac{f_1^2}{f_1^2 - f_2^2}L_1 - \frac{f_2^2}{f_1^2 - f_2^2}L_2 = \rho + \mathrm{d}t_R - \mathrm{d}t_S + \lambda_1 b_C$$

$$P_C = \frac{f_1^2}{f_1^2 - f_2^2}P_1 - \frac{f_2^2}{f_1^2 - f_2^2}P_2 = \rho + \mathrm{d}t_R - \mathrm{d}t_S \tag{4-31}$$

式中，L_1，L_2，P_1，P_2 分别为频率 f_1，f_2 上的载波相位观测值和码伪距观测值，其中载波相位观测值为距离单位。$\mathrm{d}t_R$，$\mathrm{d}t_S$ 分别为接收机钟差和卫星钟差。ρ 为信号传播距离，包括了电离层延迟、对流层延迟、相对论改正等影响。b_C 为 L_C 观测值的模糊度。在观测模型中，相位中心改正和相位缠绕改正必须加以考虑，DCB 也需要进行改正，尤其是采用多种不同类型的伪距观测值时（Schaer and Steigenberger，2006）。为了简洁起见，上式中忽略了多路径效应和观测噪声等。同理，由于伪距 UPD（Uncalibrated Phase Delays）无法与钟差分离，且不会影响结果，在这里也同样被忽略了。

为了进行模糊度固定，模糊度参数 b_C 通常可以表达为宽巷模糊度和窄巷模糊度组合的形式：

$$b_C = \frac{f_1}{f_1 + f_2}b_n + \frac{f_1 f_2}{f_1^2 - f_2^2}b_w \tag{4-32}$$

式中，模糊度参数 b_w，b_n 均包含整周模糊度、接收机端和卫星端 UPD。因此，b_w 不具有整数特性，但实际上，我们可以用整数宽巷模糊度直接代替 b_w，此时宽巷 UPD 可以完全被窄巷模糊度吸收（Ge et al.，2008），式（4-32）改写为：

$$b_C = \frac{f_1}{f_1 + f_2}(N_n + \delta b_{nr} + \delta b_n^s) + \frac{f_1 f_2}{f_1^2 - f_2^2}N_w \tag{4-33}$$

式中，N_w 为固定为整数的宽巷模糊度；N_n，δb_{nr}，δb_n^s 分别为整数窄巷模糊度、相应的接收机端和卫星端的 UPD。

宽巷模糊度可以采用 M-W 组合值来进行估计。利用事先得到的宽巷模糊度 UPD，可以准确地固定宽巷模糊度。然后将其代入式（4-33）中，分离出窄巷模糊度，最后利用已知的窄巷 UPD 固定窄巷模糊度。

一旦宽巷模糊度和窄巷模糊度都被固定为整数，并考虑到 $N_w = N_1 - N_2$，$N_n = N_1$，式（4-33）可改写为：

$$b_C = \frac{f_1^2}{f_1^2 - f_2^2}N_1 - \frac{f_2^2}{f_1^2 - f_2^2}\frac{\lambda_2}{\lambda_1}N_2 + \frac{f_1}{f_1 + f_2}(\delta b_{nr} + \delta b_n^s) \tag{4-34}$$

将式（4-34）代入式（4-31），并将固定的模糊度部分移到等式左边，可以得到如下没有模糊度参数的观测方程：

$$\frac{f_1^2}{f_1^2 - f_2^2}(L_1 - \lambda_1 N_1) - \frac{f_2^2}{f_1^2 - f_2^2}(L_2 - \lambda_2 N_2)$$
$$= \rho + dt_R - dt_S + \lambda_1 \frac{f_1}{f_1 + f_2}(\delta b_{nr} + \delta b_n^s) \tag{4-35}$$

显然，式（4-35）左边部分为整周模糊度对应的无电离层组合观测值，称作 L_C 载波距离观测值，$L_1 - \lambda_1 N_1$，$L_2 - \lambda_2 N_2$ 分别称作载波 L1，L2 上的 Carrier-range。因此，式（4-35）可改写为：

$$\overline{L}_C = \frac{f_1^2}{f_1^2 - f_2^2}\overline{L}_1 - \frac{f_2^2}{f_1^2 - f_2^2}\overline{L}_2$$
$$= \rho + dt_R - dt_S + \lambda_1 \frac{f_1}{f_1 + f_2}(\delta b_{nr} + \delta b_n^s) \tag{4-36}$$

式中，$\overline{L}_C$ 为无电离层组合值 L_C 对应的载波距离观测值；$\overline{L}_1$，$\overline{L}_2$ 分别为相应的载波 L1，L2 上的载波距离（Carrier-range）。可以发现，式（4-36）和式（4-31）相位观测方程是完全等价的。

当仅采用相位观测方程 $\overline{L}_C$ 进行参数估计时，UPD（δb_{nr} 和 δb_n^s）部分将分别被卫星钟差和接收机钟差参数所吸收，此时的钟差可以被用来直接固定 PPP 模糊度，可以成为"整数钟"。但为了和式（4-31）估计的卫星钟差结果保持一致性，我们建议同时采用观测方程 $\overline{L}_C$ 和 P_C，且将 UPD 部分作为未知参数进行估计。此外，在 PPP 模糊度解算中，那些未被成功固定的模糊度参数仍可以作为待估参数参与最终的参数估计。

4.5.2　大规模 GNSS 网数据处理新方法

基于上述，形成的新解算方法如下（陈华，2015）：

①与 IGS 分析中心处理快速产品类似，先利用约 100 个测站估计精密轨道和钟差。

②利用定轨中的模糊度参数计算卫星端的宽巷 UPD 和窄巷 UPD，其中，宽巷 UPD 通过 MW 组合观测值计算得到，窄巷 UPD 作为随机游走参数进行滤波估计。虽然 UPD 相对较为稳定，但是为了防止 UPD"跳变"，如进入地影的 BLOCK IIA 卫星等，随机游走的功率谱密度给定一个较大的值。

③固定卫星轨道和钟差，逐一测站进行 PPP 定位，并利用得到的 UPD 来恢复模糊度的整周特性，并加以固定。模糊度固定可以采用序贯迭代的方法，以达到最佳的固定效果。

④利用已固定的 L1，L2 载波上的模糊度，将相应的相位观测值被转化为载波距离（Carrier-range）。并在每一个测站上产生一个新的 RINEX 文件，在该文件中，那些模糊度已经被固定的载波相位观测值全被相应的载波距离取代，而其余的载波相位观测值保持不变。值得注意的是，新的 RINEX 文件和原始的 RINEX 文件是完全等价的。

⑤整网解算。与步骤①中相比，此时除了不再需要估计模糊度参数外，其余的均一致。如果此时仅采用载波距离观测值进行解算，UPD 参数将与钟差参数完全相关，无法分离，此时估计的钟差参数将包含 NLUPD 这部分偏差。这种钟差可以直接被用来进行模糊度固定，因此也被称为"整数钟"。"整数钟"与传统的钟差之间存在一个偏差，为了尽量与 IGS 钟差保持一致，我们建议同时使用载波距离和伪距观测值进行参数估计，并且将接收机相位小数偏差和卫星端相位小数偏差作为待估参数。

4.5.3　实例与分析

为了验证新的处理策略，我们在 PANDA（Positioning And Navigation Data Analyst）软件的基础上实现了上述处理流程，并利用大量资料进行了计算。现将验证方法和结果介绍如下：实验采用 2012 年 IGS 全球观测站网年积日 201 至 289 的观测数据。期间约有 460 个 IGS 观测站的观测数据。首先，采用当前 IGS 处理策略对全球均匀分布的约 100 个测站进行精密定轨，以获取精密轨道、精密钟差和 EOP 等参数，并利用这些测站计算得到 UPD。之后采用上述给出的新策略处理所有 460 个测站，并对其解算效率进行分析。测站分布如图 4-9 所示，其中，红色三角代表用来估计卫星精密轨道和钟差的核心站，蓝点代表是剩余的 360 个测站。

对每一天的数据按照 4.5.2 节的解算策略进行处理，并通过分析其时间序列来评估其稳定性。我们采用两种方式来进行最终的整网解，一种是仅采用载波距离观测值，一种同时采用载波距离和伪距观测值进行解算，为了简便，以下分别称之为方案 A 和方案 B。在整网处理中，解算策略第一步中被强约束的测站此时仍然被施以强约束。然后通过轨道结果与 IGS 最终轨道的差异，以及相邻天之间重叠轨道平均偏差来验证新的处理策略。

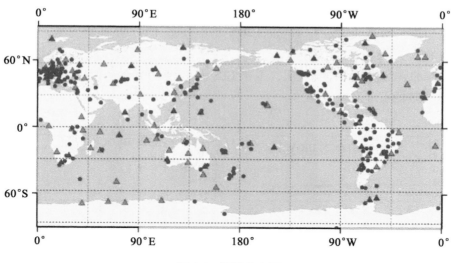

图 4-9 测站分布图

为了验证新策略的计算效率，实验采用不同的解算策略对 2012 年年积日 235 天，包含不同测站数目的 GPS 网进行处理，比较分析其处理所需的时间。使用的解算策略除了上述的方案 A 和方案 B 外，还额外采用了葛茂荣等人提出的"参数消去法"作为比较，以下称为方案 C。

1. UPD 稳定性分析

由于宽巷波长较长，宽巷 UPD（WLUPD）已被证明是相当稳定的，在此着重研究窄巷 UPD（NLUPD）的稳定性。我们主要采用标准差来评估 NLUPD 的稳定性。如图 4-10 所示，红色三角展示了年积日 239 当天每颗 GPS 卫星的 NLUPD 的标准差，蓝色表示在年积日 201 到 289 内，去掉 BLCOK IIA 地影中的跳变后的平均标准差值。可以看到，除了 G08 和 G09 两颗卫星外，大体上其他各卫星 NLUPD 的标准差都很小，大多数都小于 0.05 周。去掉地影卫星的跳变后，所有卫星的平均标准差也基本上小于 0.05 周，这说明了卫星段 NLUPD 在一天内也十分稳定。

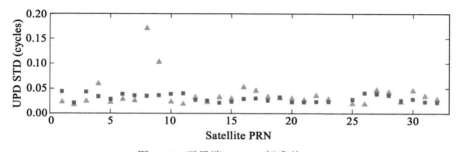

图 4-10 卫星端 NLUPD 标准差 STD

由于卫星 G08 和 G09 当天均有一段时间处于地影中，因此我们列出当天所有经历了地影卫星的时间序列，如图 4-11 所示。G027 卫星刚开始阶段缺少数据，这是因为缺少精密卫星钟差信息。可以发现，仅有 Block IIA 型卫星的 UPD 经常会发生一个大小约为 0.3~0.4 周的跳变。这很可能是由卫星出地影后的偏航姿态模型不精确、地影中力学模型不精确而引起的。当移除这种跳变后，卫星 G08 和 G09 UPD 的标准差分别减小为 0.03，0.04 周，这与其他正常卫星相当。

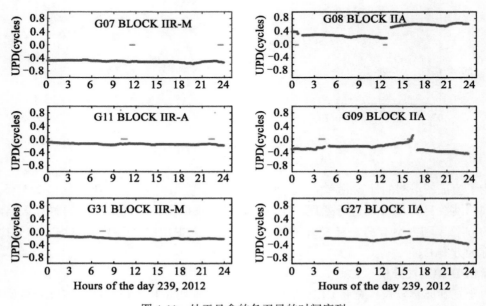

图 4-11　处于日食的各卫星的时间序列

因此，在最终的参数估计中，对于 BLOCLK IIA 卫星，至少在出地影后，应该额外估计一个 UPD 参数。

2. UPD 质量评估

PPP 模糊度解算中模糊度的固定率可以直接作为被估 UPD 参数的质量的标准，其至少代表了 NLUPD 与模糊度参数的一致性。尽管从以上分析中可知 NLUPD 参数也是相当稳定的，但是为了尽可能多固定的模糊度参数，在数据处理时我们仍然逐历元地估计 UPD 参数。

根据统计结果，460 个测站中每天大约有 300 个测站的所有模糊度均可被固定，有大约 130 个测站的模糊度固定率在 95%~100%，其他的均在 90%~95%。从统计结果来看，经历地影的卫星的模糊度固定率与其他卫星相差不大，大部分没有固定的模糊度一般都与某些低高度角卫星相关。这些结果说明，估计的 NLUPD 与模糊度参数具有很高的一致性，这对于整网处理来说是非常重要的。

3. 测站坐标

方案 A 和方案 B 估计的参数估值几乎相同，不同的仅仅是方案 A 中的钟差包含了

NLUPD。此处仅采用了方案 B 的测站坐标结果来评估测站精度。将方案 B 的测站坐标通过 7 参数平移旋转后与 IGS 周解结果进行比较，结果表明，E，N 和 U 方向的平均 RMS 值分别优于 2.3mm，2.5mm 和 5.9mm，这个量级与各 IGS 分析中心与 IGS 最终产品间的平均偏差相当。

4. 卫星轨道

为了评估估计的卫星轨道精度，首先将其与 IGS 最终轨道进行比较，然后对其相邻两天间的轨道重叠偏差进行分析。

将采用传统策略对包含 100 个测站的核心网进行处理得到的轨道、采用方案 B 处理同样 100 个测站的核心网得到的轨道，以及采用方案 B 对所有 460 个测站的网进行处理得到的轨道，分别与 IGS 最终轨道产品进行比较。图 4-12 表示的是这三种轨道，从年积日 201 天到 289 天的相对于 IGS 最终轨道的平均 RMS 值，其中红色表示采用传统策略对包含 100 个测站点的核心站网进行处理得到的轨道相对 IGS 最终轨道的平均 RMS 值；绿色表示采用方案 B 对同样 100 个测站的核心站网进行处理得到的轨道相对 IGS 最终轨道的平均 RMS 值；蓝色表示采用新策略对包含所有 460 个测站点的核心站网进行处理得到的轨道相对于 IGS 最终轨道的平均 RMS 值。

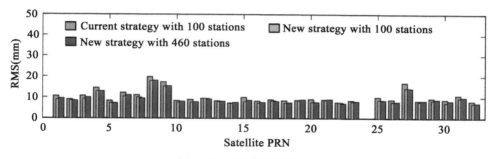

图 4-12　卫星轨道 RMS 值

从图 4-12 中可以发现，除了进入地影的 Block IIA 型卫星（如 G04，G08，G09 和 G027）外，其余大部分卫星轨道的 RMS 值均小于 10mm。通过比较图中红色和绿色的部分，可以发现采用同样的约 100 个测站，采用方案 B（新策略）可以将 RMS 值从 10.2mm 减少到 9.0mm。然而，当利用方案 B（新策略）处理所有 460 个测站时，所得到的轨道相对于 IGS 最终轨道平均 RMS 值为 9.2mm，略大于 100 个核心站网的结果，这可能意味着 IGS 最终产品并不一定适合轨道精度高低的准则。相邻天之间重叠轨道偏差 RMS 值可以作为轨道内符合的一个更加可靠的标准。与前面类似，将采用传统策略对包含 100 个测站的核心网进行处理得到的轨道、采用方案 B 处理同样 100 个测站的核心网得到的轨道，以及采用方案 B 对所有 460 个测站的网进行处理得到的轨道，分别进行相邻天之间重叠轨道偏差的 RMS 进行统计，统计时间段仍为 2012 年 201 天到 289 天。其结果分别如图 4-13 中的红色、绿色和蓝色所示。可以发现处理同样 100 个测站的数据，采用方案 B 的结果明显优于采用传统策略的结果，尤其是那些在传统策略结果中较差的卫星，其 RMS 减少显著，如 G06、G09、G15 和 G27 卫星的提高幅度分别为 19%、15%、14% 和 26%。总体来说，所有卫星的平均重叠轨道 RMS 值减小了约 9.8%，从 27.6mm 减小为 24.8mm。其主要原因是直接固定非差模糊度较固定双差模糊度具有更好的数据的连续性。由于卫星运动的周期性，在固定双差模糊度的策略中，每个站星对一天内包含的模糊度往往大于 1，而在 Carrier-range 中，每个站星对仅有 1 个模糊度参数。

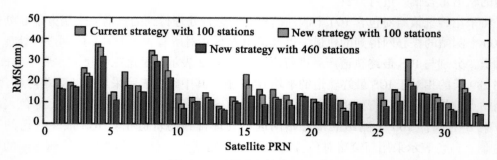

图 4-13 卫星重复轨道 RMS 值

此外，当采用 Carrier-range 处理了所有 460 个测站时，其重叠轨道 RMS 值将进一步减小为 23.2mm。

5. 计算效率

为了测试新策略的运行效率，实验分别采用方案 A、方案 B、方案 C 处理包含不同测站数目的 GPS 网，比较分析其计算时间，所有的测试均在一台系统为 MAC OS 的电脑上进行，其 CPU 为 Intel Core i7 2.6GHz，内存为 16G。在 GNSS 数据处理过程中，残差迭代编辑占据了大部分数据处理时间。一般而言，基于验后残差的编辑有三种模式：网模式（如 GAMIT 软件）、基线模式（如 Bernese 软件）和单站模式（如 EPOS 和 PANDA 软件）。基于网模式的残差编辑效率最低，尤其是当存在少数数据质量差的测站时，其迭代次数将显著增加，而单站数据清理相对而言则具有实现简单，计算效率高的特点。因此，为了提高效率，PPP 技术被用来进行单站数据清理，如 IGS TIGA 工程数据处理等。在 Carrier-range 策略中，同样可以认为是通过 PPP 来进行数据清理，相对网解而言，额外的步骤为 UPD 估计、PPP 模糊度固定以及新 RINEX 产生三个步骤。UPD 估计对于 24d 解数据仅需要约 1min，而对于一个采样间隔为 30s 的数据，其他步骤仅需 5s，更重要的是，这是基于单站处理的，即可以使用多台计算机同时并行处理。因此实验在比较计算的时间的时候，仅仅比较了单次参数估计过程的时间。

从图 4-14 可知，方案 B 需要的计算时间略长于方案 A，这是因为方案 B 中待估参数略多（对每个测站和每颗卫星多估计了一个 UPD 参数）。方案 A 和 B 随着测站数目的增加，所需的计算时间几乎呈线性增长。而方案 C 所需时间几乎呈指数趋势增长。当处理约 460 个测站时，方案 A、方案 B 和方案 C 分别需要的时间长约为 14min、16min 和

82min。也就是说，相对于仅保留活跃参数的参数消去法，新解算策略可以节省 6/7 的时间。

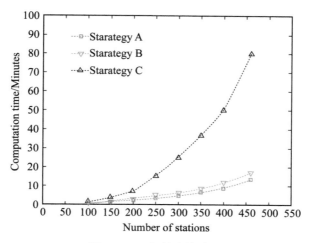

图 4-14 运行效率统计图

第 5 章 GNSS 网络 RTK 和单频精密单点定位技术

CORS 是目前国际上主要的地面地理信息采集设施。它不仅服务于测绘领域，还在气象辅助预报、地震监测、规划建设、交通导航管理等领域发挥着重要的作用。网络 RTK 定位技术是建立 CORS 的主要技术手段，其核心思想是双差相对定位。而精密单点定位（PPP）技术使用精密轨道数据和精密卫星钟差数据，利用双频码伪距和载波相位观测值建立非差模型进行定位（Witchayangkoon，2000）。近年来，基于非差改正数的网络 RTK 方法成为研究热点（Ge，et al.，2010；姜卫平等，2012；邹璇等，2011）。非差改正数误差建模体现了对现有各类区域误差融合技术的统一，是更为一般性的模型构建方法。该方法有效消除（削弱）了电离层、对流层、接收机硬件延迟、卫星轨道和卫星钟差等误差影响，实现了全球 PPP 与区域 RTK 在技术上的统一和服务上的无缝连接。

本章首先介绍几种常用的网络 RTK 技术，在此基础上，对基于非差改正数的网络 RTK 方法进行了研究，然后给出利用 GNSS 单频接收机为用户提供厘米级快速实时 PPP 定位服务的新技术。

5.1 常规 RTK 与网络 RTK

5.1.1 常规 RTK 定位技术

常规 RTK 技术基本思想是：利用接收机间观测值的系统误差（如电离层延迟、对流层延迟和轨道误差等）具有距离或空间相关特性，通过差分处理，来消除或者减弱不同观测值中共有的系统误差，从而提高定位精度。图 5-1 所示是常规 RTK 作业示意图。具体思路为：基于 GNSS 相对定位方法，将一台接收机放置在基准站，另一台或几台接收机放在流动站上，同步观测相同卫星的观测值；基准站接收信号的同时进行载波相位测量，利用数据链将观测值、卫星跟踪状态和测站坐标信息一起传送给流动站；流动站的接收机通过数据链接收基准站的信息，利用流动站接收机的随机实时数据处理软件，与采集的观测数据组成差分观测值，实时处理后，给出流动站的坐标信息及实测精度（李征航，2010）。

常规 RTK 技术使 GPS 实时定位精度从分米级提高到厘米级，可以说是 GPS 技术上的革新。但是，它仍然存在一定的局限性。

（1）定位精度不均匀、作业范围小

常规 RTK 假设流动站与基准站误差强相关。当流动站与基准站间距离比较短时，

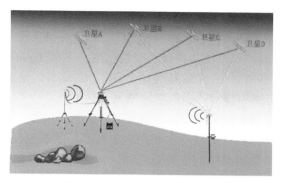

图 5-1 常规 RTK 作业示意图

两站的卫星钟差、轨道误差、电离层延迟、对流层延迟均为强相关，差分后这些系统误差大部分可以消除或者减弱，因此，即使单历元定位也可以达到厘米级的精度。但是，随着流动站和基准站间距离的增加，系统误差的空间相关性减弱，残余的系统误差将迅速增加，使得整周模糊度无法实时固定，影响了定位精度，精度只能达到分米级，且定位精度分布不均匀。单个常规 RTK 的工作范围一般为 10~15km，精度范围成圆形，圆心为基准站，越靠近圆心，精度越高，远离圆心，精度变低。其主要原因是单个常规 RTK 的工作精度实际上是一个外推过程，距离越远，精度越低。在一个较大的区域内，需要若干个常规 RTK 才能达到定位的要求。常规 RTK 作业范围和精度如图 5-2 所示（Landau，2002）。

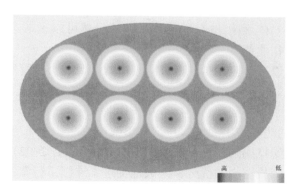

图 5-2 常规 RTK 作业范围和精度

（2）可靠性低、不稳定

常规 RTK 通常采用单基准站形式，数据传输中采用的超高频 UHF、甚高频 VHF 的衍射性能差，使得播发的 RTCM 差分信号稳定性差且覆盖范围小，容易导致数据出错和信号延迟，降低了系统的可靠性。常规 RTK 观测中进行定位需要连续观测 4 颗以上 GNSS 卫星，在观测过程中不能对卫星失锁，否则必须重新初始化。

5.1.2　网络 RTK 定位技术

为了扩大常规 RTK 的作业范围和提高其定位精度，美国 Trimble 公司率先推出了网络 RTK 技术。网络 RTK 定位技术又称多基准站 RTK 定位技术，集成了计算机网络、数据库、无线通信和 GNSS 定位等技术，利用基准站网、数据处理中心（控制中心）和数据通信线路等实现实时动态定位。网络 RTK 定位技术的基本思想是：根据一定区域内基准站系统误差具有较强的空间相关性的特点，利用多个基准站的系统误差用一定的内插算法来内插或者外推该区域内、外流动站的未知系统误差，再解算基准站与流动站间的整周模糊度进行定位。基准站配备双频 GNSS 接收机，最好能接收精确的双频伪距观测值。同时，基准站的站坐标应精确确定。此外，基准站还应配备数据通信设备及气象仪器等。基准站按规定的采样率进行连续观测，并通过数据通信链实时将观测资料传送给数据处理中心。数据处理中心根据流动站的近似坐标（可据伪距法单点定位求得）判断出该站位于周围三个以上基准站所组成的图形内或外。然后，根据基准站的观测数据求出流动站处的系统误差，并播发给流动用户，通过修正来获得精确的坐标。基准站与数据处理中心间的数据通信可采用数字数据网或无线通信等方法进行。流动站和数据处理中心间的双向数据通信则可通过 GSM 等方式进行。

与常规 RTK 相比，网络 RTK 的主要优势表现为：

①相对于常规 RTK，精度有所提高。没有了 1ppm（$=1 \times 10^{-6}$）的概念，在网络控制范围内，由于采用内插法内插流动站的误差，受距离的影响比较小，流动站的定位精度分布较均匀，大多在 ±（1~2）cm 水平。

②可靠性也随之提高。由于网络 RTK 采用多个基准站同时作业，当一个或者多个参考站出现故障时，网路 RTK 利用没有故障的基准站仍然可以正常进行定位，因此提高了系统的可靠性，扩大了作业范围。

③应用范围广。可以广泛应用于城市规划、市政建设、交通管理、地面沉降监测、建筑物变形监测、机械控制和自动化管理等领域。

④操作方便，降低了劳动强度，简化了生产作业流程，提高了劳动效率。同时，减少了投资，在 70~90km 的边长范围内，用户不须再架设基准站。

网络 RTK 的作业范围与定位精度如图 5-3 所示（Landau，2002）。其具有定位速度快、定位精度高且分布均匀、投资少的优势，大大地促进了连续运行参考站网的建设。

5.2　网络 RTK 技术

5.2.1　虚拟参考站技术

虚拟参考站（VRS）技术由 Herbert Landau（2002）于 2002 年提出。其基本思想为：利用地面布设的多个（三个以上）参考站组成的连续运行参考站网，通过综合各个参考站的观测信息，来建立精确的误差模型来修正距离相关误差，在用户站（即流动站）附近产生一个事实上不存在的虚拟参考站 VRS。然后，利用 VRS 和流动站的观测值进行差

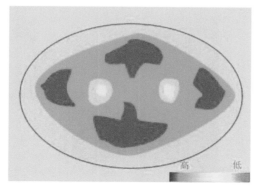

图 5-3　网络 RTK 作业范围和精度

分，精确确定流动站的坐标。由于 VRS 一般通过流动站接收机的单点定位坐标来确定，故 VRS 与流动站构成的基线通常只有十米左右，只要能够生成 VRS 的观测值或 RTCM 差分改正数，就可以在 VRS 和流动站之间直接实现常规差分解算。

其工作原理如下所述：

①首先参考站连续运行观测，实时将观测数据传输到控制（数据）中心。

②控制中心在线解算参考站网内各条基线的载波相位模糊度值，利用参考站相位观测值计算基线误差源的实际或综合误差影响值，并以此建立电离层、对流层、轨道误差等距离相关误差的空间参数模型。

③流动站将单点定位或 DGPS 确定的用户概略坐标，通过无线移动数据链路（NMEA-0183 格式）传送给中心，中心在该位置创建一个虚拟参考站（VRS），结合流动站、参考站和 GPS 卫星的相对几何关系，通过内插得到虚拟参考站上各误差源影响的改正值，并以 RTCM 格式发给流动站。

④流动站与 VRS 构成短基线。流动站接收中心发送的虚拟参考站差分改正参数或虚拟观测值，进行差分解算得到流动站的位置。

流动站采用无线通信方式（如 CDMA、GPRS）向中心发送自己的概略位置信息，中心接收此信息进行误差计算并向流动站发送 RTCM 信息，其作业流程如图 5-4 所示（Landau，2002）。

所有参考站的数据信息融合和误差源的模型化在控制中心完成。流动站得到的虚拟参考站数据就如同一个常规 RTK 参考站的数据。相对于其他多基准站技术来说，VRS 的优势在于只需增加一个数据接收设备，不需增加流动站设备的数据处理能力，接收机兼容性较好。另一个优势在于可以使用提供的其他信息，如预报星历；同时还给出了处理来自多个不同参考站数据的策略，在网内解求模糊度和生成虚拟参考站需要的误差模型。这些模型包含了卫星导航的主要误差源：电离层、对流层、卫星轨道和多路径等。VRS 技术可以提高 RTK 定位收敛速度和精度，并扩大了服务范围，提高了可靠性，是目前应用较为广泛的网络 RTK 技术之一。

为了使传输的数据来自一个不同的位置，必须进行几何上的移动。Herbert Landau（2002）介绍了 VRS 中参考站数据平移的方法。

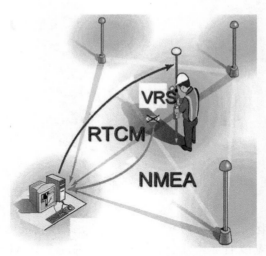

图 5-4 VRS 工作流程图

对于卫星到接收机的几何距离 R 定义为：

$$R^s(t) = \sqrt{(\overrightarrow{x^s} - \overrightarrow{x_r})^{\mathrm{T}} \cdot (\overrightarrow{x^s} - \overrightarrow{x_r})} \tag{5-1}$$

式中，$\overrightarrow{x^s}$ 为信号发播时刻卫星在地固系的位置，$\overrightarrow{x_r}$ 为接收机的位置。

如果接收机的位置发生变化，信号传播的时间也会相应地发生变化，其地球自转量同样不一样。假设 $\overrightarrow{x_r}$ 为原始参考站的位置，$\overrightarrow{x_v}$ 为虚拟参考站的位置，则虚拟参考站处新的几何距离近似值为：

$$\overline{R_v^s}(t) = \sqrt{(\overrightarrow{x^s} - \overrightarrow{x_v})^{\mathrm{T}} \cdot (\overrightarrow{x^s} - \overrightarrow{x_v})} \tag{5-2}$$

没有改正过的卫星位置，精度只是米级的甚至更低，而伪距的精度也是米级的，可以用这个距离近似新位置的伪距：

$$\overline{\rho}_v^s = \rho_r^s + (\overline{R}_v^s - R_v^s) \tag{5-3}$$

式中，$\overline{\rho}_v^s$ 为近似新伪距，R_v^s 为精确的虚拟参考站几何位置，用标准的卫星轨道精化地球自转算法和伪距近似值足够确定卫星的正确位置，则新的虚拟位置的几何距离变化值为：

$$\Delta R^s = R_v^s - R_r^s \tag{5-4}$$

设参考站的载波相位方程为：

$$(\varphi_r^s + N_r^s) \cdot \lambda = R_r^s + \delta_r^s \tag{5-5}$$

式中，φ_r^s 为加了改正数的非差载波相位观测值，R_r^s 为几何距离，δ_r^s 为电离层、对流层等误差的综合影响。在方程（5-5）的两边同时加上几何平移值 ΔR^s，则有：

$$(\varphi_r^s + N_r^s) \cdot \lambda + \Delta R^s = R_r^s + \Delta R^s + \delta_r^s \tag{5-6}$$

将式（5-4）代入式（5-6），经过变换可得：

$$(\varphi_r^s + \Delta R^s/\lambda) \cdot \lambda + N_r^s \cdot \lambda = R_v^s + \delta_r^s \tag{5-7}$$

故虚拟观测值 φ_v^s 为：

$$\varphi_v^s = \varphi_r^s + \Delta R^s / \lambda \tag{5-8}$$

5.2.2 区域改正参数方法

区域改正参数（FKP）方法是由德国的 Geo++ GmbH 提出来的。该方法基于状态空间模型（SSM），要求所有基准站将每一个观测瞬间所采集的未经差分处理的同步观测值实时地传输到数据处理中心。数据处理中心首先计算出网内电离层和几何信号的误差影响，再把误差影响描述成南北方向和东西方向区域参数，然后以广播的方式发播出去，流动站根据这些参数和自身位置计算误差改正数。系统传输的 FKP 参数能够比较理想地支持流动站的应用软件，但是流动站必须知道有关的数学模型，才能利用 FKP 参数生成相应的改正数。为了获取瞬时解算结果，每个流动站需要借助于一个称为 AdV 盒的外部装置或接收机内置解译软件，配合流动站接收机的 RTK 作业。

FKP 技术利用插值算法将区域范围内与距离有关的误差项模型化，是一种动态的全网整体解算模型。其工作原理和流程如下所述：

①主控站采用卡尔曼滤波动态模型，对多个或者所有测站采集的同步观测值进行非差网络解算，产生 FKP 的区域改正参数。

②主控站将 FKP 参数按 RTCM-TYPE59 格式编码并采用单向广播模式发送给用户接收机。

③用户采用 FKP 专用解码程序，进行距离相关误差修正，然后进行 RTK 定位。

FKP 方法是一种广播模式，其优点在于当基准站受到诸如多路径反射或高楼的信号遮挡等影响的时候，可以自动重新组成 FKP 的平面。此外，FKP 采取单向数据通讯代替如 VRS 方法中的双向数据通讯，不仅可以降低用户的作业成本，而且能够保持用户使用的隐秘性。FKP 的方法在德国、荷兰和其他欧洲国家有广泛的应用（Wübbena, et al., 2002）。

FKP 以 RTCM59 格式向 RTK 流动站提供与距离相关的误差分量，数据处理程序计算每颗卫星覆盖的特定网络区域，并按一定的时间间隔（10s 以内）播发包括电离层、对流层、轨道等的影响。FKP 中用一个线性的区域多项式表示与位置相关的误差，它的参考面平行于 WGS84 椭球面，高度为参考站的高程高度。流动站相位观测值相对于这个平面的坐标 (φ, λ) 被用来计算与距离相关的误差：

$$\delta r_0 = 6.37(N_0(\varphi - \varphi_R) + E_0(\lambda - \lambda_R)\cos(\varphi_R)) \tag{5-9}$$
$$\delta r_1 = 6.37H(N_1(\varphi - \varphi_R) + E_I(\lambda - \lambda_R)\cos(\varphi_R))$$

式中，N_0，E_0 分别为南北方向和东西方向几何信号区域改正参数（无电离层）（［ppm］）；N_I，E_I 分别为南北方向和东西方向窄巷电离层信号区域误差改正数（［ppm］），φ_R，λ_R 为参考站在 WGS84 坐标系下的地理坐标（弧度）；$H = 1 + 16(0.53 - E/\pi)^3$，$E$ 为卫星高度角（弧度）；δr_0，δr_I 分别为几何信号（无电离层）和窄巷电离层信号的距离相关误差（m）。

由此载波相位 L1 和 L2 信号的距离相关误差 δr_1 和 δr_2（m）分别为：

$$\delta r_1 = \delta r_0 + (120/154)\delta r_I$$
$$\delta r_2 = \delta r_0 + (154/120)\delta r_I \tag{5-10}$$

VRS 和 FKP 的区别在于，FKP 是一种广播模式，改正数在流动站端得到应用，而 VRS 是拨号方式生成虚拟参考站数据，改正数在网络 RTK 服务端得到应用。Herbert Landau（2002）认为 FKP 的参数是通过参考站之间的残差计算出来的，为了计算这些残差必须使用轨道信息和一个对流层模型，否则难以确定网络 RTK 的模糊度。由于参考站通常不配备气象设备，因此在网络 RTK 的服务软件中必须使用标准大气参数。这一不确定的对流层模型将会影响改正数的计算。

5.2.3　主辅站技术

主辅站技术（MAX）由瑞士徕卡测量系统有限公司于 2005 年提出。它本质上是对 FKP 的一种优化。它基于多基站、多系统、多频和多信号非差分处理算法，从参考站网以高度压缩的形式将所有相关的、代表整周模糊度水平的观测数据（如弥散性和非弥散性的差分改正数）作为网络的改正数据播放给流动站（吴星华等，2005）。选择距流动站最近的一个有效参考站作为主站，一定半径范围内至少有两个其他有效的参考站作为辅站；主站和辅站自动组成一个单元进行网解，发送主站差分改正数和辅站与主站改正数的差值给流动站，对流动站进行加权改正，最后得到精确坐标。MAX 技术的工作原理如图 5-5 所示（吴星华，et al.，2005）。

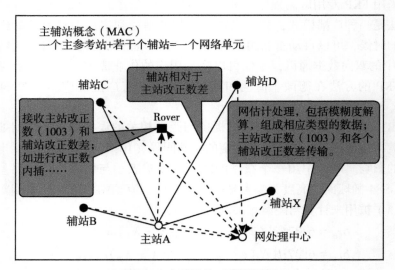

图 5-5　主辅站的工作原理图

主辅站技术可以使用单向数据通讯和双向数据通讯两种方式。单向数据通讯方式下的主辅站技术称为 MAX 技术，双向数据通讯方式下的主辅站技术称为 i-MAX 技术。MAX 技术中同一个网络单元中播发同一组数据，用户接收机目前只有徕卡公司生产的新型接收机才能够使用。i-MAX 技术与 VRS 技术一样，流动站必须播发自己的概略位置给数据处理中心，数据处理中心根据其位置计算出流动站的误差改正数，再以标准差分协议格式发播给流动站，流动站可以是各种支持标准差分协议格式的接收机。

5.2.4 综合误差内插法

综合误差内插法（CBI）是由武汉大学提出的。其基本思想是在基准站计算改正信息时，不对电离层延迟、对流层延迟等误差进行区分，也不将各基准站所得到的改正信息都发给用户，而是由监控中心统一集中所有基准站观测数据，选择、计算和播发用户的综合误差改正信息，具有算法简练、系统可用性强以及定位效率和精度高的优点（高星伟，2002）。

由于电离层误差是所有误差中主要的误差项，唐卫明（2006）提出了改进的综合误差内插法。其要点包括两方面：一是内插得到 L1 载波相位电离层误差；二是对除电离层误差之外的误差（包括对流层残差，轨道误差及与信号频率无关的误差）进行综合内插。实验结果表明，改进的综合误差内插法的准确性、计算速度均优于先前的综合误差内插法。

若采用综合误差 $\nabla\Delta m_{ij}^{pq}$ 表示双差观测方程中所有系统误差的综合影响，即（L1 和 L2 情况类似，所以不再进行区分）：

$$\nabla\Delta m_{ij}^{pq} = \nabla\Delta Tr_{ij}^{pq} + \nabla\Delta I_{ij}^{pq} + \nabla\Delta M_{ij}^{pq} + \nabla\Delta O_{ij}^{pq} + \nabla\Delta \varepsilon_{ij}^{pq} \tag{5-11}$$

则可用下式统一表示基准站最终双差观测方程：

$$\lambda \cdot \nabla\Delta L_{ij}^{pq} = \nabla\Delta R_{ij}^{pq} + \lambda \cdot \nabla\Delta N_{ij}^{pq} + \nabla\Delta m_{ij}^{pq} + \nabla\Delta e_{ij}^{pq} \tag{5-12}$$

忽略双差相位观测噪声，由上式可得基准站的综合误差公式：

$$\nabla\Delta m_{ij}^{pq} = \lambda \cdot \nabla\Delta L_{ij}^{pq} - \nabla\Delta R_{ij}^{pq} - \lambda \cdot \nabla\Delta N_{ij}^{pq} \tag{5-13}$$

下面分三种情况，详细给出相应的差分改正计算公式。

1. 一维情况

当只建立两个基准站时，可以利用这两个基准站对站间的带状区域的任何一处进行差分改正，这种情况称为一维情况，如图 5-6 所示。

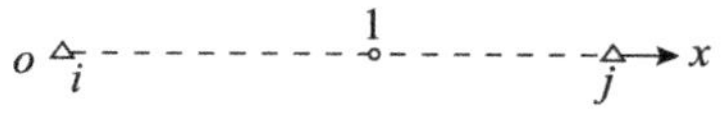

图 5-6 一维情况差分示意图

对于基准站 i 和基准站 j，由于测站坐标精确已知，所以当双差整周模糊度 $\nabla\Delta N_{ij}^{pq}$ 确定以后，使用公式（5-11）便可得到直线 ij 上 j 点处的双差卫星 pq 的双差综合误差大小 $\nabla\Delta m_{ij}^{pq}$：

$$\nabla\Delta m_{ij}^{pq} = \lambda \cdot (\nabla\Delta L_{ij}^{pq} - \nabla\Delta N_{ij}^{pq}) - \nabla\Delta R_{ij}^{pq} \tag{5-14}$$

由于误差的线性相关性，则可得直线 ij 上任何一点 1 的双差卫星 pq 的双差综合误差 $\nabla\Delta m1_{ij}^{pq}$：

$$\nabla\Delta m1_{ij}^{pq} = \alpha \cdot \nabla\Delta m_{ij}^{pq} \tag{5-15}$$

式中，α 为一加权系数。公式（5-15）为利用两个基准站估算该基准站所确定的直线上各处的差分改正信息。

2. 二维情况

当建立三个基准站（不在同一直线上）时，便可对三个基准站间的平面区域的任何一处进行差分改正，这种情况称为二维情况，如图 5-7 所示。

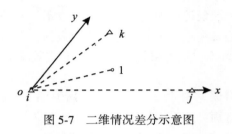

图 5-7　二维情况差分示意图

同时利用测站 i、测站 j 和测站 k 三个基准站（不在同一直线上）的信息，便可估算由此三个基准站所确定的二维平面 ijk 上任何一点 1 的综合误差大小。其基本原理与直线上差分相类似，误差在平面 ijk 上同样具有较强的线性相关性，使用式（5-14）计算出 j 点和 k 点上的双差卫星 pq 的综合误差大小 $\nabla\Delta m_{ij}^{pq}$ 和 $\nabla\Delta m_{ik}^{pq}$，然后利用 $\nabla\Delta m_{ij}^{pq}$ 和 $\nabla\Delta m_{ik}^{pq}$ 便可推算出平面 ijk 上流动站 1 处的双差卫星 pq 的综合误差大小 $\nabla\Delta m_{i1}^{pq}$：

$$\nabla\Delta m_{i1}^{pq} = \alpha \cdot \nabla\Delta m_{ij}^{pq} + \beta \cdot \nabla\Delta m_{ik}^{pq} \tag{5-16}$$

式（5-16）即为平面上的流动站综合误差估算公式，式中 α、β 同样为加权系数。

3. 三维情况

若建立四个基准站（不在同一平面上），则可对四个基准站间的立体区域的任何一处进行差分改正，这种情况称为三维情况，如图 5-8 所示。

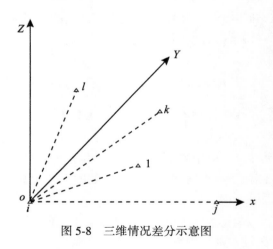

图 5-8　三维情况差分示意图

可同时利用测站 i、测站 j、测站 k 和测站 l 四个基准站（不在同一平面上）的信息，按照和一维情况同样的原理推算立体空间 $ijkl$ 内任何一点 1 处的差分改正信息。双差模糊度确定后，根据式（5-12）可得 j 点、k 点和 l 点上的双差卫星 pq 的综合误差大小 $\nabla\Delta m_{ij}^{pq}$、$\nabla\Delta m_{ik}^{pq}$ 和 $\nabla\Delta m_{il}^{pq}$，则测站 1 处的双差卫星 pq 的综合误差大小 $\nabla\Delta m_{i1}^{pq}$ 可表示为：

$$\nabla\Delta m_{i1}^{pq} = \alpha \cdot \nabla\Delta m_{ij}^{pq} + \beta \cdot \nabla\Delta m_{ik}^{pq} + \gamma \cdot \nabla\Delta m_{il}^{pq} \tag{5-17}$$

与二维情况类似，α、β 和 γ 也是加权系数。式（5-17）即为三维情况下流动站的综合误差估算公式。

5.2.5 网络 RTK 软件研究现状

基准站网的建设是网络 RTK 的硬设施，网络 RTK 软件则是其软设施。目前较为成熟的网络 RTK 软件包括：Trimble 公司的虚拟参考站 VRS 软件系统（GPS Network），由德国的 Landao 博士主持开发；Leica 公司开发的基于主辅参考站的 SPIDER 软件；德国的 GEO++公司开发的基于 FKP 思想的 GNNT RTK 软件。另外，一些大学和研究所也开发了自己的网络 RTK 软件，例如，美国俄亥俄州立大学开发的 MPGPS 多功能数据处理软件，加拿大卡尔加里大学 2000 年推出的以网络平差法为基础的 MultiRef 软件等，武汉大学 2000 年推出的以综合误差内插法为基础的软件 Power Network，西南交通大学黄丁发等人开发的 VENUS 软件。

5.3 网络 RTK 系统

5.3.1 系统组成及子系统定义

网络 RTK 系统由基准站、系统管理中心、用户数据中心、用户应用及数据传输等 5 个子系统组成。整个体系是以管理中心为中心节点的星形网络。系统组成如图 5-9 所示，各子系统的定义及功能见表 5-1。

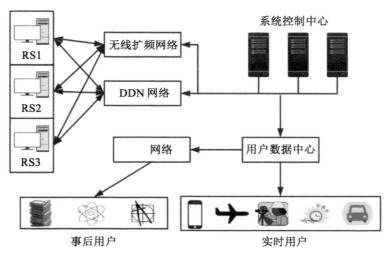

图 5-9　系统组成示意图

表 5-1   **子系统定义与功能**

系统名称	主要工作内容	设备构成	技术说明
基准站子系统	卫星定位数据跟踪、采集、传输、设备完好性监测	GPS 接收机、计算机、电源、网络设备、避雷设备、气象设备等	多个基准站
系统管理中心（SMAC）	数据处理、计算，系统管理、维护，服务提供、管理	计算机网络设备、数据传输发送设备、电源保障设备、数据输出设备	1 个中心
数据传输子系统（DCS）	把基准站 GPS 观测数据，气象数据，基准站各设备的工作状态信息等传输至管理中心	SDH、100/1000Base-T	SDH
用户数据中心子系统（DTS）	把 GZPS、PGZPS、RTK 等定位数据发送给用户，并监测用户定位状态等	Internet 链路、GSM 链路	因特网、GSM
用户应用子系统（UAS）	按照用户需求进行不同方式、不同精度定位	专有数据接收、解码设备、专有软件系统	适于 GZPS、RTK、PSP 的软件系统

5.3.2　基准站子系统

基准站子系统（Reference Station Sub-System）简称 RSS，是整个系统的数据源，用于对卫星信号接收、记录和传输。该子系统的稳定性和可靠性直接影响网络 RTK 系统的性能。

1. 基准站结构

基准站结构如图 5-10 所示，包括基准站设备的选型、连接、网络形式等部分。各基准站的结构基本上是基于网络终端的，主要设备包括 GNSS 接收机、气象传感器、不间断电源 UPS、通信链路等。设备间的连接与通信是基准站设计中的核心部分，其可靠性和稳定性往往决定了整个系统的性能与可靠性。

2. 基准站功能

基准站的设计应具备以下功能：

①基准站尽可能设计为无人值守型，连接可靠、稳定、均匀分布；

②基准站采用单 GNSS 接收机方式；

③基准站保存的 GNSS 数据，采用双备份方式。GNSS 接收机内存保留最新的 12~24h 的原始观测数据，基准站计算机硬盘上至少能够保存 15d 数据；

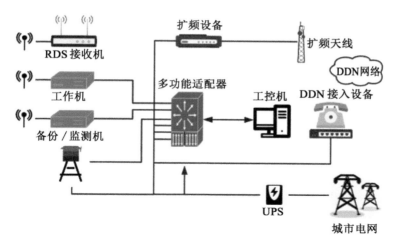

图 5-10 基准站结构示意图

④在断电情况下，基准站能够靠自身的 UPS 支持 12h 以上，并及时向控制中心和有关单位报警；

⑤基准站按照设定的时间间隔自动将 GNSS 观测数据、气象观测数据通过数据传输网络传输给控制中心；

⑥设备完好性检测功能：定时自动对设备进行轮检，出现问题时向控制中心报警；

⑦控制中心通过远程控制方式，设定、控制、检测基准站的运行；

⑧有雷电及电涌自动防护功能。

5.3.3 系统管理中心子系统

系统管理中心（System Monitoring and Analysis Center）简称 SMAC，是整个网络 RTK 系统的核心单元，由计算机网络系统、软件系统等组成，与各基准站之间主要依靠气象专网（或 DDN 专线）连接，其网络拓扑结构如图 5-11 所示。

作为整个系统的核心，管理中心要求具备以下功能：

（1）数据处理

负责各基准站数据采集并对传输过来的数据进行质量分析和评估，对某些数据（如导航）进行多站数据综合、分流、形成统一的差分修正数据，按某种方式上网服务，如果开展广域差分服务，还需计算广域差分改正数或向广域差分中心提供必要数据，对事后精密定位的数据进行必要的预处理，并按一定方式上网服务。

按照测绘及定位导航的要求，管理中心应输出的数据结果有：RTCM SC-104 伪距差分修正信息，服务于米级定位导航的用户；RTCM SC-104 相位差分修正信息，服务于厘米级、分米级定位的用户；网络 RTK 差分修正信息，服务于网络 RTK 用户；RINEX v2.0 原始观测数据，服务于事后毫米级定位的用户；RAIM 系统完备性监测信息，服务于全体

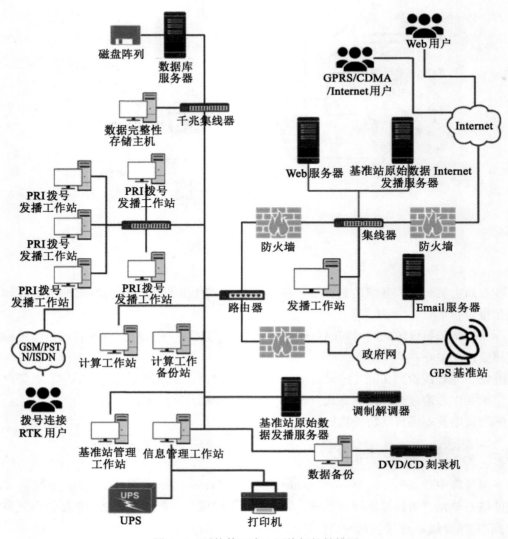

图 5-11　系统管理中心网络拓扑结构图

用户，提供系统完备性指标。

（2）系统监控

对各基准站运行中的设备安全性、正常性进行监测管理，可远程监控基准站 GNSS 定位设备的工作参数、检测工作状态、发出必要的指令、改变各基准站运行状态。控制中心要求能够对 GNSS 基准站网子系统进行实时、动态的管理；对基准站的设备进行远程管理；对基准站进行设备完好性监测；网络安全管理，禁止各种未授权的访问；负责网络故障的诊断与恢复。

（3）信息服务

对各类用户提供导航定位数据服务，地理信息中有关坐标系高程系的转换服务，有关控制测量和工程测量的软件服务和计算服务。控制中心通过用户数据中心向用户进行播发，可使用的主要通信方式有：广播通信：向全区域发布实时定位与导航的差分数据，可选择多种广播式通信链路；常规方式：UHF/VHF，通过专用设备向局部区域用户发布差分数据；公众网络：如 GSM/GPRS/CDMA，用于向大范围内的用户提供数据服务；网络数据发布：Internet，提供精密定位数据、电子地图信息等服务；卫星通信：VSAT、Inmarsat 等，用于今后与国家联网。

（4）网络管理

整个控制中心系统由局域网（Landau，et al.，2002）、广域网和因特网（INTERNET）连接形成，主要职能有：DNS 服务器：将因特网域名转换为因特网 IP 的服务器；MAIL 服务器：支持 POP3/SMTP 邮件协议，负责电子邮件传递；FTP 服务器：支持匿名和使用密码两种方式登录；WWW 服务器：网络多媒体数据信息服务器，向用户发播各种信息；网络管理专用计算机：对网络监视、运行及管理（包括计费）。

（5）用户管理

对所服务的各类用户进行管理，包括：用户收费管理；用户登记、注册、撤销、查询、权限管理。

（6）其他功能

具备一定的自动控制能力，减少工作量；对系统的完备性进行监测，并提供最佳的计算方案；有足够的扩充能力，可适应基准站数量的增加。

5.3.4 用户数据中心子系统

用户数据中心子系统（Data Transmission Sub-System）简称 DTS，应兼顾中心站及数据处理中心的功能。数据中心子系统的建设包括中心机房建设、网络结构设计、防护设计等。

1. 中心机房的建设

中心机房的建设主要有以下内容及要求：

①数据中心机房内，所有电源应有良好的地线。电源避雷器接地电阻应小于 4Ω，接地电阻测试采用地阻测试仪；

②机房内安装空调，解决计算机等设备的散热问题；

③机房通风良好，安装双制空调及防盗门、防盗网；

④进出机房的线缆均应通过布线管道，内部网络联结采用超五类网线；

⑤数据中心至少应有 3 个独立的 3 孔插座及建筑物可靠地线接点，能与 Internet 连接。

2. 网络结构设计

数据中心系统设计应为以数据中心为中心节点的网络结构，通过路由器及工控机组成内部局域网，实现内部数据的传输与交换，同时任一工控机也应实现对 VPN 网络上的其他节点的数据传输及接受外网用户的数据请求。

3. 防护设计

数据中心的防护设计主要包括硬件上的电涌保护及软件上的网络攻击。电涌保护采用加装电涌保护设备，设计如下：

①电力线进入 UPS 之前，加装电力线电涌防护设备，隔离 UPS 和电力线；

②通信线进入通信终端前，加装通信线（数据线）电涌防护设备；

③各网线的接插口采用防雷插件 RJ45 保护器。

网络安全采用硬件防火墙及杀毒软件防火墙双重保护，有效隔离各种人为攻击及病毒攻击。

5.3.5　数据传输子系统

数据传输子系统（Data Communication Sub-System）简称 DCS，可分为两部分，一部分用于连接基准站和系统管理中心，另一部分用于连接用户数据中心和用户应用系统。其设计原则如下：

①基准站与管理中心之间的通信首选专网，如气象专网和 DDN 专线，并预留备份手段；

②各基准站的专网接入应考虑带宽、延迟时间，并进行有关测试；

③用户数据中心与 Internet 的接入带宽至少应大于 2M，如果能够利用高速宽带网则更为理想；

④采用 GSM 或透明方式进行通信时，同时工作的用户数量最大不应小于 150。

5.3.6　用户应用子系统

用户应用子系统（Users' Application Sub-System）简称 UAS，其基本构成是接收数据链、GNSS 接收机和中央处理器。按照不同应用的要求，可能要求具备电子手簿、电子地图、回传数据链等设备。用户单元的设备结构如图 5-12 所示。

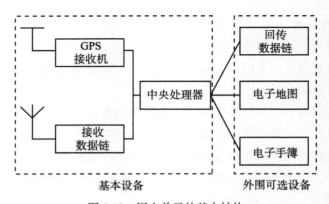

图 5-12　用户单元的基本结构

各部分的功能如下：

①GNSS 接收机：按照应用方向的不同有所区分。在不同的应用中，由于要求的精度不同，对 GNSS 接收机的指标要求也就不同，一般地，厘米级和分米级的精度要求采用相位差分的模式，要求选用较好性能的 GNSS 接收机，对于米级用户（多为车辆用户），可以选用一般的导航型 GNSS 接收机。

②接收数据链：用来接收服务系统发布的实时定位、差分信号。

③中央处理器：用于将 GNSS 接收机的实时数据进行差分处理，并且具备用户系统的控制与 I/O 功能，可以用 DSP 技术或单片机技术实现。

④回转数据链：将中央处理器计算的数据按要求进行空间长距离传递，一般在车载监控用户中采用。

⑤电子地图：包括 GIS 数据与显示 GIS 数据的硬件平台，作用是实时导航。

⑥电子手簿：在需要进行数据采集和测绘时，可按照一定的属性将 GNSS 数据记录、绘制出来，包括软件系统与硬件平台，软件可采用 Window CE，硬件采用流行的掌上计算机。

5.3.7 系统数据流

网络 RTK 系统的数据流可以分为内部和外部数据流两类（相对于系统用户而言），内部数据流是指在网络 RTK 内部交换的流量数据，其主要特点是不对外公开；外部数据流是 RTK 与系统用户间进行交换的流量数据，这两类数据通过 RTK 的各子系统进行处理变换，本节内容将分别详细说明这两类数据流，系统总体数据流程图如图 5-13 所示。

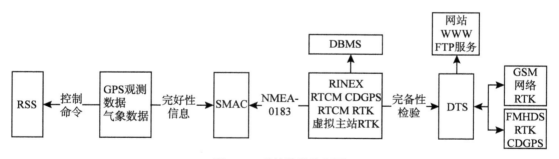

图 5-13　系统数据流程图

1. 内部数据流

网络 RTK 各子系统之间交换的数据称为系统内部数据流，内部数据流不对外部公开，且对于系统操作人员也有访问等级的限制。按照系统结构划分，内部数据流可以分为 RSS 与 SMAC 间的交换数据；SMAC 内部交换数据；SMAC 与 DTS 间的交换数据，详细内容见表 5-2。

表 5-2　　　　　　　　　　　　　系统内部数据流

类别	内容	内　　容	方向	频率
RSS 与 MAC 交换数据	GPS 观测数据	L1，L2，C/A，P1，P2，定位值，DOP 值	RS→MAC	1Hz
	RS 完好性信息	UPS 工作状态、气象仪器状态、计算机工作状态	RS→MAC	不定时
	SMAC 遥测命令	GPS 接收机设置、计算机设置、设备完好性查询，设备参数的设置和查询	RS←MAC	不定时
SMAC 内部交换数据	RS 的 GPS 数据	各基准站的 GPS 实时观测数据	内部	1Hz
	RS 完好性数据	各基准站的设备完好性数据		不定时
	用户数据	入网用户的注册信息、权限信息、计费信息		
	控制数据	对各基准站的遥测命令		
	内部数据	各种计算的中间结果		
	结果数据	RTCM V2，0/2.1/3.0 CGZPS、RTK、RINEX v2.1、RAIM	SMAC→DTS	1~30s
SMAC 与 DTS 交换数据	GSM 数据	SMAC 向 GSM 路由发送的数据	SMAC→DTS	1~30s
	网络数据	通过 Internet WebSite 发送的数据		不定时

2. 外部数据流

网络 RTK 的外部数据流是指由系统生成的，向用户实时或事后广播的数据，即系统的服务成果。RTK 的外部数据流可根据具体的应用而不断增加其种类，目前，工程建成后，RTK 系统可向用户提供的数据类型见表 5-3。

表 5-3　　　　　　　　　　　　　系统外部数据流

类别	广播方式	内　　容	方向	广播频度
网络 RTK	GSM	RTCM V2.1/V2.3/V3.0 差分数据	DTS→UAS	—
RINEX	Internet	RINEX V2.1	DTS→UAS	1~30s
用户位置	GSM	NMEA-0183，$GPGGA	DTS←UAS	不定时
用户信息	多种手段	用户登录信息、用户注册信息等	SMAC←UAS	不定时

5.4　基于非差改正数的网络 RTK 方法

5.4.1　模型构建

传统 PPP 技术是基于相关参数域信息的精密定位模式。由于利用较大范围覆盖的少量测站数据即可确定 GNSS 卫星的各类参数域误差改正信息（如卫星轨道误差、卫星钟差等)，因此在实际中对参考网的选取密度没有很高的要求，通过一定时间的收敛（如 30min）可以提供全球范围内双频接收机静态 5cm、动态 15~20cm 的精密定位服务。

载波相位观测值中存在的接收机和卫星硬件延迟，使其模糊度不再具有整数特性，因此需要较长的收敛时间。最近的研究表明，通过一定的技术手段消除之前一直被忽略的接收机和卫星硬件延迟，可进一步实现非差或星间单差观测值的模糊度快速收敛，从而使 PPP 模式快速精密定位成为可能（Collins，2008；Ge, et al.，2008；Laurichesse, et al.，2007）。Ge 等人（2008）在分析全球 IGS 跟踪站观测数据时发现，双差模糊度固定的成功率高达 97%，且双差模糊度是由两个台站的星间单差模糊度组合而成，对于不同测站，其星间单差模糊度应具有近似相等的小数部分。基于这一思想，可以利用参考网估计星间单差模糊度的小数部分即星间单差硬件延迟，实现用户端单差模糊度的有效固定。Laurichesse（2007）与 Collins 等人（2008）方法的基本思想都是将星间单差模糊度的小数部分通过修正卫星钟差的方式发送给用户。由于需要向用户提供一套独立于 IGS 精密钟差的卫星钟差产品，所以适用范围较为有限。

无论是传统的 PPP 技术，还是改进后的 PPP 模糊度固定技术，都是基于参数域的改正信息实现精密定位服务。参数域的误差改正信息更加近似于对应误差的最优修正值，可以更好地反映误差的物理特性。然而，由于载波相位观测值波长（L1 波长约为 19cm，L2 波长约为 24cm，LW 波长约为 86cm）以及伪距观测值精度（C/A 码为 3m，P 码为 3~5dm）的限制，需要通过多个历元的载波相位观测值对伪距进行平滑才可能利用平滑后的伪距观测值正确固定相位模糊度，所以传统 PPP 模式的模糊度收敛较慢。此外，因为参数域的误差改正方式难以对电离层、对流层延迟误差进行精确建模，所以 GNSS 单频用户无法采用 PPP 模式进行精密定位。

网络 RTK 的各种方法本质上是一致的，只是误差改正模型的融合方法、数据播发方式以及侧重点略有不同，在此以综合误差内插法为例对网络 RTK 技术进行说明。

与 PPP 技术在参数域对各类误差进行描述相比，网络 RTK 技术则是根据用户站与参考站间误差的相关性，在观测值域利用主参考站数据对误差进行代替以保持用户站模糊度的整数特性，实现网内用户采用不同类型观测值（L1、L2、LW）的快速精密定位。原本存在于参数域的各类误差在不同测站处的影响是不一样的，而网络 RTK 技术在建模时将其简化为随测站位置线性变化，参数域误差中不满足线性变化的部分会随着参考网的扩大而增加。当这部分误差大到一定程度时便会影响用户站模糊度的解算，因此网络 RTK 技术一般仅适用于区域网建模，且需要较高的数据更新率。此外，网络 RTK 模式在数据处理时需要提供主参考站的观测数据，采用相对定位模式进行解算，远离参考网的用户将不再适用于该数据处理模式。

为了综合 PPP 技术与网络 RTK 技术各自的优点，可基于非差模式构造一种误差模型化方法，采用现有的各类卫星轨道和钟差产品，实现对全球 PPP 与区域 RTK 在技术上的统一和服务上的无缝连接（Ge, et al.，2010），使网内和网外用户基于同一种数据处理模式（PPP 模式）获得不同精度需求的精密定位服务：网内接收到区域误差改正信息的用户站可获得与网络 RTK 模式相等价的快速、精密定位结果，而网外或未接收到该区域误差改正信息的用户则得到 PPP 模式的定位精度（邹璇，2010）。

　　基于非差改正数的网络 RTK 方法需要精确估计区域电离层和对流层延迟，并通过提供观测值域的各类误差改正信息实现 PPP 模式的快速精密定位（Ge, et al., 2010）。GNSS 载波相位观测方程如下：

$$L_r^s = \rho_r^s + c(\delta t_r - \delta t^s) + \lambda N_r^s + b_{L,r} - b_L^s + \delta_{orb,r}^s + \delta_{trop,r}^s + \delta_{rel,r}^s - \delta_{ion,r}^s + \varepsilon_{L,r}^s \quad (5\text{-}18)$$

式中，s 为卫星编号；r 为接收机编号；P_r^s 为伪距观测值；ρ_r^s 为接收机 r 和卫星 s 之间的几何距离；c 为真空中光速；δt_r 和 δt^s 分别为接收机和卫星钟差；$b_{P,r}$ 和 b_P^s 分别为伪距观测值在接收机和卫星处所受的硬件延迟；$\delta_{orb,r}^s$ 为卫星轨道误差；$\delta_{trop,r}^s$ 为信号所受的对流层延迟影响；$\delta_{rel,r}^s$ 为信号所受的相对论效应影响；$\delta_{ion,r}^s$ 为信号所受的电离层延迟影响；$\varepsilon_{P,r}^s$ 为模型改正残余项及伪距观测值噪声；L_r^s 为载波相位观测值；λ 为相应的载波波长；N_r^s 为该测站卫星对载波相位观测值的整周模糊度；$b_{L,r}$ 和 b_L^s 分别为载波相位观测值在接收机和卫星处所受的硬件延迟；$\varepsilon_{L,r}^s$ 为模型改正残余项及载波相位观测值噪声。

　　此外，载波相位观测值还受到其他一些误差的影响，如天线相位中心偏差和变化，相位缠绕等。

　　对于参考网内的每一颗可视卫星，由于其轨道误差与测站位置相关，而卫星钟差和硬件延迟对全部测站是一致的，故而可在观测值域对这几类可能影响模糊度固定的误差一并建模。因此，无论采用何种卫星轨道（IGS 精密卫星轨道或者广播星历卫星轨道）或卫星钟差（IGS 精密钟差、广播星历卫星钟差或利用区域参考站网估计的卫星钟差）产品，用户以基于非差改正数的网络 RTK 方法按照 PPP 模式进行精密定位均可获得一致的定位结果。与传统单层模型和 Klobuchar 模型等经验函数模型相比，基于非差改正数的网络 RTK 方法是利用参考站实测数据对每颗可视卫星分别建模。如图 5-14 所示，将全部参考站用 Delaunay 方法划分为若干三角子网，按照基于非差改正数的网络 RTK 方法分别对各子网构建每颗可视卫星的误差改正模型。构建模型类似于一个以卫星为顶点，各参考站为底面的倒棱锥形，且对卫星方向的一小块区域进行建模，这一建模思想可以有效模型化局部范围内的电离层和对流层扰动。由于对每颗卫星方向的电离层、对流层，以及与卫星相关的

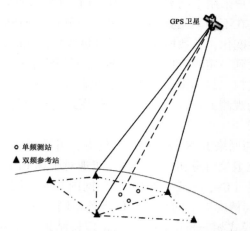

图 5-14　基于非差改正数的网络 RTK 方法模型构建示意图

硬件延迟、卫星钟差、卫星轨道误差都被精确构建到区域误差改正模型中，此时将由基于非差改正数的网络 RTK 方法提供的误差改正信息记为 δ_m^s，则有：

$$\delta_m^s = -c\delta t^s - b_L^s + \delta_{orb,\,r}^s + \delta_{trop,\,r}^s - \delta_{ion,\,r}^s \tag{5-19}$$

$$L_r^s = \rho_r^s + c\delta t_r + \lambda N_r^s + b_{L,\,r} + \delta_{rel,\,r}^s + \delta_m^s + \varepsilon_{L,\,r}^s \tag{5-20}$$

式（5-20）的载波相位非差观测方程中，除了待求的载波相位模糊度（N_r^s），仅剩下接收机硬件延迟（$b_{L,\,r}$）和接收机钟差（δt_r）未知。为此对式（5-20）做星间单差。由于观测噪声的星间单差（$\varepsilon_{L,\,r}^{ss}$）为一小量，在此忽略不计，此时有

$$L_r^{ss} = \rho_r^{ss} + \lambda N_r^{ss} + \delta_{rel,\,r}^{ss} + \delta_m^{ss} \tag{5-21}$$

式（5-21）中除星间单差载波相位模糊度 N_r^{ss} 外各项均可以精确已知，因此当网内用户根据其近似测站坐标计算得到每颗卫星的误差改正信息 δ_m^s 并依此对观测值进行改正后，如式（5-21）所示，其星间单差载波相位观测值的模糊度 N_r^{ss} 保持了整数特性，可以采用 PPP 模式实现快速精密定位（Ge, et al., 2010）。对于网外或无法获取区域误差改正信息的用户，由于是使用 IGS 提供的卫星轨道和钟差产品，因此可以按照同样的数据处理模式，采用传统 PPP 或星间单差模糊度固定方法（Ge, et al., 2008）实现精密定位。以基于非差改正数的网络 RTK 方法（参考网内）和星间单差模糊度固定方法（参考网外）实现全球无缝连接精密定位的这种定位模式在此暂且称为 NEW-PPP，该项技术是对现有 PPP 与网络 RTK 技术的融合和统一，三类技术相互间的对比见表 5-4。

表 5-4　　　　　　　**PPP、NEW-PPP 与网络 RTK 技术对照表**

	PPP	NEW-PPP	网络 RTK
参考网	全球	区域/全球	区域
处理模式	PPP	PPP	RTK
先验状态信息			
误差改正	参数域	观测值域/参数域	观测值域
卫星轨道	提供	提供	提供
卫星钟差	提供	提供	提供
电离层延迟	组合观测值改正	提供	提供
对流层延迟	估计	提供	提供
接收机钟差	估计	估计	估计
相位观测值及模糊度收敛			
观测值	LC	L1/L2/LW/LC	L1/L2/LW
收敛时间	30~1800s	10~50s/30~1800s	10~50s
定位精度			
静态	~5cm	1~3cm/~5cm	1~3cm
动态	15~20cm	1~3cm/15~20cm	1~3cm

5.4.2　数据处理策略

按照基于非差改正数的网络 RTK 方法进行 GNSS 单频接收机精密定位的数据处理策略如图 5-15 所示。首先对参考网进行网解，考虑到 Delaunay 三角剖分唯一、最优的特点，将整个参考站网按照 Delaunay 方法定义为若干个三角子网，并按照 5.4.1 节介绍的方法分别对各子网构建每颗可视卫星的误差改正模型。网内用户接收到对应子网的误差改正信息后，根据其测站近似坐标计算得到每颗卫星的误差量并依此对其观测值进行改正。此时，模型改正后的用户站观测数据便可按照 PPP 模式采用模糊度固定解快速计算得到测站处的精密定位结果。

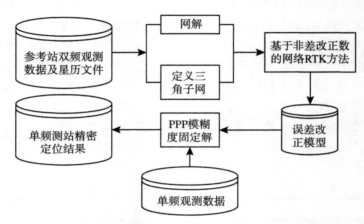

图 5-15　基于非差改正数网络 RTK 方法的单频接收机精密定位处理流程图

5.4.3　算例分析

1. 实验方案

为了检验基于非差改正数的网络 RTK 方法在各类电离层活动性区域、不同范围参考站网的实用效果，以下分别选取高、中、低纬度地区的三组测试网进行了试验分析。将每天的观测数据以 1h 为间隔划分为多个观测时段，分别采用静态和动态逐历元 PPP 解算模式进行处理，测站坐标值是采用 PANDA 软件对各测试网全部实测双频数据的单天网解取平均得到。在逐历元解算时由于仅采用了当前历元及之前的观测数据，因此是一种准实时的数据处理模式，该处理模式可以对未来将基于非差改正数的网络 RTK 方法应用于 PPP 模式实时精密定位的应用前景进行有效的模拟分析。

根据基于非差改正数的网络 RTK 方法误差改正模型的构建特点，该模型可以有效吸收卫星轨道和钟差误差，因此采用广播星历按照 PPP 模式进行单频接收机精密快速定位也是可行的。为了进一步验证以上结论，在各算例的数据处理中均采用以下四种卫星轨道和钟差的组合分别进行了测试：

- igs+igs：采用 IGS 精密卫星轨道和 IGS 精密卫星钟差；
- igs+rec：采用 IGS 精密卫星轨道和利用区域参考站网估计的卫星钟差；
- brd+brd：采用广播星历卫星轨道和广播星历卫星钟差；
- brd+rec：采用广播星历卫星轨道和利用区域参考站网估计的卫星钟差。

利用基于 PANDA 的 GNSS 单频数据处理软件按照 PPP 模式逐历元解算各监测站每小时的观测数据，其中卫星截止高度角设定为 7°，观测值加权策略为 $p = 1$，$E > 30°$；$p = \sin^2 E$，$E \leqslant 30°$，考虑了对流层、相对论效应、相位缠绕、固体潮、大洋潮、极潮、天线相位中心等各项误差改正，卫星轨道和钟差固定，测站天顶对流层延迟采用随机过程噪声的方式进行估计，测站坐标在三个方向均给予了 10m 的误差，以模糊度固定的 RATIO 值达到 3.0 以上作为定位结果是否收敛的判定条件。一旦模糊度被正确固定则将该时刻的精密定位结果加入统计列表，而此后该历元段的解算结果则未参与统计分析。测站坐标差值的 RMS 采用下式计算：

$$dX_{RMS} = \sqrt{\sum_{i=1}^{n} \frac{dX_i^2}{n}} \tag{5-22}$$

式中，n 为测段数，dX 为某一方向的坐标差值，dX_{RMS} 为该方向坐标差值的 RMS。

由于目前只是处于测试分析阶段，本书在逐历元精密定位时是对每个历元的解算结果分别进行模糊度固定，前一个历元的模糊度固定信息并未传递到下一个历元，因此在接收到新的卫星信号时，由于对该卫星的有效观测历元数过少将会导致模糊度固定 RATIO 值急速下降，在实际的应用中如将之前历元的模糊度固定信息传递到当前历元的数据解算，则这一问题将能被有效解决。

由于大规模观测网高采样率（1s 或更高采样率）的观测数据一般较难获取，本节所选用的试验数据采样间隔均为 30s，如采用更高采样率的观测数据进行测试分析，其模糊度收敛时间较本书中试验结果应该还会有较大幅度的提升。

2. 算例一（德国 SAPOS 网）

（1）算例说明

从德国 SAPOS 网选取 14 个双频观测站于 2009 年第 250～第 269 间为期 20 天的一组实测双频数据进行了试验分析，该组数据位于中高纬度地区，其电离层活跃性较为平缓。通过设定不同测站作为参考站，分析了参考站间平均距离为 120km 和 221km 的 2 组测试网（如图 5-16 所示），选定参考网之外的网内单频试验测站仅用其 C/A 码和 L1 相位观测值以模拟单频测站进行检验分析。图 5-16 中三角为选取的双频参考站，网内圆点为模拟的单频检测站。其中中等站间距测试网的三个参考站（红线连接）也作为模拟的单频测站参与了对较大站间距测试网（黑线连接）的检测。

（2）结果分析

表 5-5（Van Dam，et al.，2010）是按照基于非差改正数的网络 RTK 方法分别对中高纬度地区 2 组不同站间距参考网建模后，网内单频测站 PPP 模糊度固定静态和动态逐历元解算坐标结果于东西、南北和高程方向的精度统计。从表中可以看到，对于参考站间平

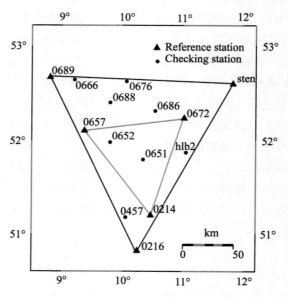

图 5-16　德国 SAPOS 网测站分布示意图

均距离为 120km 的检测网，如采用模糊度固定静态逐历元解算模式，网内模拟的单频测站 L1 模糊度平均初始化时间约为 9.5min，且一旦有效固定 L1 模糊度，即可获得东西、南北、高程方向 6.1mm、8.7mm 和 28.7mm 的定位精度。动态逐历元模式解算时模糊度收敛速度较静态逐历元模式稍慢，平均初始化时间约为 12.9min。

表 5-5　　　基于非差改正数的网络 RTK 方法德国 SAPOS 网坐标差值比较

解算模式	参考网站间距	检测时段数	检测站个数	卫星轨道	卫星钟差	RMS（mm）			收敛时间（分）
						东西	南北	高程	
静态逐历元	120	440	2	igs	igs	6.1	8.8	29.2	9.6
				igs	rec	6.1	8.8	28.9	9.6
				brd	brd	6.1	8.7	28.7	9.5
				brd	rec	6.0	8.7	28.7	9.5
动态逐历元				igs	igs	7.0	10.3	30.3	12.9
				igs	rec	7.0	10.3	30.6	12.8
				brd	brd	6.9	10.0	29.9	12.9
				brd	rec	6.9	10.2	30.1	12.9

解算模式	参考网站间距	检测时段数	检测站个数	卫星轨道	卫星钟差	RMS（mm）			收敛时间（分）
						东西	南北	高程	
静态逐历元	221	440	11	igs	igs	8.6	10.9	37.2	16.6
				igs	rec	9.2	11.4	37.3	16.6
				brd	brd	8.1	10.8	36.9	16.7
				brd	rec	8.1	10.8	37.0	16.7
动态逐历元				igs	igs	10.1	13.2	40.3	21.8
				igs	rec	10.6	13.6	40.4	21.8
				brd	brd	10.1	13.2	40.2	21.8
				brd	rec	10.1	13.2	40.3	21.8

注：igs 代表 IGS 精密卫星轨道或 IGS 精密卫星钟差；

brd 代表广播星历卫星轨道或广播星历卫星钟差；

rec 代表由参考网估计的卫星钟差。

此外，从表 5-5 的统计结果还可以发现，由于基于非差改正数的网络 RTK 方法在建模时可以有效吸收卫星轨道和钟差误差，无论采用何种卫星轨道或钟差组合，其精密定位结果基本一致，因此利用广播星历按照 PPP 模式进行单频接收机实时快速精密定位是完全可行的。

对比表 5-5 上下两部分，即中等站间距检测网和较大站间距检测网的统计结果可以注意到，以上结论在两组测试网中均较为一致，只是随着参考网站间平均距离的增大，在模糊度解算时会需要相对更长的收敛时间。

为了对采用不同类型卫星星历和钟差组合时在不同参考网站间距离中的定位结果有更加直观的认识和对比，以 2009 年 250 天 8：00～9：00am 的一组数据为例，给出了单频检测站 0651 在中等间距参考网（图 5-16 中红线连接，参考站间平均距离为 120km）和较大间距参考网（图 5-16 中黑线连接，参考站间平均距离为 221km）内采用不同类型卫星星历和钟差组合时 L1 模糊度固定动态逐历元解算结果。从图 5-17 可以看到，无论采用何种卫星星历和钟差组合，其单频精密定位结果均较为一致，当采用较大间距参考网进行建模时（如图 5-17 左侧所示），在 35 个历元（采样间隔为 30s）后模糊度即可有效收敛（RATIO 值大于 3.0）并得到厘米级的定位结果；当采用中等间距参考网进行建模时（如图 5-17 右侧所示），其模糊度收敛速度相对更快，只需 30 个历元即可完成初始化（采样间隔为 30s）。

3. 算例二（江苏 CORS 网）

（1）算例说明

从江苏省 CORS 网选取 12 个双频观测站于 2007 年 023～034 间为期 10 天的一组实测双频数据进行了试验分析，该组数据位于中纬度地区，其电离层活跃性处于太阳活动平均

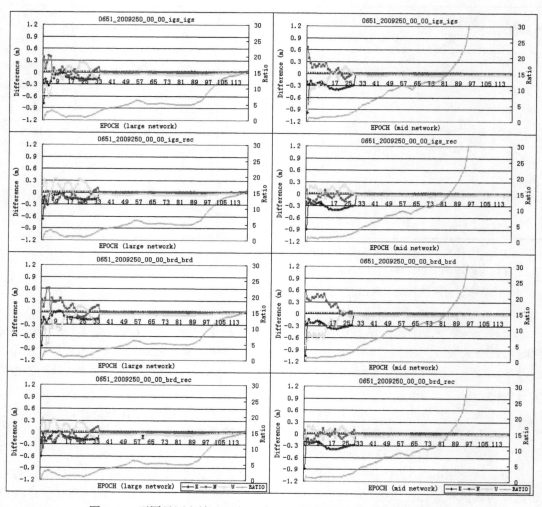

图 5-17　不同星历和钟差组合的单频模糊度固定动态逐历元解算结果

年。参考网站间平均距离为 170km（如图 5-18 所示），参考网之外的各测站仅用其 C/A 码和 L1 相位观测值以模拟单频测站进行检验分析。图 5-18 中三角形为选取的双频参考站，圆点为模拟的单频检测站点。

（2）结果分析

表 5-6 为按照基于非差改正数的网络 RTK 方法对中纬度地区一组站间平均距离为 170km 的参考网建模后，网内及周边模拟单频测站 L1 模糊度固定动态、静态逐历元解算坐标结果于东西、南北和高程方向的精度统计。该试验统计结果与前一组算例的结论基本一致，对于静态和动态 PPP 模式下采用广播星历的 L1 单频接收机精密定位应用，平均仅需要 15.0min 和 20.3min 即可实现模糊度快速收敛，定位精度在东西、南北、高程方向分别为（7.7mm，9.0mm，38.4mm）和（9.9mm，13.6mm，42.3mm）。与算例一的统计结

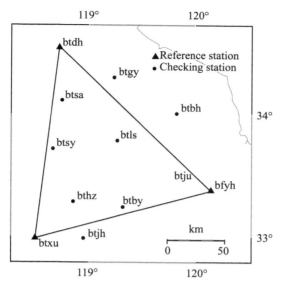

图 5-18　江苏 CORS 网测站分布示意图

果相比，由于该测区电离层活跃性增强导致模型构建时会引入更多的误差，因此需要相对略长的模糊度收敛时间。

表 5-6　　　　　基于非差改正数的网络 RTK 方法江苏 CORS 网坐标差值比较

解算模式	参考网站间距	检测时段数	检测站个数	卫星轨道	卫星钟差	RMS（mm）			收敛时间（分）
						东西	南北	高程	
静态逐历元				igs	igs	7.9	9.5	38.5	15.1
				igs	rec	7.9	10.3	38.8	14.9
				brd	brd	7.7	9.0	38.4	15.0
	170	220	9	brd	rec	8.1	10.3	38.7	15.1
				igs	igs	9.9	13.5	42.3	20.1
动态逐历元				igs	rec	9.9	13.4	42.0	20.0
				brd	brd	9.9	13.6	42.3	20.3
				brd	rec	9.9	13.5	42.0	20.1

4. 算例三（广州 CORS 网）

（1）算例说明

选取了广州市 CORS 网 2006 年年积日 197～206 采样间隔为 30s 的一组实测双频观测数据进行试验分析。该组数据位于低纬度地区，电离层活跃性较强，其测站分布如图 5-19 所示。由于已有数据的网形分布及站间距离限制，本算例选择的测试网由 3 个参考站和 1

个检测站点组成。图中三角形为选取的双频参考站，圆点为模拟的单频检测站点。参考站间的平均站间距离为 44km，主参考站（huad）与检测站（wush）间距离为 28km，wush 站仅用其 C/A 码和 L1 相位观测值以模拟单频测站进行检验分析。

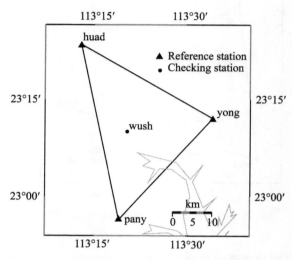

图 5-19 广州 CORS 网测站分布示意图

（2）结果分析

从表 5-7 的统计结果可以看到，基于非差改正数的网络 RTK 方法在电离层活动剧烈地区同样非常有效，平均仅需要 11.5min 和 17.6min 即可利用广播星历实现 L1 单频接收机静态和动态模式下的模糊度收敛，一旦有效固定了 L1 模糊度，可获得东西、南北、高程方向（8.1mm、7.4mm、37.2mm），（9.5mm、10.4mm、38.2mm）的静态和动态定位精度。

表 5-7　　　　基于非差改正数的网络 RTK 方法广州 CORS 网坐标差值比较

解算模式	参考网站间距	检测时段数	检测站个数	卫星轨道	卫星钟差	RMS（mm）			收敛时间（分）
						东西	南北	高程	
静态逐历元	44	154	1	igs	igs	8.3	8.3	39.8	11.2
				igs	rec	8.1	7.5	36.5	11.1
				brd	brd	8.1	7.4	37.2	11.5
				brd	rec	8.1	7.5	36.6	11.2
动态逐历元				igs	igs	9.1	10.7	38.1	17.4
				igs	rec	9.2	10.6	37.8	17.2
				brd	brd	9.5	10.4	38.2	17.6
				brd	rec	9.3	10.4	37.6	17.3

5. 结果分析

利用广播星历卫星轨道和钟差的 PPP 模式精密定位结果与采用其他三种卫星轨道和钟差组合时基本一致，这进一步验证了基于非差改正数的网络 RTK 方法可以有效吸收卫星轨道和钟差误差，实现基于广播星历的区域精密单点定位。由于广播星历以及本书提出的基于非差改正数的网络 RTK 方法均可以实时提供相关参数信息，并且上述实验在数据处理时采用的是逐历元解算，仅利用了当前历元及之前的观测数据，因此是一种准实时的数据处理模式，以上算例的试验分析结果有效证明了未来将基于非差改正数的网络 RTK 方法应用于 PPP 模式实时精密定位的可行性和广阔的应用前景。并且通过上述试验分析可以认为，基于非差改正数的网络 RTK 方法完全能够满足未来对 GNSS 单频接收机在 PPP 模式下水平方向 1cm，高程方向 2~4cm 快速实时精密静态和动态定位的应用需求。只是由于参考网站间平均距离的差异以及测区内电离层活跃性的变化，其模糊度收敛时间会略有不同，对于同一组参考网所生成的模型改正信息，网内单频测站在动态模式解算时较静态模式需要略多的模糊度收敛时间。

5.5 基于 CORS 的实时精密单点定位服务

传统相对定位模式网络 RTK 方法在建模时难以顾及信号本身的物理特性，并且用户需按照指定的参考卫星获取误差改正信息，使用较为繁琐。此外，由于用户需与邻近或虚拟的参考站进行联测，当用户跨越由不同参考站组成的子网（参考子网）时，将不可避免地存在模糊度需重新初始化的问题。利用参考站处非差观测值残差对每颗可视卫星方向分别建模，在 PPP 模式下通过固定星间单差模糊度实现快速精密定位，可以较好地解决传统网络 RTK 存在的以上技术缺陷。基于这一非差网络 RTK 思想，利用 GPS 单频接收机可为用户提供厘米级快速实时精密单点定位服务（邹璇，2010；姜卫平，2012）。

5.5.1 构建参考网实时模型

对于大规模参考网的观测数据，如采用网解模式进行整体解算，由于可能的海量数据处理任务以及计算机软硬件的限制，难以保证整个数据处理过程的实时连续运行。不同于事后模型构建，由于实时参考网解算过程中双差模糊度固定存在不确定性，如初始的非差模糊度基准设置错误，则可能与解算所得新的双差模糊度存在不一致性，导致用户在数据处理过程中模糊度需重新初始化。此外，用户在数据处理过程中并不能将每颗可视卫星均用于模糊度固定，需对是否可用于星间单差模糊度固定的各可视卫星加以区分。因此，构建参考网实时模型需要解决的问题包括：实现参考网实时解算，对获取的参考网内全部双差模糊度关系添加适当的非差模糊度基准，并提供每颗可视卫星在模糊度固定时的有效性。

参考站网实时模型构建的核心思想为：根据待处理数据量选择采用网解或逐条基线多线程实时解算模式，并将当前历元获取的全部非差模糊度信息按照是否可用于用户端星间单差模糊度固定以及初始化与否分为三类，依次将三类模糊度作为基准添加到双差与非差模糊度间的映射矩阵，直到该矩阵不再秩亏。此外，将每颗可视卫星的误差改正是否可用于模糊度固定以及是否存在跳变等信息一并发送给用户，从而保证用户在进行星间单差模糊度固定时的连续可靠。实时模型构建的整个数据处理流程如图 5-20 所示。

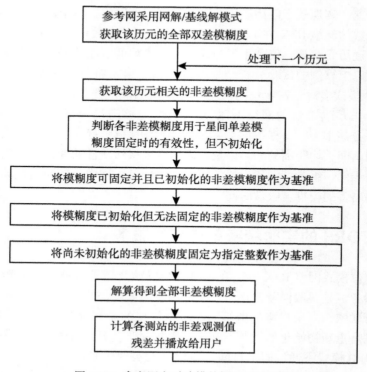

图 5-20　参考网实时建模数据处理流程图

由于 C/A 码伪距观测值的精度为 5～10m，伪距观测值在用户进行精密定位应用时仅作为辅助信息参与解算，解算结果的精度主要由载波相位观测值精度及其模糊度固定与否决定。

由于参考站坐标精确已知且采用双频接收机进行长时间静态观测的特点，其实时质量控制较为简便。因此，对于 GPS 单频接收机的精密定位应用，用户观测数据的实时质量控制是新方法有效实施的难点问题。按照基于双差的单频单站数据预处理方法，将相邻两个观测历元视为独立观测的测站，并采用双差定位的思想进行解算，其基线解即为相邻历元的位置差。此时，可根据双差估计验后单位权中误差来判断该历元是否发生了周跳，并基于稳健估计法在各历元检测可能发生周跳的卫星。

5.5.2　单频用户实时解算模型

网内单频用户在接收到误差改正信息后，选取临近三个参考站的数据按照公式（5-23）递推计算模型改正系数，并利用其测站近似坐标由公式（5-24）内插得到每颗可视卫星方向的误差改正量。

$$\begin{cases} a_2 = \dfrac{(\mathrm{Omc}_2 - \mathrm{Omc}_1)(\lambda_1 - \lambda_0) - (\mathrm{Omc}_1 - \mathrm{Omc}_0)(\lambda_2 - \lambda_1)}{(\theta_2 - \theta_1)(\lambda_1 - \lambda_0) - (\theta_1 - \theta_0)(\lambda_2 - \lambda_1)} \\[3mm] a_1 = \dfrac{\mathrm{Omc}_1 - \mathrm{Omc}_0 - a_2\theta_1 + a_2\theta_0}{\lambda_1 - \lambda_0} \\[3mm] a_0 = \mathrm{Omc}_0 - a_1\lambda_0 - a_2\theta_0 \end{cases} \tag{5-23}$$

式中, Omc_i 为该历元的误差改正信息, 即参考站处消除整周模糊度影响的非差观测值残差, θ_i、 λ_i 为参考站处大地坐标, a_0、 a_1 和 a_2 为解算得到的模型系数, i 为参考站索引。如需顾及高程方向的影响, 此时用户需至少采用周边 4 个参考站的误差改正信息进行三维的空间内插。

$$\mathrm{Omc} = a_0 + a_1\lambda + a_2\theta \tag{5-24}$$

用户利用获取的误差改正信息对 L1 观测值进行修正后, 按照递推最小二乘法进行逐历元解算, 可采用 LAMBDA 算法搜索星间单差模糊度, 从而快速计算得到单频用户处的精密单点定位结果。

5.5.3 算例分析

1. 算例一（山西 CORS 网）

（1）算例说明

选取山西省 CORS 网 2010 年 141 天 10：50am～11：20am, 采样间隔为 1s 的一组实测双频数据进行模拟分析。测试网由 3 个参考站和 2 个检测站组成, 其中检测站数据仅采用 C/A 码和 L1 载波相位观测值以模拟单频接收机用户。参考网平均站间距离为 71km, 检测站位于参考网中心附近一栋 4 层楼的房顶, 是误差改正模型在理论上的精度最弱点（唐卫明, 2006）, 包括一个静态检测站（A001）和一个动态检测站（MOVE）, 其中动态检测站是在与静态检测站相距数十米的范围内按照 1～3km/h 的步行速度随意移动。由于测试场地周围高楼林立, 对于低高度角卫星的观测信号存在一定的遮挡问题。整个测试网的测站分布和流动站运动轨迹分别如图 5-21、图 5-22 所示。

（2）模糊度固定可行性分析

数据处理采用固定星间单差 L1 模糊度快速获取单频用户站的定位结果, 如将检测站的近似坐标设定为其真值, 并对 L1 观测值进行各类误差改正, 此时, 按照"基于非差观测的网络 RTK 方法"计算得到的星间单差 L1 观测值残差只包含待估计的整周模糊度信息, 因此该值是否具有整数特性是反映模糊度固定可行性最为直接的手段。

在此试验数据的观测时段内, 检测站 A001 可共视 9 颗卫星, 选取高度角最高的 PRN18 为参考卫星, 图 5-23 为采用广播星历时, 进行误差改正前后其余 8 颗卫星对应的星间单差 L1 观测值残差和卫星高度角。

从图 5-23 中紫线可以看到, 如不对 L1 观测值进行误差改正, 此时所得星间单差观测值残差极不稳定, 其变化最大可达 17 周, 这主要是由于卫星钟差、轨道误差以及可视卫星方向所受电离层延迟等误差的变化引起。如图中绿线所示, 在进行误差改正后, 不同卫星的星间单差 L1 观测值残差变化均非常平稳, 其数值保持在 0 上下 0.2 周内, 具有较为

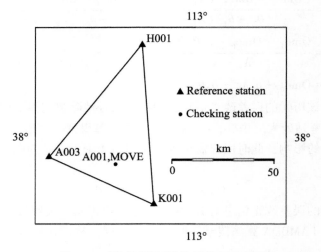

图 5-21   测试网的测站位置分布示意图

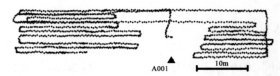

图 5-22   动态检测站 MOVE 相对于静态检测站 A001 的运动轨迹示意图

明显的整数特性，且各颗卫星的计算结果不随高度角和观测历元的不同而发生显著变化，因此，固定星间单差 L1 模糊度是完全可行的。

（3）结果分析

图 5-24 为分别利用事后精密星历和广播星历按照 "基于非差观测的网络 RTK 方法" 建模后，对检测站 A001 和 MOVE 固定其 L1 观测值星间单差模糊度时的动态逐历元解算结果，其中 dx、dy、dh 分别表示定位结果在平面和高程方向的误差。从图中可以看到，由于 "基于非差观测的网络 RTK 方法" 在建模时能够有效模型化卫星轨道和钟差误差，对于一个参考站间平均距离为 71km 的参考网，无论采用何种类型的卫星星历，其定位结果均非常一致，仅需数个历元即可在参考网内误差改正模型理论上的最弱点实现单频观测数据的星间单差模糊度快速收敛，获得厘米级的动态定位精度。因此，卫星轨道误差和卫星钟差不会对 "基于非差观测的网络 RTK 方法" 的有效性产生显著影响，利用广播星历为单频接收机用户提供快速实时精密单点定位服务是完全可行的。

对比 A001 与 MOVE 的定位结果可以发现，两个检测站的定位误差在三个方向均具有较为一致的变化趋势，其中，在平面方向的定位精度优于 1cm，在高程方向存在约 5cm 的系统性偏差。如不考虑系统误差的影响，当星间单差模糊度固定后，单频用户在高程方向的坐标重复性优于 1.5cm，平面方向的定位精度也能得到 2~3mm 的提升。分析发现，该系统误差的产生主要是由于实验场地铺设有反光隔热材料，因此存在一定的多路径效应影

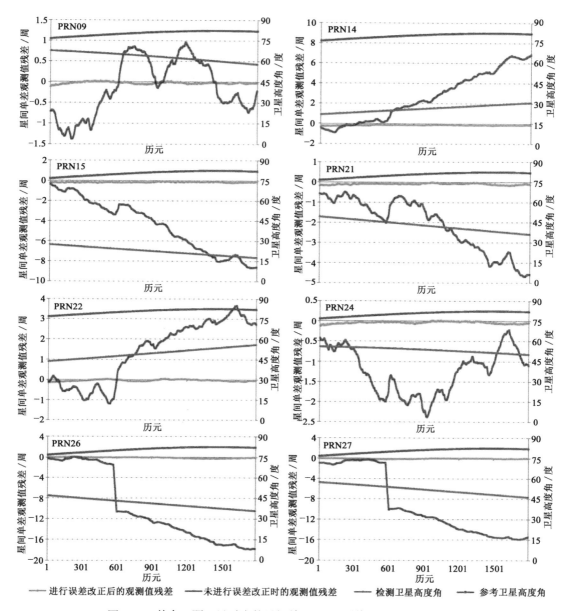

图 5-23　其余 8 颗卫星对应的星间单差 L1 观测值残差和卫星高度角

吕。此外，测区内气候环境也较为复杂，仅利用测站间误差的线性相关性进行平面拟合难以保证各类误差模型的构建精度，此时用户处的观测误差将会被引入最终的定位结果，产生一定的系统性偏差。

通过将检测站的 L1 定位结果与对应 LC 定位结果进行对比发现，由于检测站 A001 与 MOVE 的接收机天线 L1 相位中心标称值与真值的差异，在高程方向引入了约 1cm 的系统性偏差。如进一步修正该部分误差的影响，将能够获得更高精度的单频接收机快速实时精密单点定位结果。

需要注意的是，如果参考网站间距离过大，其模型构建误差可能会对固定星间单差 L1 模糊度的可靠性造成影响，因此在不同地区应用本方法时，需要根据该地区的气象和观测条件布设适当密度的参考网，还可采用随机模型等方法削弱该部分模型构建误差的影响。

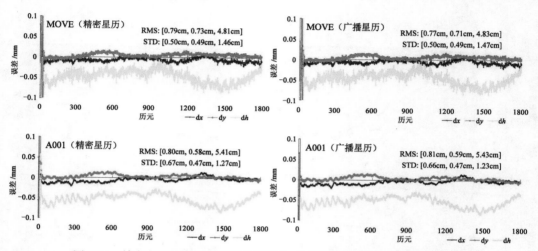

图 5-24　精密和广播星历建模时检测站的 PPP 模糊度固定逐历元定位结果

2. 算例二（武汉 CORS 网）

（1）算例说明

从湖北省 CORS 网和武汉市 CORS 网选取 2011 年 298～300 连续 3 天（每天 8：00am～第二天 1：30am），采样间隔为 1s 的一组实测静态双频数据进行模拟分析。测试网由 12 个参考站和 2 个检测站组成。如图 5-25 所示，通过设定不同测站作为参考站，选取了参考站间平均距离为 26km、63km、74km、88km 和 143km 的 5 组参考网。图中三角形为选取的双频参考站，圆点为模拟的单频检测站点。按照"基于非差观测的网络 RTK 方法"对采用 IGS 精密星历和广播星历建模时的检测站模糊度固定结果进行测试分析。检测站若连续 3min 未能有效固定检测站的星间单差 L1 模糊度，则认为该组测试失败。

（2）结果分析

在图 5-26 和表 5-8 中，以 igs 和 brd 分别指代采用 IGS 精密星历和广播星历的解算结果。其中图 5-26 为分别采用由 5 组参考网解算得到的误差改正信息，对网内 2 个检测站进行精密单点定位测试时的星间单差 L1 模糊度解算成功率和测试总数。从图中可以清楚地发现，对于不同参考网，网内单频测站模糊度解算成功率及测试总数均随着参考站间距离的增加而下降，并且当参考站间距离大于 70km 后表现得尤为显著。这主要是因为对流层延迟、电离层延迟、卫星轨道误差等各类影响在测站间的线性相关性会随着站间距离的

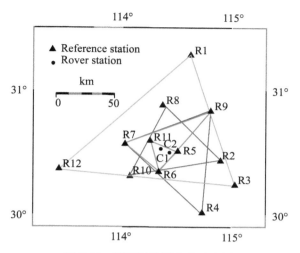

图 5-25　测试网位置分布示意图

增大而降低，并最终影响用户模糊度解算，导致在某些测试时段用户即使连续观测 3min
仍然无法有效固定其星间单差 L1 模糊度。此外，随着参考站间距离的增大，其站间双差
模糊度固定的速度和可靠性也会受到一定程度的影响。按照"基于非差观测的网络 RTK
方法"的实现原理，参考站间双差模糊度无法有效固定的卫星同样无法用于用户星间单
差模糊度固定，此时会降低用户模糊度解算的速度和可靠性。不过，对于站间距离 70km
以下的参考网，L1 模糊度解算的成功率基本能保证在 99%以上。由图 5-26 还可以发现，
采用 IGS 精密星历的模糊度解算结果与采用广播星历时的解算结果较为一致，只是当参考
站间距离大于 88km 后出现少许差异。因此，无论采用何种类型的卫星星历，基于区域
CORS 网的精密单点定位结果基本是一致的。

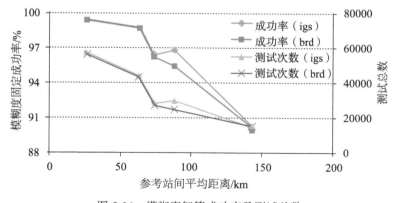

图 5-26　模糊度解算成功率及测试总数

表 5-8   模糊度收敛时间及定位精度统计

参考站间平均距离	模糊度收敛时间（s）		RMS（cm）					
			南北		东西		高程	
	igs	brd	igs	brd	igs	brd	igs	brd
26	4.43	4.57	1.16	1.16	1.15	1.18	4.74	4.71
63	5.48	5.48	1.73	1.75	1.41	1.48	6.30	6.33
74	6.28	6.38	1.77	1.71	1.63	1.70	3.20	3.20
88	6.35	7.05	2.24	2.28	1.99	1.99	4.07	3.94
143	6.77	7.12	2.20	2.21	2.24	2.29	5.47	5.43

　　表 5-8 为根据"基于非差观测的网络 RTK 方法"对 5 种不同站间距离参考网建模后，网内单频测站的模糊度平均收敛时间，以及在东西、南北和高程方向的定位精度统计。统计了在 3min 内能有效固定星间单差 L1 模糊度的测试算例。5 种模式下均只需数秒即可有效固定星间单差 L1 模糊度，并获得水平方向 1~2cm，高程方向 3~6cm 的动态精密单点定位结果。

3. 结论

　　以上分析和试验结果表明："基于非差观测的网络 RTK 方法"为 GPS 单频接收机用户提供快速精密单点定位服务是可行的。本书给出的参考站网实时建模数据处理方案能够满足单频用户的实时应用需求。在不同地区应用该方法时，需要根据该地区的气象和观测条件布设适当密度的参考网。试验结果表明，对于站间平均距离小于 71km 的参考网，网内单频用户仅需数秒进行初始化后即可获得厘米级的动态实时精密单点定位结果。

第 6 章　基于 Internet 的精密单点定位服务

基于 Internet 的精密单点定位（PPP）技术是 GNSS 导航定位领域的一个应用热点。它以 PPP 技术为基础，结合 Internet 网络覆盖广、使用简便的优点，实现快捷方便的 GNSS 定位，具有很好的应用前景和社会需求。

本章首先介绍精密单点定位在线服务系统发展现状，其次讨论 PPP 技术和软件，最后给出基于 Internet 的网络定位服务方法。

6.1　精密单点定位在线服务系统发展现状

目前能够提供 GNSS 在线解算服务的机构主要有：AUSPOS、SCOUT、OPUS、CSRS-PPP 和 Auto-GIPSY，其各自特点见表 6-1。

表 6-1　　　　　　　　　　　　　　**GPS 在线解算服务现状**

服务机构	解算模型	解算方式	处理选项	数据要求	数据传输方式	所需时间（min）
CSRS-PPP	PPP	静态/动态	参考系统（NAD83/ITRF）	无最短时间限制，Rinex 文件不超过 100M	Web	<3
Auto-GIPSY	PPP	静态	无	最短 2 小时	匿名 FTP 及 E-mail 通知	<3
AUSPOS	双差	静态	接收机天线高及天线类型	双频最短 1 小时	匿名 FTP 或 Web	>25
SCOUT	双差	静态	接收机天线高、天线类型及参考站选择	双频最短 1 小时	匿名 FTP 上传至 Scripps FTP	>15
OPUS	双差	静态/动态	接收机天线高、参考站选择	双频最短 2 小时	Web	>4

由表 6-1 可知，AUSPOS、SCOUT 及 OPUS 所提供的 GNSS 在线解算服务均基于双差，

而真正基于 PPP 技术的在线解算服务机构是 CSRS-PPP 和 Auto-GIPSY。

6.1.1　CSRS-PPP

CSRS-PPP 是加拿大自然资源部大地测量分部（Geodetic Survey Division，Natural Resources Canada）提供的免费在线精密单点定位服务系统（URL：http：//www. geod. nrcan. gc. ca），于 2003 年 10 月正式运行。通过加拿大空间参考系统 CSRS（Canadian Spatial Reference System），用户可以使用在线 PPP 服务，其操作界面如图 6-1 所示。

图 6-1　CSRS-PPP 用户操作界面

（图片来源：https：//www. nrcan. gc. ca/earth-sciences/geomatics/geodetic-reference-systems/9052）

CSRS-PPP 可以进行静态和动态两种解算模式，能够处理单频和双频数据，为用户提供 NAD83 或 ITRF 框架下的坐标。

用户使用 CSRS-PPP 步骤非常简单：选择要处理的观测值文件、处理方式（静态或动态方式）及所需要的参考框架，确认接收解算结果的 E-mail 后，点击"START"按钮即可进行自动实时解算，解算结果会自动发送到用户邮箱内。

对于 24h 的观测数据，CSRS-PPP 静态定位的精度通常能达到厘米级到亚厘米级（CSRS-PPP user guide）。NRCan 的研究表明，一般情况下 2h 的连续观测便能获得 4cm 左右的定位精度，而且其将随着时间的延长进一步提高，12h 以上的观测数据定位精度能稳定在 1cm 的水平。动态定位采用卡尔曼滤波进行解算，其结果为反向滤波后的结果，而不是正向滤波和反向滤波的加权平均值。静态定位和动态定位（采取静态数据模拟动态数据）的精度统计如图 6-2、图 6-3 所示（CSRS-PPP user guide）。

6.1.2　Auto-GIPSY

Auto-GIPSY 是美国 JPL 提供的在线精密单点定位服务系统。该系统是基于 GIPSY 软

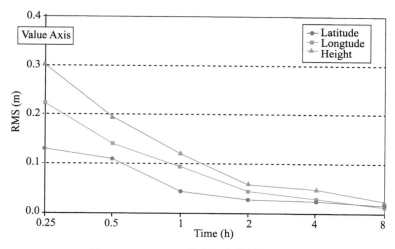

图 6-2　CSRS-PPP 静态定位结果精度统计

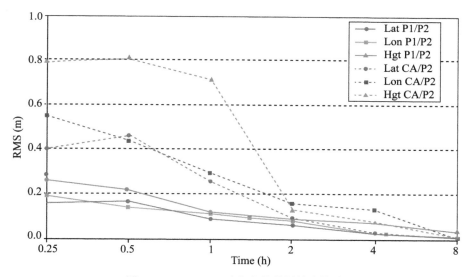

图 6-3　CSRS-PPP 动态定位结果精度统计

件实现在线 PPP 解算，系统的网站界面如图 6-4 所示。

　　用户可以采用 FTP 和 E-mail 方式来使用 Auto-GIPSY。具体方法如下：将要进行处理的观测值文件放到一个可以匿名访问的 FTP 上，用电子邮件将存放数据的 URL 发送给 Auto-GIPSY，数据处理中心完成数据处理后，将存放处理结果的 URL 通过 E-mail 方式返回给用户，用户可以自行下载处理结果。

　　由于 Auto-GIPSY 是采用 GIPSY 软件进行解算的，目前只提供双频静态定位解算，静态定位单天重复性精度水平方向可达到毫米级，高程方向可达到厘米级（Witchayangkoon, et al. , 1999）。

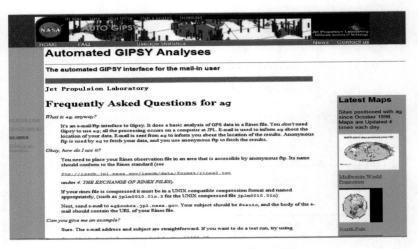

图 6-4　Auto-GIPSY 用户使用界面

（图片来源：http：//milhouse.jpl.nasa.gov/ag/）

6.2　精密单点定位（PPP）的数学模型

　　PPP 概念是在 20 世纪 70 年代美国子午卫星时代针对 Doppler 精密单点定位提出的。GPS 开发后，由于定位估计模型中待估参数太多，法方程秩亏，难以提出解决方案，使得 PPP 方法在 20 世纪 80 年代后期暂时搁置。直到 20 世纪 90 年代中期，IGS 向全球提供精密星历和精密钟差产品，为 PPP 提供了新的解决思路。1997 年，Zumberge 等人提出了 PPP 方法，即利用 IGS 精密星历和 5s 间隔的精密卫星钟差产品，与单台双频 GPS 接收机采集的非差相位数据一起，进行 PPP 计算。其单天解定位精度在水平方向为 1cm，高程方向为 2cm，证实了利用 GPS 非差相位观测值进行 PPP 的可行性（Zumberge，et al.，1997）。随后，众多研究机构开始致力于 PPP 的数学模型、误差改正及其相关算法等方面的研究，并取得了丰富的研究成果。美国 JPL 研制的 GIPSY（Zumberge，et al.，1997）和德国 GFZ 的 EPOS（Chen，et al.，2009）软件都具有 PPP 功能；Calgary 大学自主研发的 PPP 定位软件 P3，可进行静态及动态、单频与双频的 PPP 解算（Gao，et al.，2004，2005，2006，2007）；此外，BERNESE 软件在其 4.2 版本中添加了非差处理数据模块，可进行静态 PPP 解算，并在 5.0 版本中对此功能进行了改进（Hugentobler，2001；李星星，2013）。

　　在国内，叶世榕提出了利用参考站非差观测数据实时估计卫星的相对钟差的方法，得到了 1~2ns 精度的实时卫星钟差，并出了基于 Internet 的非差精密单点定位服务模型（叶世榕，2002）；张小红等人研发了高精度的 PPP 数据处理商业化软件 TriP，该软件定位解算精度及可靠性等方面与国际同类软件水平相当（张小红等，2005，2006）。此外，香港理工大学、同济大学、中国科学院测量与物理研究所等机构也展开了 PPP 的研究工作，并取得了一定的研究成果。

上述静态和动态的事后 PPP 处理技术已比较成熟和完善，目前高精度实时 PPP 成为精密单点定位的主要研究内容之一。早在 2000 年，JPL 的 Mullerschoen 等人利用实时计算的高精度轨道和钟差改正信息，在全球范围内实现了水平精度 10cm 和高程精度优于 20cm 的实时动态定位（Muellerschoen et al.，2000）。JPL 提出的基于网络全球差分系统（IGDG），旨在实现全球无缝的高精度实时定位。其核心为 RTG（Real-Time GIPSY）软件和 RTNT（Real-Time Net Transfer）软件，分别完成实时卫星轨道和钟差估计及实时基准站数据的收集任务（Kechine et al.，2003）。美国 OmniSTAR 公司推出的实时精密定位系统，能够覆盖全球绝大多数地区，提供三种不同精度的定位服务，其中最优精度可达到亚分米级（http://www.omnlstar.com）。张小红在 Trip 软件的基础上，研发了实时 PPP 软件 Trip-RT，该软件的实时定位精度水平方向可达到 5cm，垂直方向可达到 10cm（张小红等，2010）。李星星对实时 PPP 技术进行了系统且深入的研究，建立了一套完整统一的精密定位服务系统，全球实时 PPP 的解算精度可达到 5~10cm（李星星，2013）。

精密单点定位采用双频伪距观测值 P_1、P_2 和载波相位观测值 L_1、L_2 获得测点的三维位置。为了充分利用这 4 类观测信息，削弱相关误差影响，在基本观测方程的基础上，通常有三种模型，分别是传统的无电离层组合观测模型、加拿大 Calgary 大学的 Gao and Shen 提出的 UofC 模型以及无模糊度模型。下面对这三种模型进行比较分析，并探讨各模型的优缺点。

6.2.1 基本观测方程

假定接收机 i 在 t_r 时刻接收到卫星 j 于 t_s 时刻发送的卫星信号，则对于载波相位观测值 L_1、L_2 和 P 码伪距观测值 P_1、P_2，可建立观测值方程（Hofmann-Wellenhof, et al.，1992）：

$$L_1{}_i^j(t_r) = -c\Phi_1{}_i^j(t_r)/f_1$$
$$= \rho(t_s, t_r) - c\delta t_j^S + c\delta t_i^R - \text{Ion} \times f_2^2/(f_1^2 - f_2^2) + \delta\text{Trop}_i^j + cN_1{}_i^j/f_1 + \Sigma\delta_{L_1} \quad (6\text{-}1)$$

$$L_2{}_i^j(t_r) = -c\Phi_2{}_i^j(t_r)/f_2$$
$$= \rho(t_s, t_r) - c\delta t_j^S + c\delta t_i^R - \text{Ion} \times f_1^2/(f_1^2 - f_2^2) + \delta\text{Trop}_i^j + cN_2{}_i^j/f_2 + \Sigma\delta_{L_2} \quad (6\text{-}2)$$

$$P_1{}_i^j(t_r) = \rho(t_s, t_r) - c\delta t_j^S + c\delta t_i^R + \text{Ion} \times f_2^2/(f_1^2 - f_2^2) + \delta\text{Trop}_i^j + \Sigma\delta_{P_1} \quad (6\text{-}3)$$

$$P_2{}_i^j(t_r) = \rho(t_s, t_r) - c\delta t_j^S + c\delta t_i^R + \text{Ion} \times f_1^2/(f_1^2 - f_2^2) + \delta\text{Trop}_i^j + \Sigma\delta_{P_2} \quad (6\text{-}4)$$

式中，$\rho(t_s, t_r)$ 为卫星到接收机的几何距离，$\overline{X}_S(t_s)$ 为信号发射时刻 t_s 卫星的位置矢量，$\overline{X}_R(t_r)$ 为信号接收时刻 t_r 接收机的位置，c 为真空中光速，Φ_1、Φ_2 为记录的载波相位值，δt_j^S 为卫星 j 在信号发射时刻 t_s 相对于 GPS 时间的钟差，δt_i^R 为接收机 i 在信号接收时刻 t_r 相对于 GPS 时间的钟差，Ion 为电离层延迟参数，δTrop_i^j 为对流层延迟改正，$N_1{}_i^j$ 为 L1 载波整周模糊度，$N_2{}_i^j$ 为 L2 载波整周模糊度，$\Sigma\delta$ 为其他必须顾及的改正，如天线相位中心改正、天线相位缠绕、地球固体潮改正、大洋负荷改正、引力延迟改正、相对论效应改正等。

6.2.2　传统无电离层组合模型

卫星信号所受到的电离层延迟影响与频率的平方成反比，利用这一性质，可将伪距观测值 P_1、P_2 和载波相位观测值 L_1、L_2 组成合适的组合观测值，消除电离层影响（魏子卿等，1998），表达式如下：

$$L_{IF}{}_i^j(t_r) = \frac{f_1^2}{f_1^2 - f_2^2} L_1{}_i^j(t_r) - \frac{f_2^2}{f_1^2 - f_2^2} L_2{}_i^j(t_r)$$

$$= \rho(t_s, t_r) - c\delta t_j^S + c\delta t_i^R + \delta \text{Trop}_i^j + \lambda_{IF} N_{Ion-Free}{}_i^j + \Sigma\delta_{L_{IF}} \tag{6-5}$$

$$P_{IF}{}_i^j(t_r) = \frac{f_1^2}{f_1^2 - f_2^2} P_1{}_i^j(t_r) - \frac{f_2^2}{f_1^2 - f_2^2} P_2{}_i^j(t_r)$$

$$= \rho(t_s, t_r) - c\delta t_j^S + c\delta t_i^R + \delta \text{Trop}_i^j + \Sigma\delta_{P_{IF}} \tag{6-6}$$

式中，λ_{IF} 和 $N_{IF}{}_i^j$ 分别为无电离层组合观测值的波长及模糊度，此时模糊度参数不再具有整周特性，即

$$\lambda_{IF} = \frac{cf_1}{f_1^2 - f_2^2}, \quad N_{IF}{}_i^j = N_1{}_i^j - \frac{f_2}{f_1} N_2{}_i^j \tag{6-7}$$

6.2.3　UofC 模型

UofC 模型除了采用传统的无电离层载波相位组合观测值，还包括 L_1、L_2 频率上的 P 码/载波组合观测值，表达式如下：

$$L_{IF}{}_i^j(t_r) = \frac{f_1^2}{f_1^2 - f_2^2} L_1{}_i^j(t_r) - \frac{f_2^2}{f_1^2 - f_2^2} L_2{}_i^j(t_r)$$

$$= \rho(t_s, t_r) - c\delta t_j^S + c\delta t_i^R + \delta \text{Trop}_i^j + \lambda_{IF} N_{IF}{}_i^j + \Sigma\delta_{L_{IF}}$$

$$= \rho(t_s, t_r) - c\delta t_j^S + c\delta t_i^R + \delta \text{Trop}_i^j + \frac{c}{f_1^2 - f_2^2}(f_1 N_1{}_i^j - f_2 N_2{}_i^j) + \Sigma\delta_{L_{IF}} \tag{6-8}$$

$$P_{IF, L_1}{}_i^j(t_r) = \frac{1}{2}(P_1{}_i^j(t_r) + L_1{}_i^j(t_r))$$

$$= \rho(t_s, t_r) - c\delta t_j^S + c\delta t_i^R + \delta \text{Trop}_i^j + cN_1{}_i^j/f_1/2 + \Sigma\delta_{P_{IF, L1}} \tag{6-9}$$

$$P_{IF, L_2}{}_i^j(t_r) = \frac{1}{2}(P_2{}_i^j(t_r) + L_2{}_i^j(t_r))$$

$$= \rho(t_s, t_r) - c\delta t_j^S + c\delta t_i^R + \delta \text{Trop}_i^j + cN_2{}_i^j/f_2/2 + \Sigma\delta_{P_{IF, L2}} \tag{6-10}$$

6.2.4　无模糊度模型

无模糊度模型在无电离层模型的基础上，通过相邻历元间的差分，消除了相位观测方程中的模糊度，具体表达式如下：

$$\Delta L_{(k, k+1)IF}{}_i^j(t_r) = L_{k+1, IF}{}_i^j(t_r) - L_{k, IF}{}_i^j(t_r)$$

$$= \rho_{k+1}(t_s, t_r) - \rho_k(t_s, t_r) - c(\delta t_{k+1}{}_j^S - \delta t_k{}_j^S) + c(\delta t_{k+1}{}_i^R - \delta t_k{}_i^R)$$

$$+ (\delta \mathrm{Trop}_{k+1}{}_i^j - \delta \mathrm{Trop}_k{}_i^j) + (\Sigma \delta_{k+1}{}_{L_{IF}} - \Sigma \delta_k{}_{L_{IF}})$$

$$(6\text{-}11)$$

$$P_{IF}{}_i^j(t_r) = \frac{f_1^2}{f_1^2 - f_2^2} P_1{}_i^j(t_r) - \frac{f_2^2}{f_1^2 - f_2^2} P_2{}_i^j(t_r)$$

$$(6\text{-}12)$$

$$= \rho(t_s, t_r) - c\delta t_j^S + c\delta t_i^R + \delta \mathrm{Trop}_i^j + \Sigma \delta_{P_{IFe}}$$

6.2.5 模型分析

传统无电离层组合观测模型消除了电离层一阶项的影响，改正了约 99% 的电离层延迟，因此，在非差精密单点定位及差分定位中得到了广泛应用。GIPSY、EPOS 以及 CSRS-PPP 等软件都采用了这一模型。但是，这种模型仍存在某些不足。第一，无电离层组合观测值并没有完全消除电离层延迟的影响，组合观测值没有顾及电离层延迟效应的高阶项，这些高阶项导致的电离层延迟仍占 0.1% 左右，在太阳活动强烈，电离层总电子含量高的时候对于测距仍有分米级的误差。第二，无电离层影响组合观测的噪声水平与载波相位和伪距观测值相比显著放大，约为 3 倍，并且残留的电离层延迟及其他无法模型化的误差都会被吸收到观测噪声中。较高的噪声水平会使滤波收敛时间变长，甚至导致滤波发散。第三，对于 L1、L2 载波相位观测值来说，原始的模糊度参数具有整周特性，可利用这一点进行周跳的探测、修复。但无电离层组合观测值的模糊度参数不再保持整周特性，参数估计中必须当作实数进行处理。

UofC 模型和传统无电离层模型相比，不仅消除了电离层一阶项的影响，同时还将观测值的噪声水平降低了一半左右，使得观测值中无法模型化的残差项更小，有助于滤波收敛，加快定位解算速度。UofC 模型最显著的优点在于，由于组合观测值并没有将 L1、L2 载波上的模糊度参数归并为一项，因此可以利用模糊度探测和修复算法分别估计 L1、L2 模糊度参数；同时，由于待估参数的减少，滤波敛散性得到有效改善，定位解算速度更快。

无模糊度模型采用对前后历元间的相位观测值求一次差的方法来消除相位模糊度参数，因此，与传统无电离层模型和 UofC 模型相比，显著减少了待估参数，定位解算速度更快。但是，观测时存在某些历元前后跟踪卫星不同的情况，对于这些观测值，由于无法计算历元间的一次差，观测数据只能舍弃，这就降低了数据的利用率。而且，通过历元间求一次差的方法虽然消除了模糊度参数，但却使观测值间存在相关性，这是无模糊度模型所带来的另一个问题。

这三种模型都消除了电离层的影响，主要区别在于对载波相位观测值模糊度处理方法的不同。采用传统的无电离层组合观测值，L1、L2 载波上的整周模糊度参数归并为新的组合观测值模糊度，这个新的模糊度参数不再具有整周特性，需要通过滤波的方法进行估计。UofC 模型将 L1、L2 载波上的整周模糊度参数作为独立参数，分别进行估计。由于模糊度参数保持了原有的特性，因此可以采用一些模糊度固定方法，并且滤波收敛速度较快。模糊度参数通常并不是用户关心的参数，因此通过历元间求差消除模糊度参数的无模糊度模型可以减少待估参数个数，提高解算效率。

6.3　精密单点定位软件实现过程及结果分析

6.3.1　精密单点定位软件实现过程

本节介绍精密单点定位（PPP）软件的实现过程。基于 PPP 的基本原理和实现方法，讨论和分析了 PPP 所涉及的非差观测模型、数据解算方法、数据预处理工作、误差源影响、相应的改正模型以及所需采用的 IGS 产品。精密单点定位软件一般由三个模块构成：误差模型改正模块、数据预处理模块和数据解算模块。

误差模型改正模块根据精密单点定位厘米级精度的要求，利用 IGS 的精密星历和钟差产品，对卫星星历误差和钟差进行改正，并针对 GPS 信号发射、传播、接收的特点，对可予以模型化改正的卫星天线相位中心偏差、相位缠绕偏差、广义相对论效应、引力延迟、对流层湿分量延迟以及与测站相关的地球自转改正、地球固体潮改正、大洋负荷改正等施加相应的改正模型。

数据预处理模块采用 TurboEdit 方法对载波相位观测值可能出现的周跳和粗差进行探测和修复（Blewitt，1990），并利用处理后的相位观测值对伪距观测值进行平滑，提高伪距观测值的精度。数据预处理模块流程如图 6-5 所示。

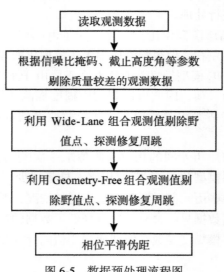

图 6-5　数据预处理流程图

数据解算模块采用无电离层组合观测值建立方程，根据模型中待估参数的不同特点，利用序贯最小二乘法对待估参数进行分类估计。软件流程如图 6-6 所示。

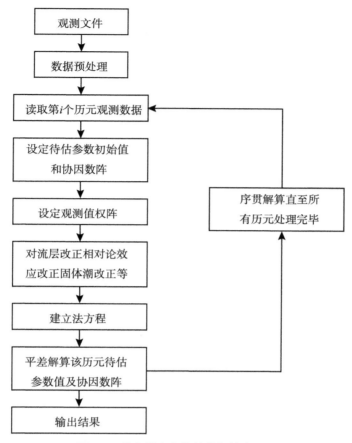

图 6-6 精密单点定位软件解算流程图

6.3.2 精密单点定位（PPP）精度分析

为了评估 PPP 的静态定位精度，利用 6.3.1 所实现的软件对实测数据进行分析。

精密单点定位中存在模糊度固定问题，需要一段初始化时间。为了测试软件的收敛时间，以 BJFS 站 2011 年第 37 天，采样间隔为 30s 的数据为算例，对解算结果进行了分析。图 6-7、图 6-8、图 6-9 分别是定位结果相对于 ITRF 公布的精确位置 E、N、U 方向的坐标差随时间的变化情况。

从图 6-7、图 6-8、图 6-9 可以看出，定位初始阶段，由于模糊度没有收敛，定位结果较差。随着时间的推移，参与解算的数据增多，解算结果趋于稳定。在本例中，第 480 个历元时，坐标 E、N、U 方向均收敛至 1cm。

为了测试软件的稳定性，选取 BJFS、SHAO、KUNM 三个 IGS 站 2011 年 2 月 1 日到 2 月 28 日共 28 天的数据进行测试，将 28 天解算的均值作为真值，其他天解与之较差，得到的结果如图 6-10～图 6-12 所示。

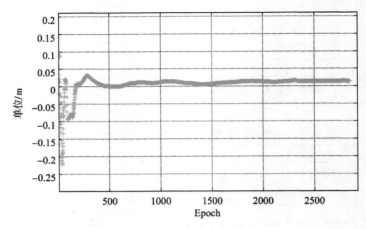

图 6-7　E 方向收敛图

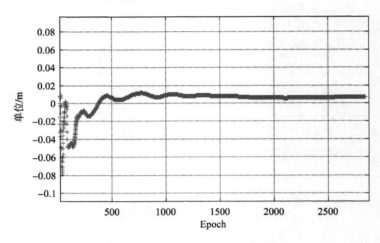

图 6-8　N 方向收敛图

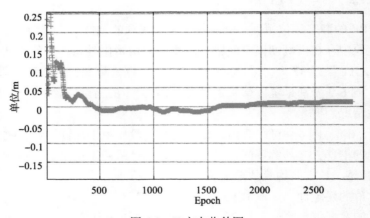

图 6-9　U 方向收敛图

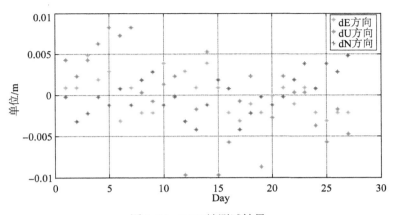

图 6-10 BJFS 站测试结果

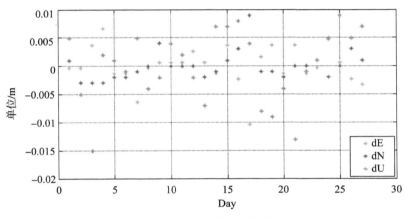

图 6-11 SHAO 站测试结果

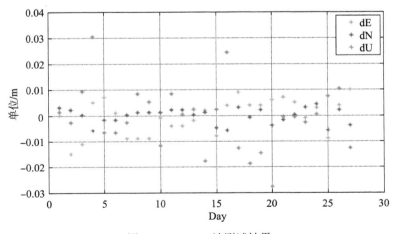

图 6-12 KUNM 站测试结果

对以上数据进行内符合统计，结果见表 6-2。

表 6-2　　　　　　　　　　精密单点定位单天解结果标准差统计

站点	E 方向（m）	N 方向（m）	U 方向（m）
BJFS	0.002	0.002	0.005
SHAO	0.002	0.006	0.006
KUNM	0.007	0.003	0.010

从表 6-2 可以看出，单天解 E、N、U 方向内符合分别优于 7mm、6mm、10mm。

为了检验软件定位结果的外符合精度，将其 7d 的值取平均，然后与 IGS 公布的坐标值比较，得到结果见表 6-3。

表 6-3　　　　　　　　　　PPP 周解与 ITRF 公布坐标差值

站点	周序号	E 方向（m）	N 方向（m）	U 方向（m）
BJFS	第 1 周	0.013	0.007	0.009
	第 2 周	0.014	0.008	0.012
	第 3 周	0.0135	0.008	0.008
	第 4 周	0.012	0.012	0.009
SHAO	第 1 周	0.0135	-0.006	-0.030
	第 2 周	0.014	-0.004	-0.029
	第 3 周	0.011	-0.002	-0.026
	第 4 周	0.014	-0.0042	-0.023
KUNM	第 1 周	0.009	-0.016	0.002
	第 2 周	0.008	-0.013	-0.002
	第 3 周	0.017	-0.017	-0.009
	第 4 周	0.016	-0.015	0.002

对结果进行外符合精度统计，得到结果见表 6-4。

表 6-4　　　　　　　　　　精密单点定位单天解结果外符合精度

站点	E 方向（m）	N 方向（m）	U 方向（m）
BJFS	0.012	0.008	0.006
SHAO	0.013	0.005	0.029
KUNM	0.013	0.013	0.013

由表6-3、表6-4可知，软件定位结果 E、N、U 方向的外符合精度分别优于 1.3cm，1.3cm，3cm。

6.4 Web 建站基础及技术

基于 Internet 的精密单点定位服务除了依赖于 PPP 技术以外，还需要 Web 服务的支持，因此本节主要介绍 Web 建站基础知识。

Internet 是一个网络上的网络，或者说是一个全球范围的网间网，在网络中分布了承担各种不同服务任务的计算机，其中服务器包括邮件服务器、文件传输服务器和 Web 服务器。Web 服务器是将本地的信息用超文本组织起来，方便用户在 Internet 上搜索和浏览信息的计算机。因此，可以说 Web 由 Internet 中称为 Web 服务器的计算机组成。

Web 以超文本方式组织信息和提供信息服务，其客户端程序是广为人知的浏览器。Web 服务器的构建不仅需要计算机操作系统，而且需要专门的信息服务程序，如 IIS、Apache 等，并且一般都和数据库服务器相关联，实现数据的查询、插入、浏览、删除和更新等操作。

6.4.1 Apache 服务器和 MySql 数据库

要使一台计算机成为 Web 服务器，需要安装 Web 服务组件。可以利用 Internet 信息服务组件 IIS 构建 Web 站点，提供 Web 服务，也可以使用第三方软件来建立和管理 Web 应用，常用的软件是 Apache。

Apache 是应用最广的 Web 服务器之一。它可以运行在几乎所有广泛使用的计算机平台上，以高效、稳定、安全、免费著称，超过50%的服务器采用了 Apache。相对于 IIS，Apache 服务器具有以下特点：

①Apache 能够支持多种 Web 编程语言，如 ASP、JSP 以及 PHP 等。

②由于采用了开放源代码的方法，Apache 具有非常好的安全性。

③扩展性高。扩展性是指 WWW 服务器提供的工具是否可以应用于不同网络、不同操作系统等情况的能力。Apache 不仅可以用于 Windows，对于 UNIX、Linux 以及 FREEBSD 等多种操作系统它都可以胜任工作，而且不同操作系统配置方法基本类似，可移植性非常高。

由于无论是 C/S（Client/Server）结构还是 B/S（Browser/Server）结构的 Web 应用，都包含了大量的数据管理，因此 Web 网站一般都需要通过数据库来实现这一任务。

MySql 数据库是目前应用最广泛的免费数据库，以操作简便著称。MySql 是一个真正的多用户、多线程 SQL 数据库服务器，以客户机/服务器结构实现，由一个服务器守护程序 mysqld 和很多不同的客户程序及库组成（黄炳强，2007）。其特点如下：

①高效的执行能力，运行速度快，可处理大批量数据；

②属于多线程的数据库，支持多 CPU 使用；

③具有平台无关性，可在 Windows、UNIX、Linux 等多个平台上运行。

6.4.2　HTML 和 PHP 网页编程语言

标记语言是 Web 应用的基础，它由内容和标签组成。标签指定了内容在浏览器中的显示形式，所有的 Web 页面都是用标记语言编写的具有特定格式的文档。

超文本标记语言 HTML 是一种用来制作超文本文档的简单标记语言。它通过各种标记（tag）来标识文档的结构以及超链接（Hyperlink）信息。PHP 是一种服务器端解释的脚本语言，在服务器端被解释成普通的 HTML 页面内容，发送给浏览器端。用户可以采用 PHP 完成任何其他 CGI 程序能够完成的工作，例如收集表单数据，生成动态网页，或者发送/接收 Cookies 等。PHP 语言具有如下特点：

①PHP 可以自由选择操作系统和 Web 服务器。PHP 能够用在包括 Linux、Unix 的各种变种、Windows 等所有的主流操作系统上，支持大多数 Web 服务器，包括 Apache、IIS、PWS、Netscape、iPlant server、Oreilly Website Pro Server、Caudium、Xitami 以及 OmniHTTPd 等。

②PHP 支持 CGI 标准，使得 PHP 能够作为 CGI 处理器工作。

③可以选择使用面对过程和面对对象，或者两者混和的方式来开发，PHP5 引入了完全的对象模型。

④PHP 还能用于动态输出图像、PDF 文件甚至 Flash 动画。

⑤PHP 支持很大范围的数据库。

⑥PHP 支持利用诸如 LDAP、IMAP、SNMP、NNTP、POP3、HTTP、COM（Windows 环境）等不计其数的协议服务，还可以开放原始网络端口，使得任何其他的协议能够协同工作。

⑦PHP 具有极其有效的文本处理特性，支持从 POSIX 扩展或者 Perl 正则表达式到 XML 文档解析。

6.4.3　数据安全传输技术 VPN

Internet 是建立在 TCP/IP 协议基础上的。由于 TCP/IP 协议没有提供完善的安全访问机制，导致了 Interne 网络通信的不安全性，如明文传输、IP 欺骗、路由信息协议攻击等。考虑到 GPS 数据一般都是保密的测绘资料，因此需要保证用户和数据处理中心通信的安全性，使得用户的数据能够完整传输而不被窃取。

虚拟专用网 VPN（Virtual Private Network）是在城域网与广域网的基础上，利用 ISP 提供的 Internet 接入线路，在公网 Internet 上组建自己的私有网络的一种技术和方法。VPN 并不是真正的专用网络，但是却能实现专用网络的功能，它是在 VPN 用户和 VPN 服务器之间的点对点连接。公用网络为此提供一个基础的连接"通道"，VPN 专用数据经加密后在这个"通道"上传输（王春海等，2008）。

VPN 的连接方式有两种类型：远程访问 VPN 连接和路由器到路由器的 VPN 连接。远程计算机通过 VPN 实现与专用网络的连接，VPN 客户可以是任意非 Microsoft 点对点隧道协议（PPTP）的客户端，或者是具有 IPSec 的第二层隧道协议（L2TP）客户端，VPN 客户端需要使用证书进行身份验证来访问 VPN 服务器。路由器则可以通过建立路由器间的 VPN 连接将专用网络的两个部分相连接。

　　VPN 实现安全传输的本质实际上是加密。目前 VPN 领域存在着两种主流技术：IPSec VPN 和 SSL VPN。

　　IPSec（IP Security）VPN 是目前广泛使用的加密协议。IPSec VPN 与应用无关，能提供安全可靠的数据传输和身份验证。但是 IPSec VPN 需要安装客户端软件，安装维护成本较高，存在系统兼容性问题。

　　作为对比，SSL VPN 在远程访问方案上更加容易配置和管理，且其网络配置成本比起 IPSec VPN 要低许多，正在逐步替代 IPSec VPN。SSL VPN 能通过用户可选的客户端插件为终端用户分配虚拟 IP，并通过 SSL 隧道建立三层（Level 3）隧道，实现与传统 IPSec VPN 客户端几乎一样强大的终端网络功能。SSL VPN 还能够支持绝大部分基于 TCP 的应用，同时加入了客户端安全检查的功能：用户可以通过插件对终端操作系统、安全软件的安装情况进行检查，以分配其接入的权限。

6.5　基于 Internet 的精密单点定位服务实现

　　基于 Internet 的精密单点定位服务主要依赖于两种技术：PPP 和 Web 服务。在 6.3 节介绍的精密单点定位软件基础上，通过建立 Web 服务站点，可以实现基于 Internet 的 PPP 在线数据解算服务。

6.5.1　网络模型服务设计

　　基于 Internet 的 PPP 服务的目的是为广大 GNSS 用户提供一种简单易用的定位解算服务。用户利用方便快捷的 Internet 网络，只需上传观测数据至数据处理中心，即可得到解算结果。所有的解算过程全部由数据处理中心进行，无须用户进行干涉；待处理完毕，数据处理中心将处理结果通过 Internet 网络反馈给用户。这种服务使普通公众也能够享受精密单点定位的优越性，可以成为构筑社会公益性 GNSS 定位服务的重要组成部分。

　　基于 Internet 的 PPP 服务必须具备以下功能（黄舒青，2008）：

　　①能够自动进行精密单点定位数据处理，并及时将处理结果反馈用户，如过程处理失败，能够向用户提供清晰易懂的错误报告，供用户参考；

　　②能够处理动态或静态的观测数据，对于解算所需数据量的限制应尽可能合理，并根据用户的需要生成所需坐标参考框架下的成果；

　　③除了能够估计位置参数外，还应当实现接收机钟差、对流层延迟等参数的精确估计，以满足特殊用户的需求。

　　综合上述考虑，基于 Internet 的 PPP 服务设计模型可以由图 6-13 表示。

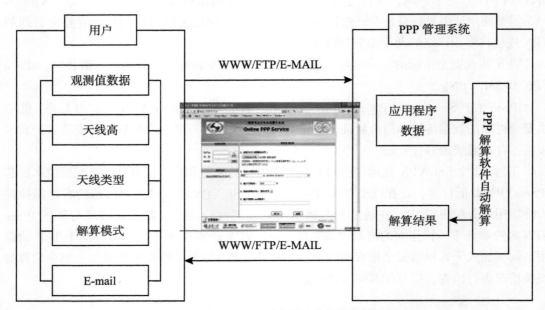

图 6-13 基于 Internet 的精密单点定位服务模型设计

其数据处理流程如下：

①用户通过 Web 或者 E-mail/FTP 的方式提交观测数据，并对接收机天线类型、天线高等配置选项进行设置。

②数据处理中心接收到任务请求后，对观测数据进行质量检查，判断是否符合精密单点定位解算的要求，如数据不足以完成解算，应当及时反馈用户，并提交相应的错误报告。如果检查合格，数据中心应当立即通知用户处理所需的估计时间及成果获取方式。

③当获得合格的观测数据之后，数据中心利用处理所需的精密卫星星历、精密卫星钟差、地球自转参数等其他数据，进行定位解算。对于这类数据，数据中心应当能够定期自动下载更新。

④待数据解算完毕，处理中心将处理结果和详细分析报告发送给用户，从而完成整个服务过程。

6.5.2 网站系统模块结构

精密单点定位在线解算服务网站可采用 HTML 和 PHP 语言，结合 Apache 服务器和 MySql 数据库开发完成。网站主要包括两部分：一是前台显示系统，即访问者能看到的页面；二是后台管理系统，用于管理员对整个网站的管理。网站模块层次结构如图 6-14 所示。

网站前台显示界面如图 6-15 所示。具体的使用步骤如下：

①提交观测数据文件。单击"浏览"按钮，选择需要进行解算的数据文件。该观测

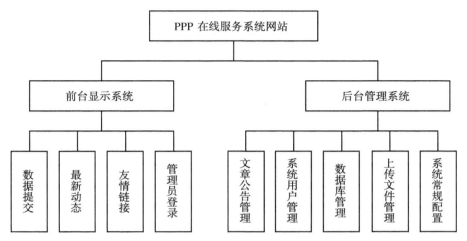

图 6-14 PPP 在线服务系统网站模块层次结构

图 6-15 在线精密单点定位服务 Web 界面

数据文件必须为 Rinex 格式，或经过压缩后生成的 .zip、.z、.gz 格式的压缩文件。

②选择接收机天线类型。用户根据测量中实际使用的接收机天线，选择对应的天线类型。需要指出的是，Rinex 文件中的天线类型信息选择为 NONE 时，系统进行解算时采用的是用户提交的 Rinex 文件中的天线类型。

③输入天线高。该天线高为从接收机 ARP 参考位置至标石中心的垂直高度。由于不同接收机 ARP 位置定义不一致，外业过程中所量测的实际位置也不同，因此用户需将所量测的距离转换成标石至标准 ARP 位置的高度。各种天线 ARP 定义需参考 NGS 公布的结

果（Mader，1999），网页为：http：//www. ngs. noaa. gov/ANTCAL/。

④选择解算方式。目前 PPP 解算软件可以提供静态和动态两种解算方式。用户提交数据时，选择所需要的解算模式。需要指出的是，提交的数据须为双频数据。

⑤输入 E-mail 地址，作为用户接收解算结果的电子邮件地址。

⑥单击"提交"按钮，将数据提交给网站。

提交后网站将返回用户数据的提交结果，如图 6-16 所示。同时，网站在后台开始解算，所需等待时间受当前系统繁忙程度影响，一般几分钟即可收到解算结果。

图 6-16　用户文件上传结果

6.5.3　网站后台管理功能模块

为了用户前台操作的简便性，网站系统的后台要承担大量的工作。系统要能够对用户提交的数据进行管理，查看用户数据的文件名、格式、大小、处理状态等，并能够查看到用户的 E-mail 地址，在用户数据处理失败情况下，可以手动进行重新处理或者下载到本地查看，并将重新处理后的结果或处理失败信息返回给用户。同时能够删除一些恶意上传的数据。为了保证系统网站能够正常稳定运行，应对网站的数据进行定期备份，在系统网站出现问题时，及时进行恢复。网站后台具体功能模块包括：

1. 文章公告管理模块

此模块对应于系统前台的最新动态部分，主要管理系统发布的一些最新公告，如系统的升级和调整信息等，方便用户使用网站服务，同时发布 GNSS 领域的最新研究进展等信息。其界面如图 6-17 所示。

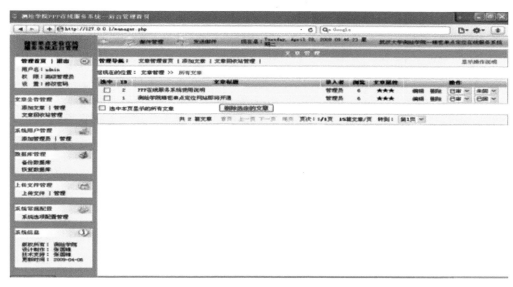

图 6-17　文章公告管理模块

2. 上传文件管理模块

用户上传观测文件后，系统的后台能够对用户的数据文件进行管理，可以查看用户的联系方式，也可以查看用户数据文件的序列号、文件名、文件格式、文件大小、天线类型、天线高、上传时间等；并能查看用户数据的处理状态，对未处理或处理失败的数据，管理员可以下载查看原始数据文件，进行重新处理。如果是恶意上传的数据文件，管理员能够对其进行删除。界面如图 6-18 所示。

图 6-18　上传文件管理模块

3. 数据库管理模块

网站的正常稳定运行是保证精密单点定位服务的基础，因此系统数据库的管理非常重要，需要及时对系统的数据库进行备份，并能够在需要时进行数据的恢复。界面如图 6-19、图 6-20 所示。

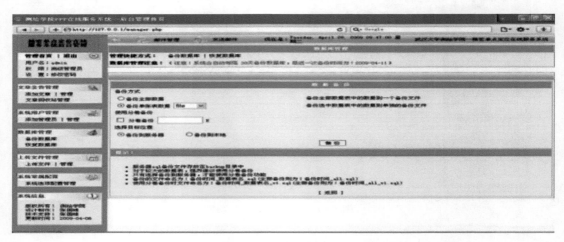

图 6-19　网站数据备份

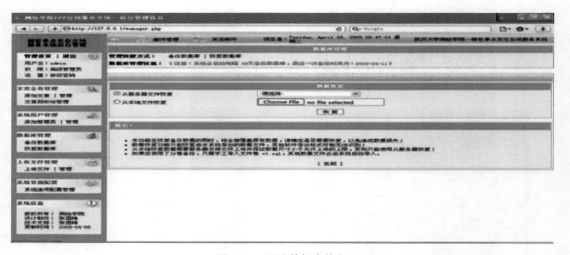

图 6-20　网站数据库恢复

4. 系统常规配置模块

此模块可以对网站的参数进行配置，设定数据库备份时间、邮件服务器参数、用户上传文件的类型大小等。界面如图 6-21 所示。

5. 网站用户管理模块以及邮件管理模块

用户管理模块可以对管理员用户进行管理，邮件管理模块主要负责对用户发送数据处理结果或者其他反馈信息。

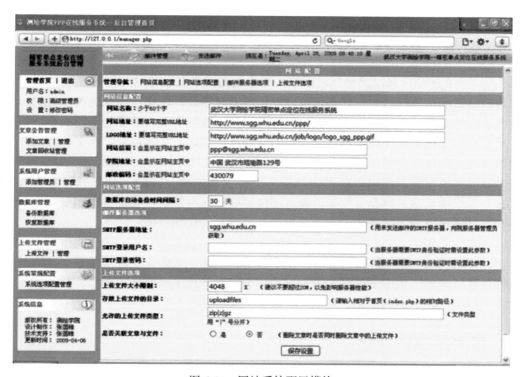

图 6-21　网站系统配置模块

第7章　GNSS 测站坐标时间序列分析

长期累积的 GNSS 基准站坐标时间序列为大地测量学及地球动力学研究提供了宝贵的基础数据。基准站坐标时间序列不仅可以反映出测站的线性变化，而且也可以反映出测站存在着非线性变化。线性变化主要反映测站受同一区域构造应力场控制下的继承性构造运动，而非线性变化主要反映了测站还受到非潮汐海洋负载、大气负载、水文负载以及冰期后回弹等地球物理效应的作用。分析时间序列，特别是研究造成非线性运动的多种机制，改正各种误差模型，不但可以获得测站准确的位置和速度，有助于合理解释板块构造运动、建立和维持动态地球参考框架，而且还能更好地研究冰后回弹及海平面变化，反演冰雪质量变迁等地球动力学过程，具有重要的理论意义及应用价值。

本章首先介绍了 GNSS 基准站坐标时间序列研究的进展和时间序列采用的参考框架；然后讨论了时间序列周期性特征和噪声模型的分析方法，并研究了环境负载引起的基准站非线性位移；最后，以中国区域的 IGS 基准站为例，构建了最优噪声模型，并分析了引起基准站周期性变化的原因。

7.1　国内外研究现状

自 20 世纪 90 年代末期以来，国内外学者已经对 GPS 测站坐标时间序列进行了研究，结果表明，造成 GPS 坐标时间序列非线性变化的可能原因主要包括三类：与 GPS 相关的技术类误差、地球物理效应及噪声。从产生形变的本质出发，定量分析不同因素造成的测站坐标对时间序列的贡献是 GNSS 技术应用领域的发展新方向。下面从四个方面分析 GNSS 连续运行基准站非线性运动研究的发展现状。

7.1.1　GNSS 坐标时间序列噪声模型的建立

测站坐标时间序列的噪声类型对测站速度的不确定度（估计误差）影响较大，纯白噪声的假设会导致不确定度的过低估计，应用于构造运动分析等研究时需考虑其影响。

当前，大家普遍认为 GNSS 坐标时间序列噪声特性的最优随机模型为白噪声+闪烁噪声（White Noise+Flicker Noise，即 WN+FN）。之所以认为 FN+WN 是代表测站最佳随机特性的噪声模型，分析其原因可能有两方面：第一，分析时间序列时并未采用能足够代表基准站噪声特性的较为复杂的随机模型；第二，累积的时间序列长度不够，不足以解算噪声的长周期分量。严格来说，基准站的噪声特性实际较为复杂。随着时间的推移，GPS 基准站坐标时间序列不断增长，噪声的长周期分量（例如谱指数为 2 的 Random Walk Noise 随机漫步噪声）将更加显著，为探测低频噪声的存在提供了有利的条件。因此，对 GPS 坐标时间序列进行更为全面的噪声分析，获取能更准确代表基准站随机特性的噪声模型很有意义。Mao 等人（1999）采用谱分析和极大似然估计方法估计 23 个全球 IGS 站的噪声特性，得出白噪声加闪烁噪声是描述这些站的最佳模型；袁林果（2008）分析了香港 12 个基准站的噪声特性，认为滤波后的噪声特性可以用可变白噪声加闪烁噪声模型来描述；Langbein（2008）估计了加利福尼亚南部及内华达南部地区 236 个连续 GPS 运行站的噪声模型，得出 50% ~ 60% 测站的最佳噪声模型为 FN 噪声或者 RW 噪声（Random Walk Noise），25% ~ 30% 测站的噪声特性表现为 FN 加 RW 噪声，或者 PL 噪声（Power Law Noise，即幂律噪声）；剩余的 15% 测站的噪声特性则位于最复杂的噪声模型 BPPL 及 FOGMRW 之间。蒋志浩等人（2010）先后对 CGCS2000 框架下的国家 CORS 网进行了数据处理，认为 CGCS2000 框架下我国国家 CORS 网 1999—2009 年的坐标时间序列经主成分滤波后的基本特征表现为白噪声、闪烁噪声及随机漫步噪声，且顾及有色噪声的速度误差估值比仅考虑白噪声时大 2 ~ 6 倍。这些研究表明，不同地区的坐标时间序列具有不同的噪声特性，有必要在全球范围开展测站噪声特性的研究，进而建立合适的区域噪声模型。

7.1.2　地球物理效应对基准站非线性运动的影响

地球物理效应是造成 GPS 坐标时间序列非线性变化的三大主要因素之一，其主要包括环境负载和热膨胀效应。

环境负载对 GPS 基准站非线性运动的影响方面。环境负载包括非潮汐大气压、洋底压力及大陆储水量的贡献，其造成的地表位移是基准站非线性运动的主要因素。Dong 等（2002）估计地球物理流体质量负载再分配造成的地表位移仅能解释不到一半的 GPS 季节性变化，然而 Freymueller（2009）认为测站大部分的周期性变化表现为地球物理信号而非与 GPS 相关的技术噪声。王敏等（2005）计算了海洋潮汐、积雪及土壤湿度、非潮汐海洋负载对中国地壳监测网基准站位置时间序列的影响，发现上述环境负载能够使得测站垂直位置的 RMS 降低 1mm，占总 RMS 的 11%，垂直周年振幅减小 37%。Ray 等（2008）证实了 Dong（2002）关于地球物理流体负载与 GPS 季节性位移的密切联系，但是对于 GPS 频谱中出现的异常亚季节谐波并没有找到合理的地球物理解释。Collilieux 等人（2010，2012）研究了环境负载对 ITRF 建立的影响，发现施加大气压、陆地储水量及非潮汐海洋负载改正能够使得 GPS 坐标时间序列的单位平方根方差因子减小 3.1%，周年信号减小的测站占总数的 73%，且高程周年信号的同相、异相振幅系数分别减少 84% 及 83%。Rietboek 等人（2011）将由负载造成的 GPS 测站位移、GRACE 重力数据及模拟海底气压联合反演得到的地表负载周变化纳入 GPS 法方程，计算结果表明选择的 189 个测站中 151 个测站的高程周年季节振幅减少了至少 10%。Tregoning 等（2009）对比了 GRACE 及 GPS 获得的三维地表位移，发现在水文信号较大的广阔区域二者具有很好的符合程度，水平分量的相关系数高达 0.9。

由此可知，不同学者得到的环境负载对 GPS 坐标时间序列的贡献呈现显著的差异，其原因主要是来源不同：地球物理数据源、GPS 坐标时间序列不同、参考框架不同。不同地球物理数据源代表了不同精度的地表质量分布模型，对负载效应具有直接的影响。采用不同的质量负载数据计算得到的垂直位移可能大不相同，因此比较根据不同数据源获得的环境负载效应的精度及差异十分必要，其结果有利于确定最优环境负载模型用于修正坐标时间序列的非线性变化（姜卫平，2014）。

除环境负载外，GPS 标石和基岩的热膨胀效应也能够部分解释测站的垂直周年变化。闫昊明等人（2010）研究了温度变化造成的热膨胀效应对 GPS 台站垂直位移的影响，为我们提供了 IGS 基准站周期性特征的新线索。Prawirodirdjo 等（2006）通过研究发现南加州 GPS 连续监测站水平方向坐标时间序列的大部分周年振幅可以通过大气温度变化造成的弹性地壳的热弹性应变解释。由于闫昊明等采用 NCEP/NCAR 全球格网化地表空气温度数据（空间分辨率为 2.5°×2.5°）计算温度对基准站的位移影响，并未考虑地形影响，其空间分辨率是否足以满足高精度大地测量的需求尚须大量数据加以验证。关于热膨胀效应造成的地表水平位移，以及热弹性应变对于全球 IGS 基准站位移的影响目前鲜有文献涉及（姜卫平，2015）。

7.1.3 基准站虚假非线性位移的成因研究

研究表明，导致 GNSS 基准站产生虚假非线性位移的主要因素来源于数据处理模型及策略的不完善，包括电离层延迟高阶项、大气潮汐、海洋潮汐、对流层延迟处理方式等其他原因。

数据处理模型及策略的不完善可能导致测站产生"虚假的"非线性位移。目前，国际上关于基准站虚假非线性变化的成因分析研究还未成熟。忽略高阶电离层延迟会造成 IGS 基准站南北方向较强的半周年振荡，同时还会造成测站的周日变化及卫星位置的 cm 级误差，对于测站动态高程定位的影响高达分米级（李昭，2012）。大气的昼夜加热使得地表气压呈现周日（S1）、半周日（S2）及更高谐波频率的振荡。这种"大气潮汐"会造成地球表面的周期性运动，其造成的地表垂直形变的振幅与海洋潮汐负载中某些潮汐分量的影响量级相同。研究发现忽略 S1-S2 大气潮改正将导致交点周年及半周年虚假周期性信号的产生（Tregoning, et al., 2009, 2011）。将大气潮影响纳入运动模型，去除 S1-S2 大气潮造成的虚假周期性信号对于正确解释 IGS 基准站的非线性运动十分重要。此外海洋潮汐造成的地表形变最大达 100mm 左右，长距离精密数据处理必须计算海洋潮汐负载产生的测站位移，通常仅考虑 11 个离散海潮主分量的影响。研究指出，日带及半日带潮汐频率段的未模型化分析误差会造成长期影响，使得测站位置时间序列产生虚假的近两星期、半年以及周年变化信号，从而导致地球物理信号的错误解释。完全忽略次潮汐及交点调节的影响还会造成高纬度地区 5mm 的均方根误差（Petit & Luzum，2010）。基于上述原因，IERS 协议 2010 建议在 ITRF 建立过程中需考虑除 11 个海潮主分量以外的其他潮汐分量造成的测站位移。目前，参与 ITRF08 建立的各 IGS 分析中心仍采用 11 个潮汐主分量海潮模型。

此外，天线内部电子故障、不适当的先验对流层延迟及投影函数同样会在坐标时间序列中引入与时间相关的噪声，导致周年及半周年虚假周期信号的产生。

为了更好地了解地球物理过程，对形变做出合理可靠的地球物理解释，细致研究造成 GNSS 基准站虚假非线性位移的各种成因，在此基础上确定最优的数据处理模型及策略并对全球 IGS 基准站数据进行统一的重新处理十分必要，其结果有助于消除或减弱 GNSS 系统误差对于量级较小的地球物理信号的淹没效应，更准确地提取地球物理信号。

7.1.4 基准站非线性位移的修正

在非线性运动模型建立方面，目前研究成果较少，而且处理方法一致，采用经验正弦函数描述年周期、半年周期变化趋势。然而实际上许多因素造成的非线性变化并非完全表现为规则的正弦曲线形式，例如积雪负荷引起的季节性变化振幅随着积雪的厚度而变化，因此需要进一步研究建立符合测站实际变化趋势的经验非线性运动模型。

关于基准站非线性位移的修正，目前的通用做法是在 CF 框架下实施环境负载改正（Collilieux，et al.，2012）。也就是说，基准转换前的测站坐标时间序列包含环境负载造成的位移。Freymueller 等人（2009）发现，基准转换时忽略框架点的周期性变化会导致转换参数的扭曲，并渗透至所有测站的坐标时间序列造成"虚假"的运动趋势。因此，CF 框架下实施环境负载修正的 GPS 坐标时间序列本身具有一定的局限性，并不能代表测站的真实运动。从理论上来说，研究 CM 框架下的非线性位移修正方法能够获得更为真实的测站坐标时间序列，具有重要的理论意义。

随着 2002 年全球地球物理流体中心（Global Geophysical Fluids Center，GGFC）的建立，其所属的负荷特殊管理局（Special Bureau on Loading，SBL）提供了丰富的近实时全球地表负载数据，使得采取统一的数据和方法分析处理各项地球物理负荷对测站位移的影响成为可能。为了获得准确且具有实际物理意义的非线性运动模型，我们还需要实现经验数学模型与地球物理模型的结合。

7.2 GNSS 坐标时间序列分析采用的参考框架

GNSS 坐标时间序列分析需在统一的高精度参考框架下进行，随地球表面旋转的地球参考框架较为合适，因此通常采用 ITRF 作为基准。

ITRF 由国际地球自转与参考系统服务（International Earth Rotation and Reference Systems Service，IERS）通过全球分布的地面观测台站，采用甚长基线干涉测量（Very Long Baseline Interferometry，VLBI）、卫星激光测距（Satellite Laser Ranging，SLR）、GPS 及多普勒卫星定轨定位（Doppler Orbitography and Radiopositioning Integrated by Satellite，DORIS）等空间大地测量技术观测数据建立（Altamimi，et al.，2007）。IERS 中心局负责对观测数据进行综合分析处理，得到框架点（地面跟踪站）的坐标、速度以及相应的地球定向参数（Earth Orientation Parameter，EOP），并以 IERS 年度报告和技术备忘录的形式向全球发布。IERS 的第一个坐标参考框架实现是 ITRF88。此后，共实现并发布了 11 个版本的 ITRF（89、90、91、92、93、94、96、97、2000、2005、2008）。为了得到最优的 ITRF 联合平差解，分析中心对数据处理技术进行了不断的改进（Petit，et al.，2010）。对于 ITRF 的建立方法，将在第 8 章进行详细介绍。

以 ITRF2008 为例，其只给出了 GNSS 基准站的位置及线性速度，并将参与计算的站坐标时间序列包含的噪声假定为白噪声。研究表明，几乎所有 IGS 基准站（特别是高程方向）都呈现显著的周期性运动趋势（Blewitt, et al., 2001；Meisel, et al., 2009）。根据 ITRF 提供的基准站位置及速度计算得到的测站位置表现为"正则化位置"，而非测站的瞬时位置（Petit, et al., 2010）。另外，GNSS 坐标时间序列包含的噪声也并非表现为纯白噪声（Mao, et al., 1999；Williams, 2003, 2004, 2006；Zhang, et al., 1997）。

2016 年 1 月 21 日，IERS 发布了最新的参考框架版本 ITRF2014（http：// itrf. ensg. ign. fr/ ITRF_ solutions/2014/）。其仍采用 VLBI、SLR、GNSS 和 DORIS 等技术确定的基准站位置时间序列及地球定向参数作为输入值。但有两个创新（Altamimi, 2015）：①拟合 GNSS/GPS 数据时，在发生大地震的基准站确立了震后形变模型，并将其应用至并置站；②叠加相应的时间序列时，采用时间跨度足够长的数据估计周年、半周年项。由此可知，ITRF2014 已经开始将基准站非线性变化特征纳入表达基准站运动的基本模型中。

7.3　GNSS 坐标时间序列的周期特征常用分析方法

对 GNSS 坐标时间序列进行周期特征分析有利于建立基准站的非线性运动模型，获得更精确的测站瞬时位置。通常采用频谱分析及小波分析的方法确定测站的周期特征。

7.3.1　谱分析

将信号源发出的信号强度按频率顺序展开，使其成为频率的函数，并考察变化规律，称为频谱分析。对信号进行频谱分析可以获得较时域分析更多的有用信息，如动态信号中的各频率成分和频率分布范围、各频率成分的幅值分布和能量分布，从而得到主要幅度和能量分布的频率值。GNSS 坐标时间序列的频谱分析通常采用快速傅里叶变换或者周期图法实现。

1. 快速傅里叶变换

傅里叶变换（Fourior Transformation，FT）可以将满足一定条件的函数表示成三角函数或者它们积分的线性组合，从而实现时间序列在时间域和频率域的变换。离散傅里叶变换（Discrete Fourier Transformation，DFT）是 FT 的一种，其实质是有限长序列傅里叶变换的有限点离散采样。设 $f(k)$ 是长度为 M 的有限长序列，则定义 $f(k)$ 的 N 点离散傅里叶变换为：

$$F(j) = \sum_{k=0}^{N-1} f(k) w^{jk}, \ j \in [0, \ N-1] \tag{7-1}$$

$F(k)$ 的离散逆变换为：

$$f(k) = \frac{1}{N} \sum_{j=0}^{N-1} F(j) w^{-jk}, \ k \in [0, \ N-1] \tag{7-2}$$

式中，$w = e^{-2\pi i / N}$；$|F(j)|$ 是 $f(k)$ 的振幅谱，功率与振幅的平方成正比，相应的谱称为功率谱（刘大杰等，2000）。

快速傅里叶变换（Fast Fourior Transformation，FFT）是一种非常有效的计算 DFT 的算法，其基本特点就是利用 DFT 的周期性和对称性，减少乘法和加法运算次数，从而大幅度减少 DFT 的计算工作量，但是 FFT 算法要求数据均匀采样。对 GNSS 连续观测站要求在数年的时间里均匀采样是不现实的，因此采用 FFT 计算坐标时间序列的频谱时需首先对其进行插值。当时间序列间断时间较短时，一般插值方法均可获得较好的效果（张恒瞬等，2011）。然而，当间隔时间较大时，通用的插值方法（如三次样条插值）效果不理想，甚至严重影响时间序列的分析结果。武艳强等人（2005）通过对 GNSS 和地震形变时间序列的研究，提出了多点三次样条插值的方法，在一定条件下可以解决时间序列处理中较多数据的缺失问题。韩英（2003）则提出了按间断天数不同分两类进行插值的思路。

2. 周期图法

周期图法是一种信号功率谱密度估计方法。该方法先取信号序列的离散傅里叶变换，然后取其幅频特性的平方除以序列长度 N，即

$$X(\mathrm{e}^{j\omega}) = \sum_{n=0}^{N-1} x(n)\,\mathrm{e}^{-j\omega n} \tag{7-3}$$

$$\hat{S}_{NX}(\omega) = \frac{1}{N}\,|X(\mathrm{e}^{j\omega})|^2 \tag{7-4}$$

由于序列 $x(n)$ 的离散傅里叶变换 $X(\mathrm{e}^{j\omega})$ 具有周期性，由此获得的功率谱 $\hat{S}_{NX}(\omega)$ 同样具有周期性，因此将其称为周期图。周期图是信号功率谱的有偏估计，与所选信号序列的长度有关，具有随机起伏的局限性。相对于 DFT 计算功率谱，周期图法计算速度较慢，但是周期图法计算频谱时不需要均匀采样的数据。国内外学者已就周期图法的随机起伏局限性提出了多种解决方法，其中改进的 Scargle 周期图法已广泛应用于非均匀 GPS 坐标时间序列频谱的计算（Scargle，1982；Williams，2008）。

7.3.2 小波分析

考虑到基准站坐标受多种地球物理现象的共同影响，有随机变化的因素，而频谱分析方法不能识别信号的局部特征，可以使用小波分析在时间域和频率域同时研究时间序列的变化特性。

小波就是小的波形。"小"是指它具有衰减性，如局部非零；"波"是指它的波动性，即振幅呈震荡形式。作为一种时间窗和频率窗都可改变的时频局域化分析方法，小波分析技术在时频两域都具有表征信号局部特征的能力，是时间序列分析的有效工具（李洁圆，2009）。

实际应用中通常把连续小波变换的尺度和平移参数离散化，使之转化为离散小波变换形式，二进离散小波变换公式如下（葛哲学等，2007）：

$$\Psi_{j,k}(t) = 2^{j/2}\Psi(2^j t - k) \tag{7-5}$$

$$W_f(j,k) = (f(t),\ \Psi_{j,k}(t)) \tag{7-6}$$

对任一信号 S，离散小波变换第一步运算是将信号分为低频部分 A_1（近似部分）和高频部分 D_1（细节部分）。第二步先改变尺度因子后再对低频部分 A_1 进行第一步的运算，依次反复进行，即有 $A_0 = A_1 \oplus D_1 = A_2 + D_2 + D_1 = \cdots$。假定采样率为 f_s，则信号序列包含的最高频率成分为 $\dfrac{f_s}{2}$、D_1、D_2、D_j 和 A_j 信号频率成分分别为 $\left[\dfrac{f_s}{4},\ \dfrac{f_s}{2}\right]$，$\left[\dfrac{f_s}{8},\ \dfrac{f_s}{4}\right]$，

$$\left[\frac{f_s}{2^{j+1}}, \frac{f_s}{2^j}\right], \left[0, \frac{f_s}{2^{j+1}}\right]。$$

7.4　GNSS 坐标时间序列的噪声特性常用分析方法

7.4.1　GNSS 基准站坐标所涉及噪声的数学描述

和许多其他地球物理现象一样，GNSS 基准站坐标所涉及噪声可以描述成一个幂律过程，其随时间的变化具有如下的功率谱形式：

$$P_x(f) = P_0\left(\frac{f}{f_0}\right)^{\kappa} \tag{7-7}$$

式中，f 表示频率；$P_x(f)$ 表示功率谱密度；P_0 和 f_0 表示正态化常数；κ 为谱指数，表示功率谱在双对数空间里的斜率。

自然过程的低频部分较高频部分噪声功率强，其谱指数范围为 $-3\sim-1$。这样的非静态过程称为"分形布朗运动"，其中包括 $\kappa=-2$ 的经典布朗运动（或称随机漫步过程）。$-1<\kappa<1$ 的静态过程叫做"分形高斯"过程，包括不相关白噪声（$\kappa=0$）。多数动态过程包含闪烁噪声（$\kappa=-1$），例如太阳黑子的变化、地球绕自转轴的抖动、海底洋流以及原子钟测量时间时的不确定性等。

Zhang 等人（1997）比较了上述三种特殊类型噪声与速率不确定度之间的关系。对于振幅为 a_0，数据采样间隔为 T，观测数据个数为 n 的纯白噪声过程，其估计速率的方差为：

$$\sigma_r^2 = \frac{12a_0^2}{T^2(n^3-n)}, \quad n>1 \tag{7-8}$$

对于振幅为 b_{-1}，数据采样间隔为 T，观测数据个数为 n 的闪烁噪声过程，有

$$\sigma_r^2 = \frac{9b_{-1}^2}{16T^2(n^2-1)}, \quad n>1 \tag{7-9}$$

对于振幅为 b_{-2}，数据采样间隔为 ΔT，观测数据个数为 n 的随机漫步噪声过程，有

$$\sigma_r^2 = \frac{b_{-2}^2}{T(n-1)}, \quad n>1 \tag{7-10}$$

由此可见，速度估计的方差与噪声类型、振幅、采样频率及数据个数有关。对白噪声有：$\sigma_r^2 \propto 1/n^3$（$\propto$ 为正相关）；对闪烁噪声有：$\sigma_r^2 \propto 1/n^2$；对随机漫步噪声有：$\sigma_r^2 \propto 1/n$。噪声类型在很大程度上影响了测站速度的不确定度（估计误差）。

目前，基准站坐标时间序列中包含相关有色噪声的结论已得到了广泛认可（Mao 等，1999；Williams，2003，2004，2006；Zhang 等，1997）。纯白噪声的假设会导致速率不确定度的过低估计，如 Zhang 等人（1997）认为使用白噪声+闪烁噪声模型代替白噪声模型时测站速率的不确定度将增大 3~6 倍。与此类似，Mao 等人（1999）得出结论：如果忽略相关噪声的影响，其速率不确定度将被过低估计达一个数量级。了解基准站坐标的时变噪声特征有助于获取模型参数估计的实际不确定度，正确分类及量化噪声分量对于合理应用

GNSS 坐标时间序列数据具有重要的作用。

7.4.2 噪声时间序列的获取

根据 SOPAC 给出的 IGS 基准站坐标改进函数模型，采用正弦、余弦函数描述测站的年周期、半年周期变化，将测站沿 N、E、U 方向的运动按照下式建模。

$$y(t_i) = a + bt_i + c\sin(2\pi t_i) + d\cos(2\pi t_i) + e\sin(4\pi t_i)$$
$$+ f\cos(4\pi t_i) + \sum_{j=1}^{n_g} g_j H(t_i - T_{gj}) + v_i \tag{7-11}$$

式中，t 表示单天坐标解历元，以年为单位；a 为测站位置，b 为线性速度；系数 c，d 描述测站的年周期运动；e，f 描述半年周期运动；$\sum_{j=1}^{n_g} g_j H(t_i - T_{gj})$ 为跳变改正项，其中 g_j 表示跳变振幅，T_{gj} 表示发生跳变的历元，n_g 表示跳变个数，H 为海维西特阶梯函数（Heaviside Step Function），在发生突变前 H 值为 0，发生突变后 H 值为 1；v_i 为观测噪声。这里的跳变时刻经分析确定后作为已知，因此模型是各项系数的线性函数，待求参数为：

$$\boldsymbol{x} = \begin{bmatrix} a & b & c & d & e & f & g \end{bmatrix}^{\mathrm{T}} \tag{7-12}$$

运动方程可表示为：

$$\boldsymbol{y} = \boldsymbol{A}\boldsymbol{x} + \boldsymbol{v} \tag{7-13}$$

式中，$\boldsymbol{A}$ 为参数的系数矩阵。若观测噪声为非相关白噪声，观测值协方差阵由日坐标解的独立方差 σ_i^2 定义：

$$\boldsymbol{C} = \begin{bmatrix} \sigma_1^2 & 0 & 0 & \cdots & 0 \\ 0 & \sigma_2^2 & 0 & \cdots & 0 \\ 0 & 0 & \sigma_3^2 & \cdots & 0 \\ \vdots & \vdots & \vdots & & \vdots \\ 0 & 0 & 0 & \cdots & \sigma_N^2 \end{bmatrix} \tag{7-14}$$

取单位权方差为 1，根据加权最小二乘解原则，可得未知参数的最优线性无偏估计值为：

$$\hat{\boldsymbol{x}} = (\boldsymbol{A}^{\mathrm{T}}\boldsymbol{C}^{-1}\boldsymbol{A})^{-1}\boldsymbol{A}^{\mathrm{T}}\boldsymbol{C}^{-1}\boldsymbol{y} \tag{7-15}$$

参数的协方差为：

$$\hat{\boldsymbol{C}}_x = \chi^2 (\boldsymbol{A}^{\mathrm{T}}\boldsymbol{C}^{-1}\boldsymbol{A})^{-1} \tag{7-16}$$

χ_v^2 为输出协方差阵的比例因子，采用下式计算：

$$\chi_v^2 = \frac{\hat{\boldsymbol{v}}^{\mathrm{T}}\boldsymbol{C}^{-1}\hat{\boldsymbol{v}}}{N - t} \tag{7-17}$$

式中，N 表示日坐标解的个数；t 为模型参数的个数。

拟合残差为：

$$\hat{\boldsymbol{v}} = \boldsymbol{y} - \boldsymbol{A}\hat{\boldsymbol{x}} \tag{7-18}$$

为了避免舍入误差引起的数值不稳定，方程（7-13）的最小二乘解可以采用正交三角分解（或者称"QR 分解"）求得：

$$A = QR \tag{7-19}$$

式中，Q 为正交矩阵；R 为非奇异上三角矩阵。于是参数的最小二乘估值可写为：

$$\hat{x} = R^{-1}Q^{\mathrm{T}}y \tag{7-20}$$

参数协方差阵 $\hat{C}_x$ 用于检验引入的坐标突变参数显著性，把估计出来的突变值和估计误差进行比较。如果估计的突变值小于一倍中误差，则认为该参数不显著，应从模型中去除。若跳变时刻已知，该步骤通常可以省略。为了确保所求参数的准确性，可根据显著性检验结果对模型进行多次迭代。初次模型参数求解完成后，采用相关算法对拟合残差 $\hat{v}$ 进行分析，剔除粗差影响。然后对剔除粗差的观测数据重建模，求得"净化"的噪声时间序列（即拟合残差 $\hat{v}$）。

7.4.3　谱指数的计算

通过计算谱指数可以直接认识 GNSS 坐标时间序列的噪声特性，其关键在于获得噪声序列及其功率谱。计算谱指数有很多不同的方法。Mao 等（1999）利用 Lomb 周期图，采用曲线拟合方法估计谱指数，其优势在于可以直接处理不等间距数据，而不需要对时间序列进行插值。对于同时具有白噪声和有色噪声的时间序列而言，曲线拟合可以避免直线拟合时由于高频部分白噪声占主导而低估低频部分时间相关的噪声。Nikolaidis（2002）则应用 Welch 算法对数据分段加窗（汉宁窗）处理求解功率谱，采用直线拟合计算谱指数。此时，通过拟合频率区间的选择可克服直线拟合存在的缺陷。Welch 算法可以减小估计的方差，达到一致估计的目的，但是也会带来谱分辨率下降的问题。在实际应用时必须兼顾分辨率与方差的要求，选择合适的分段数。加窗则可以减少谱泄露和旁瓣干扰，但有时会增强数据在低频部分的功率。黄立人（2006）采用多点三次样条插值方法（武艳强等，2005）对时间序列进行插值，分别应用多尺度正弦功率谱算法和周期图估计方法计算功率谱，采用直线拟合求谱指数，两种谱分析方法所得结果基本一致。考虑到计算速度，可以应用 FFT 算法计算功率谱，再选择恰当频率区间采用直线拟合计算谱指数（Nikolaidis，2002）。

测站各方向噪声时间序列 $\hat{v}$ 的功率谱密度可采用周期图估计获得：

$$p_v(f) = \frac{1}{N} \left| \sum_{n=0}^{N-1} v_i \exp(-2\pi \mathrm{i} n f) \right|^2 \tag{7-21}$$

噪声功率为：

$$P(f) = 10 \log_{10}\left(\frac{2P_v(f)}{f_s} \right) \tag{7-22}$$

式中，f_s 表示采样频率（1/d）。谱指数 κ 定义为功率谱在双对数空间的斜率：

$$\kappa = \frac{P(f)}{10 \log_{10} f} \tag{7-23}$$

为避免白噪声占主导的高频部分和 $f = 1/$（14 天）的噪声谱峰值影响拟合结果（Nikolaidis，2002），可采用 $f < 1/$（15 天）的频率和相应功率谱，应用最小二乘拟合求直线斜率，即谱指数。

7.4.4 极大似然估计

时间序列噪声分析也可以选用极大似然估计（Maximum Likelyhood Estimation，MLE）方法完成。频谱分析要求数据均匀采样，且依赖于频谱平均，无法使用时间序列的最长周期数据辅助估计频谱成分。MLE 方法可以同时估计噪声类型、周期性振幅、测站速度及不确定度，并且可以避开频谱分析的局限性，因此被认为是目前最准确的噪声分析方法（Zhang，et al.，1997）。

MLE 可以估计残差时间序列包含的白噪声及相关噪声的振幅。顾及幂律谱噪声的影响，对单天解坐标分量时间序列建立下列参数模型：

$$y(t_i) = a + bt_i + c\sin(2\pi t_i) + d\cos(2\pi t_i) + e\sin(4\pi t_i)$$
$$+ f\cos(4\pi t_i) + \sum_{j=1}^{n_j} g_i H(t_i - T_{hj}) + v_{t_i} \tag{7-24}$$

各变量含义同式（7-11）。v_{t_i} 为观测噪声，假设由振幅分别为 a_w 和 b_κ 的白噪声及幂律谱噪声组成，则有：

$$v_{t_i} = a_w \boldsymbol{\alpha}(t_i) + b_\kappa \boldsymbol{\beta}(t_i) \tag{7-25}$$

观测值协方差阵可表示为：

$$\boldsymbol{C} = a_w^2 \boldsymbol{I} + b_\kappa^2 \boldsymbol{J}_\kappa \tag{7-26}$$

式中，I 为单位阵；$\boldsymbol{J}_\kappa$ 对应谱指数为 κ 的幂律谱噪声协方差阵，表示为：

$$\boldsymbol{J}_\kappa = \boldsymbol{T}\boldsymbol{T}^{\mathrm{T}} \tag{7-27}$$

转换矩阵 $\boldsymbol{T}$ 的表达式为：

$$T = \Delta T^{-\kappa/4} \begin{bmatrix} \varphi_0 & 0 & 0 & \cdots & 0 \\ \varphi_1 & \varphi_0 & 0 & \cdots & 0 \\ \varphi_2 & \varphi_1 & \varphi_0 & \cdots & 0 \\ \vdots & \vdots & \vdots & \ddots & \vdots \\ \varphi_N & \varphi_{N-1} & \varphi_{N-2} & \cdots & \varphi_0 \end{bmatrix} \tag{7-28}$$

其中，$\varphi_n = \dfrac{-\dfrac{\kappa}{2}\left(1 - \dfrac{\kappa}{2}\right)\cdots\left(n - 1 - \dfrac{\kappa}{2}\right)}{n!}$，$n > 0$；$\varphi_0 = 1$，$n = 0$，$\Delta T$ 为采样间隔。当数据采样不等间隔时，对式（7-28）中矩阵各列分别乘上相应系数 $\Delta T_j = |t_j - t_{j-1}|$。$\kappa = -1$ 时表示闪烁噪声，$\kappa = -2$ 时表示随机漫步噪声。

方程（7-24）中，a、b、c、d、e、f、g 和噪声分量振幅 a_w、b_κ 为待求参数。由于随机模型未知，无法采用最小二乘求解模型参数，于是按照极大似然估计准则同时确定 a、b、c、d、e、f、g 和噪声分量振幅 a_w、b_κ，即选择不同的噪声模型，确定各噪声分量的大小，使得坐标序列的残差 $\hat{v}$ 与其协方差的联合概率密度值达到最大：

$$\mathrm{lik}(\hat{\boldsymbol{v}},\ \boldsymbol{C}) = \frac{1}{(2\pi)^{N/2}(\det\boldsymbol{C})^{1/2}}\exp(-0.5\hat{\boldsymbol{v}}^{\mathrm{T}}\boldsymbol{C}^{-1}\hat{\boldsymbol{v}}) \tag{7-29}$$

也即联合概率函数值的对数达到最大：

$$\mathrm{In}\big[\mathrm{lik}(\hat{\boldsymbol{v}},\ \boldsymbol{C})\big]=-0.5\big[\mathrm{In}(\det\boldsymbol{C})\big]+\hat{\boldsymbol{v}}^{\mathrm{T}}\boldsymbol{C}^{-1}\hat{\boldsymbol{v}}+N\mathrm{In}(2\pi)\big] \qquad (7\text{-}30)$$

不同的模型组合将得到不同的极大似然估值，选择估值最大的模型作为最优噪声模型（Langbein，et al.，1997；Mao，et al.，1999；Nikolaidis，2002；Zhang，et al.，1997）。对于不同的噪声模型，蒙特卡罗模拟实验表明：95%的显著水平下，当两种噪声模型的 MLE 之差大于 3.0 时，两种模型具有可区分性（Langbein，2004；Williams，et al.，2006）。

7.5　环境负载造成的 GNSS 基准站非线性位移

环境负载通常包括大气压负载、水文负载及非潮汐海洋负载等。众多研究成果已证实了环境负载造成的地表位移对于 IGS 基准站非线性运动的重要性（Lavallée，et al.，2010；Petrov，et al.，2004；Scherneck，et al.，，2003；Schuh，et al.，2004；Van Dam，et al.，1994；Tesmer，et al.，，2011；Tregoning，et al.，2009；Van Dam，et al.，1994；Van Dam，et al.，1997；Van Dam，et al.，，2001；Van Dam，et al.，2010；Zerbini，et al.，2001）。

7.5.1　环境负载产品

环境负载造成的三维地表位移通过将描述地表质量分布的格网模型与描述地球的单位脉冲响应的格林函数求卷积获得，表现为负载及响应位置的函数（Farrell，1972；Van Dam，et al.，1987）。目前，全球地球物理流体数据主要由以下机构提供：美国国家环境预测及大气研究中心（National Center for Environmental Predictions/National Center for Atmospheric Research，NCEP/NCAR）、美国航空航天局的全球陆面数据同化系统（Global Land Data Assimilation System of National Aeronautics and Space Administration，GLDAS/NASA）、欧洲中尺度天气预报中心（European Center for Medium Range Weather Forecasts，ECMWF）和美国喷气推进实验室所属的估计海洋环流及气候联盟（Estimating the Circulation & Climate of the Ocean/Jet Propulsion Laboratory，ECCO/JPL）。这些数据集代表了不同精度的环境负载模型，对负载效应具有直接的影响。

2002 年 2 月，IERS 所属的全球地球物理流体中心建立了负载特殊管理局 SBL（Special Bureau on Loading），其最终目的在于提供描述由所有环境负载引起的形变信息的近实时全球数据集，测站位移通过 ECMWF、NCEP 提供的逆气压及气压海洋模型得到的气压数据计算。IERS 采纳了使用地球物理模型改正负载影响的建议，改正信息由 IERS SBL 提供，以保证不同观测技术之间以及不同时间、不同地点的相同观测技术内部地球物理效应改正的一致性（Van Dam，et al.，2002）。GGFC 的成立为用户提供了获取多种环境负载产品的方便快捷的途径。2010 年，GGFC 重组为 4 个 SB：大气局、水文局、海洋局及组合产品管理局。

目前，GGFC 向用户提供应用于不同领域不同参考框架下的测站负载位移时间序列及全球负载格网，空间分辨率为 2.5°×2.5°，包括大气压、陆地储水量及海洋质量再分布造成的全球地表位移。QOCA（Quasi-Observation Combination Analysis software）同样可以用于计算质量负载造成的地表位移（Dong，et al.，2002）。除利用现有的地球物理工具外，另外一种获取环境负载效应的途径是自行建模。该方法需要了解丰富的负载理论及原理，因此对于缺少地球物理背景的大地测量研究人员来说并非最理想的选择。大地测量用户可依据不同的精度要求采用不同的方式实施环境负载建模，应用于 GNSS 坐标时间序列的非线性位移修正。

7.5.2　不同环境负载造成的基准站坐标时间序列特征

研究发现大气压变化造成的地表位移占 GNSS 高程估值总方差的 24%，造成的中高纬度地区测站垂直位移峰值差达 18mm。进行大气压负载改正可使得 GPS 坐标时间序列的 RMS 减小 2mm，且考虑地形影响的大气压负载改正较未考虑地形影响相比能显著减小高程时间序列的离散度（Van Dam，et al.，1994；Tregoning，et al.，2005；van Dam，et al.，2010）。

Van Dam 等（Van Dam，et al.，1997；Van Dam，et al.，2011）研究表明非潮汐海洋负载（Non-Tidal Ocean Loading，NTOL）位移时间序列的 RMS 约为 3mm，并会引起海岸线附近测站峰值差约 5mm，少数测站甚至可能达到 10mm 的垂直运动。采用 ECCO 提供的最新的洋底压力（Ocean Bottom Pressure，OBP）数据计算获得的 NTOL 时间序列可以使得 IGS 数据分析中心 MIT 提供的第一次全球 GPS 重新处理解 mi1 的高程坐标时间序列的离散度减少 70%，虽然 NTOL 的年周期信号仅为高程的 4%~5%。Zerbini 等（Zerbini，et al.，2004）、Williams 等（Williams，et al.，2011）发现 NTOL 改正分别能使亚得里亚海沿岸及北海南部区域 GPS 测站的高程方差减小 10% 和 44%，并且验证了高分辨率区域海洋模型 POLSSM 相对于全球模型 ECCO 的优越性。

除大气压及非潮汐海洋负载外，大陆储水量（Continental Water Storage，CWS）随时间的变化同样会造成垂直位移的较大波动，且主要呈现周年变化特征。Van Dam 等（Van Dam，et al.，2001）的研究成果表明，GNSS 测站垂直位移时间序列中超过一半的周年信号的振幅与相位可以通过 CWS 造成的模型化垂直位移的周年谐波解释。

7.5.3　RMS 的定义

精度是指误差分布的密集或离散的程度，也表示各观测结果与其数学期望的接近程度，是衡量偶然误差大小程度的指标。

准确度又称准度是指随机变量 X 的真值 $\tilde{X}$ 与其数学期望之差，即

$$\varepsilon = \tilde{X} - E(X) \tag{7-31}$$

准确度表征了观测结果系统误差大小的程度。

精确度是精度和准确度的合成，是指观测结果与其真值的接近程度，包括观测结果与其数学期望接近程度和数学期望与其真值的偏差。因此，精确度反映了偶然误差和系统误差联合影响的大小程度。精确度是一个全面衡量观测质量的指标。精确度的衡量指标为均方误差，均方误差开根号即为均方根（Root Mean Square，RMS），其结果为：

$$\text{RMS}(X) = \sqrt{\sigma_X^2 + (E(X) - \tilde{X})^2} \tag{7-32}$$

7.5.4　最优环境负载模型的建立及分析

GGFC 和 QOCA 均可以计算环境负载（包括大气压负载、非潮汐海洋负载以及水文负载）。GGFC 和 QOCA 最大的差异在于水文负载输入数据的不同。GGFC 根据 GLDAS 模型获得的月均雪水当量及土壤湿度值计算陆地储水量变化造成的地表位移，而 QOCA 的水文负载输入数据为 NCEP 再分析数据提供的积雪深度及土壤湿度。这些数据集代表了不同精度的环境负载模型，对负载效应的评价具有直接的影响。采用不同的质量负载数据计算得到的垂直位移可能不相同。比较不同数据源获得的环境负载效应的精度及差异有利于寻找更为有效的修正坐标时间序列非线性变化的方法。

GGFC 采用全球格网内插的方式计算不同测站处的环境负载效应。这种情况下，插值误差会传播至测站的负载时间序列，造成计算得到的负载效应与实际估值的偏离。为了消除这种偏差，我们根据地球弹性形变理论，采用 Farrell 格林函数与全球地表质量分布做卷积获得给定测站的负载效应，将该方法获得的负载位移时间序列称之为最优模型数据（Optimal Model Data，OMD），包括最优水文负载时间序列（optimal continental water storage，cws_optimal）、最优非潮汐海洋负载时间序列（optimal ocean bottom pressure，obp_optimal）及最优大气压负载时间序列（optimal atmospheric pressure loading，atml_optimal）。其中，对于 atml_optimal，我们采用经地形改正的高分辨率地表气压数据代替原始的 NCEP 数据计算大气压负载造成的测站位移，以降低复杂地形及较低空间分辨率导致的气压数据偏差影响（Jiang, et al., 2013；李昭，2012）。

我们选取了同一组 GPS 高程时间序列，研究分析了 3 种（GGFC、QOCA、OMD）不同环境负载建模方法的改正效果。通过对不同数据源的负载数据以及坐标时间序列预处理之后，对获得的环境负载位移和高程时间序列进行了组合。组合分两步：第一步分别计算三种不同数据源得到的负载效应和造成的测站垂直周位移时间序列；第二步对于所有选择的 IGS 基准站将三种数据源得到的负载和分别内插至 GPS 周时间序列的观测时刻，由此即可获得将环境负载改正后的 GPS 高程周时间序列。图 7-1 给出了 233 个 IGS 基准站的总负载绝对值的平均值空间分布，图中不同颜色代表不同位移量，白色圆圈表示该测站的负载位移大于对应的色标。总体而言，就同一测站来说，OMD 计算得到的负载值最小，GGFC 次之，QOCA 最大。不论采用哪种方法，负载造成的垂直位移均与温度带密切相关。最大的负载信号位于温带及寒带地区（中高纬度，通常大于 2mm），且主要集中在北温带；温带及热带区域的负载效应最弱（中低纬度，小于 2mm），尤其是热带地区。负载效应同样与测站距海洋的临近程度有关。相同纬度下，位于辽阔大陆中心的测站受环境负载的影响（大于 2mm）大于临近海岸线的测站（小于 1mm）。由此我们可以认为，对于 mm 级参考框架的建立，环境负载对 IGS 基准站的影响不可忽视，尤其对于北半球中高纬度及远离海洋的测站更是如此。

图 7-2 给出了选取的 233 个 IGS 基准站的原始高程及其经三种不同环境负载建模方法改正后的周时间序列。图中，黑线表示原始 GPS 周时间序列，绿线代表 QOCA 改正后结果，蓝线表示 GGFC 改正后结果，红线代表 OMD 改正后结果。右图红色圆圈表示不同温度带内本文采用的测站分布，4 个测站的名称及位置采用黑色字体标示。考虑到负载效应

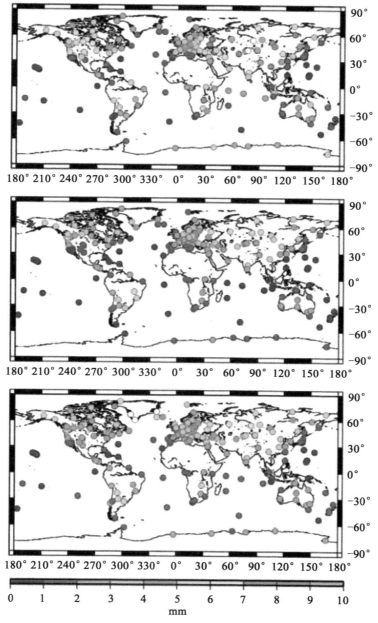

图 7-1 三种负载效应造成的垂直位移绝对值的平均值空间分布
（上：QOCA，中：OMD，下：GGFC）

与温度带的相关性，这里仅给出每个温度带内 2 个测站的组合结果。从图中可以清楚看到，环境负载模型确实能够解释部分 GPS 非线性变化，且负载效应因站而异。不同方法计算得到的同一测站处的负载效应同样各不相同，尤其是对于北半球的测站，例如 ankr、nya1。除此以外，图 7-2 还表达了一个明显的特征：QOCA 负载改正值与原始 GPS 高程时

167

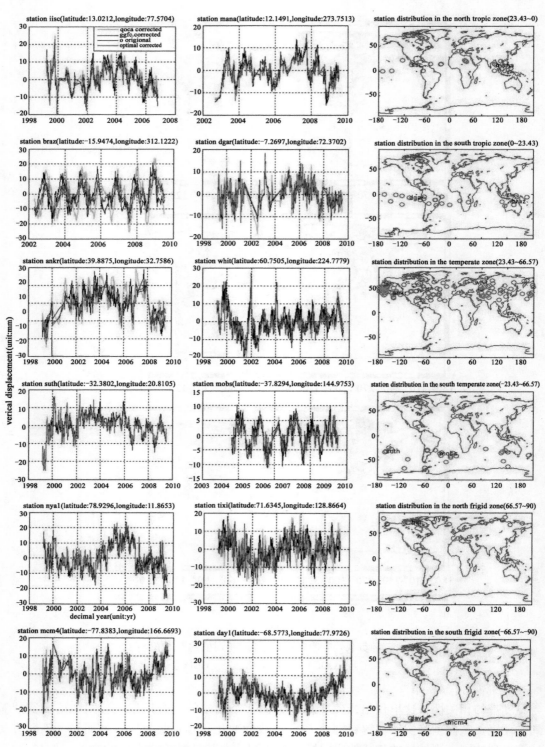

图 7-2　环境负载改正前后测站高程时间序列变化及选取的 IGS 基准站

间序列的符合程度次于其余两种数据源。

为了进一步评估采用不同环境负载建模方法对 GPS 坐标时间序列的影响，分别计算了三种建模方法得到的负载改正前后 GPS 周时间序列的 RMS 差。

图 7-3、图 7-4 分别描述了根据三种环境负载时间序列计算得到的 RMS 差的二维和三维空间分布。OMD 的改正效果最好，GGFC 次之，QOCA 较差。三种负载时间序列改正获得的 RMS 差与经度分布、负载 RMS 及 GPS 原始时间序列的 RMS 均不相关。

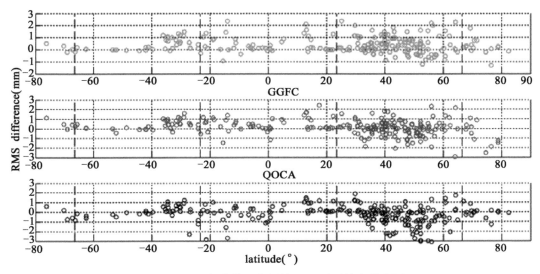

图 7-3　三种负载模型获得的 RMS 差随纬度分布图
（上：OMD，中：GGFC，下：QOCA）

采用 OMD 负载改正后，全球 172 个 IGS 基准站（占 233 个测站的 73.8%）高程时间序列的 RMS 减小（图 7-2（上）、图 7-3（中））。不论南北半球、热带及温带区域多数测站的 RMS 减小，最显著的改正效果（RMS 差>1mm）聚集在亚洲、大洋洲、北美以及南美的少数测站。就 RMS 增大的测站来说，负值绝对值较大的测站主要集中在纬度约大于 40°的北温带（尤其是欧洲区域）。由此推测该区域可能存在某种未模型化的地球物理现象，例如基岩热膨胀等因素的影响，但仍需进一步分析验证。造成 RMS 增大的另外一个可能主要原因是 GPS 数据处理策略的不完善，如未模型化的高阶电离层延迟及 S1-S2 大气潮汐造成的不同区域测站坐标估值偏差与环境负载效应的相互作用。RMS 增大的测站中，仅 2 个测站的 RMS 增大量大于 1mm（thu1，格陵兰；wsrt，荷兰）。Thu3 及 thu1 站为并置站，二者的负载时间序列几乎相同，其 RMS 差却存在显著差异，分别为 0.07 及 −1.30，由此推断 thu1 站的 RMS 差的增大主要由 GPS 技术误差引起而非环境负载效应。

由图 7-3 和图 7-4 的结果看，GGFC 的改正效果略逊于 OMD，63.5% 的测站经 GGFC 负载改正后 RMS 减小。由于 GLDAS 模型的缺陷，负载改正使得位于格陵兰的测站及北极部分测站的 RMS 增大，应避免采用 GGFC 模型修正该区域的 GPS 坐标时间序列。根据 GGFC 模型得到的全球其他区域测站的 RMS 差与 OMD 表现为几乎相同的分布趋势，只不

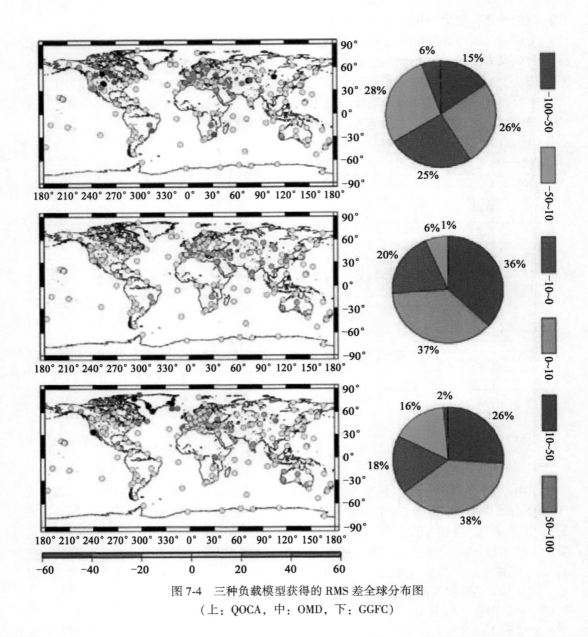

图 7-4   三种负载模型获得的 RMS 差全球分布图
（上：QOCA，中：OMD，下：GGFC）

过对于同一区域，OMD 的改正效果较 GGFC 相比更为显著，其原因主要在于 OMD 采用了经地形改正的高分辨率气压数据。另外，OMD 直接计算特定位置的负载效应，而 GGFC 采用内插的方法，插值误差可能导致环境负载结果的偏差。尽管如此，经 GGFC 负载修正后的南极洲 IGS 基准站的 RMS 全部减小，而 OMD 则没有这种优势，造成这种异常的原因可能源于该区域的地形误差。就 GGFC 负载改正结果与温度带的相关性而言，热带、南温带及南寒带多数测站的 RMS 经 GGFC 改正后减小，北温带及北寒带区域多数测站却经 GGFC 负载改正后 RMS 增大。就区域而言，RMS 减小的测站主要聚集在北美、南非、亚洲、大洋洲及南极洲，而 RMS 增大的测站除格陵兰及北极外主要位于欧洲区域。

与 GGFC、OMD 相比，QOCA 的负载改正效果不是很理想，仅能使得 41.2% 的全球 IGS 基准站 RMS 降低（96/233），且 RMS 差值与温度带或南北半球均无相关性。实施 QOCA 负载改正后，北美、南美、欧洲、亚洲、南非及南极洲的多数测站 RMS 增大，尤其是北美中部及亚洲中部区域。除大洋洲外，RMS 减小的多数测站位于陆海交界处或者海洋区域。虽然 QOCA 直接计算每个测站的负载效应，而 GGFC 采用内插的方法，对于选择的 GPS 数据来说，QOCA 的负载改正效果不如 GGFC。笔者认为造成此差异的原因可能有：ATML、CWS 负载建模采用的不同输入数据及 CE 与 CF 框架的近似。考虑到 CE 与 CF 的微小差异，笔者认为 QOCA 负载改正结果不理想的主要原因在于 NCEP 提供的气压及水文数据的不准确。

总之，三种方法获得的负载效应因站而异，OMD 的改正效果最好，GGFC 次之。OMD 得到的负载位移时间序列的 RMS 最小（小于 7mm），GGFC 次之（除格陵兰地区的异常值外，最大 RMS 为 8.9mm），QOCA 最大（RMS 达 12.2mm）。不同方法获得的负载 RMS 均随纬度升高而变大，且在相同的温度带内表现为相同的变化趋势。环境负载造成的地表位移能够解释部分 GPS 非线性变化，不论采用哪种方法，尤其是对于北半球中高纬度地区的 IGS 基准站的影响不可忽视。

7.6 中国区域 IGS 基准站坐标时间序列特征分析

本节以中国区域 IGS 基准站为例，提供开展 GNSS 坐标时间序列分析的应用实例（姜卫平等，2013；李昭等，2012）。

7.6.1 采用的数据

1. GPS 数据

以 ITRF2005 框架下中国区域 11 个 IGS 基准站 1995—2010 年的坐标时间序列（SOPAC 提供）为研究对象，深入分析中国区域 IGS 基准站的时间序列特征。时间序列最短跨越年限 5.1 年，最长 15.2 年，平均 9.9 年。各测站地理位置分布如图 7-5 所示，其经纬度、测站标石类型及时间序列的相关信息见表 7-1。

2. 地球物理数据

蒋志浩等（2010）对国家 CORS 基准站坐标时间序列的分析结果表明，环境负载（包括大气压负载、非潮汐海洋负载及水文负载）变化引起的地壳非构造形变是我国 CORS 站高程分量有色噪声的主要来源。考虑到选取的 SOPAC 测站坐标时间序列并未进行环境负载改正，为了从时间序列中分离这些因素的影响，进一步分析其对时间序列特征的影响，本节采用独立的地球物理模型获取不同环境负载引起的测站位移，以此修正 SOPAC 的结果。计算大气压负载所需的全球地表气压由 NCEP 再分析数据提供，时间分辨率为 6 小时，空间分辨率为 $2.5'' \times 2.5''$；非潮汐海洋负载使用美国国家海洋合作计划（National Oceanographic Partnership Program，NOPP）制定的 ECCO 模型提供的全球海底压力格网数据计算，时间分辨率为 12h，空间分辨率为 $1° \times (0.3° \sim 1°)$。水文负载考虑积雪

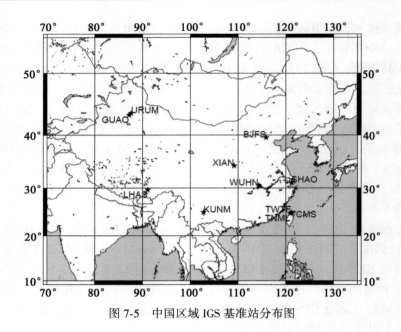

图 7-5　中国区域 IGS 基准站分布图

深度和土壤湿度引起的地表储水量变化，同样由 NCEP 再分析数据提供，空间分辨率为
1. 875°×1. 875°。

表 7-1　　　　　　　　　　　　　中国区域 IGS 基准站时间序列概况

测站	纬度（°）	经度（°）	时间段/a	观测数/ 跨越年限	天线墩类型及地质特征
URUM	43. 807949	87. 600664	1998. 8370—2009. 5110	3904/10. 7	混凝土天线墩，基岩
GUAO	43. 471108	87. 177307	2002. 4589—2009. 5219	2582/7. 1	加固混凝土天线墩，变质岩
BJFS	39. 608602	115. 892483	1999. 8068－2010. 1795	3791/10. 4	混凝土天线墩，风化沉积岩
XIAN	34. 368672	109. 221491	1996. 3811—2001. 4781	1872/5. 1	水泥柱天线墩
SHAO	31. 099643	121. 200441	1995. 0260—2010. 1795	5552/15. 2	混凝土天线墩，沉积岩
WUHN	30. 531654	114. 357259	1996. 0697—2010. 1795	5155/14. 1	花岗石天线墩，沙砾沉积岩
LHAS	29. 657339	91. 103986	1995. 3767—2007. 0808	4303/11. 8	屋顶水泥柱天线墩，沙砾层
KUNM	25. 029540	102. 797194	1998. 7712—2010. 1795	4169/11. 4	混凝土天线墩，沉积砾岩
TWTF	24. 953600	121. 164500	2001. 8589—2010. 1795	3040/8. 3	屋顶钢筋天线罩
TCMS	24. 797986	120. 987389	2004. 0697—2010. 1795	2425/6. 6	屋顶钢筋天线罩，新生沉积黏土
TNML	24. 797955	120. 987344	2002. 4808—2010. 1795	2813/7. 7	屋顶钢筋天线罩，新生沉积黏土

7.6.2 方案设计

1. 数据处理策略

就全球 GPS 单日解坐标时间序列而言，若不采取任何措施减少测站的空间相关噪声，白噪声+闪烁噪声是反映 N、E、U 三个方向噪声特性的最适合随机模型（Williams，et al.，2004）。由于各测站所处的环境不同，产生噪声的来源也可能互不相同，其噪声特性可能也不完全相同，且距 Williams 等（Williams，et al.，2004）的研究成果至今已有 7 年时间，累积的时间序列可能有助于探测低频随机漫步噪声的存在。同时考虑到测站变化的周期性特性，有色噪声的确定性以及 GPS 技术中可能存在的高斯马尔可夫随机误差，本节选取 FN+WN，FN+VW，RW+WN，FN+RW+WN，PL+WN，FOGM+RW+WN 以及 BPPL+WN 七种噪声模型，采用 CATS 软件对所选取的 11 个基准站进行噪声分析（Williams，2008）。此外，采用 QOCA 对选取的 11 个基准站进行环境负载改正，并对改正后的时间序列采用上述模型重新进行噪声分析，以此研究环境负载对测站噪声特性的影响。

2. 最优噪声模型评价准则

考虑到 MLE 方法相对于频谱分析的优越性，我们采用 MLE 方法对中国区域 IGS 基准站坐标时间序列进行噪声分析。根据极大似然估计原理，不同的噪声模型组合将得到不同的极大似然对数值，数值越大，结果越可靠。然而噪声模型包含的未知参数越多，其 MLE 值越大（Langbein，2008）。为了确保结果的可靠性，不能简单选择 MLE 值较大的模型作为最优噪声模型。本节按照估计参数数目的多少将模型分为三类，选用 Langbein 提出的保守估计准则判断不同模型的优劣。首先分别计算 FN+WN 及 RW+WN 组合模型（两个未知参数）的 MLE 值，选取 MLE 值较大的模型作为零假设。然后将 PL+WN 与 FN+RW+WN 模型（三个未知参数）的 MLE 值分别与零假设作比较，如果 MLE 差值大于 2.6 则拒绝零假设，认为该模型更优，否则接受零假设，认为所选的复杂模型无效。若 PL+WN 及 FN+RW+WN 均优于零假设，则选择 MLE 值较大者作为"最优"模型。最后将 BPPL+WN 与 FOGM+RW+WN 模型计算得到的 MLE 值与前面得到的"最优模型"比较，接受 BPPL + WN 模型的阈值设为 2.6，接受 FOGM + RW + WN 模型的阈值设为 5.2（Langbein，2004，2008）。

7.6.3 顾及环境负载改正的中国区域 IGS 基准站最优噪声模型建立

1. 环境负载改正前最优噪声模型的确定

采用上文所说的数据处理策略，根据最优噪声模型评价准则，对选取的 11 个 IGS 基准站进行上述 7 种组合噪声模型分析，得到了计算质量负载改正前中国区域 IGS 基准站分量噪声特性的最优模型。图 7-6 给出了 11 个 IGS 站共 33 个分量的最优噪声模型分布。

从图 7-6 可以看到中国区域 IGS 基准站分量的噪声特性存在多样性，主要表现为 FN+WN 和 BPPL+WN 模型，其他复杂模型也占有一定比例。大部分测站的 N、E、U 分

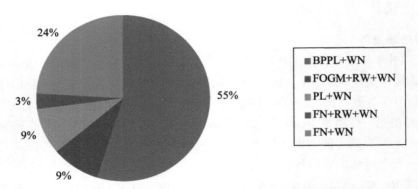

图 7-6 计算环境负载改正前的中国区域 IGS 基准站分量最优噪声模型分布

量表现出不同的噪声特性，因此寻找时间序列变化特征的物理解释时需对各分量区别对待。另外，地理位置相近测站的时间序列也可能具有不同的噪声特征（例如 TNML、TCMS 站 N 分量）。考虑到地球物理效应的空间相关性，有的测站可能存在有较大的系统误差。

此外，计算得到的各测站分量 FN+VW 模型的 MLE 值明显大于其他组合模型，与袁林果等（袁林果等，2008）的结果一致，但是我们认为 VW 模型仅能反映测站分量的质量好坏，并不能作为基准站的最优噪声模型。为了确保结果的可靠性，本节最优噪声模型的确定不考虑 FN+VW 模型。

2. 环境负载造成的测站位移

就季节性尺度来说，环境负载引起的测站位移是 GPS 位置时间序列的主要特征（Langbein, et al., 1997）。为了分离地球物理效应的影响，通常采用 Farrell 格林函数与独立环境负载数据的卷积计算不同质量负载引起的测站位移，然后从 GPS 时间序列里扣除这部分影响（Farrell, 1972；Tregoning, et al., 2005；李英冰，2003；张诗玉，2004）。

采用 QOCA 软件计算了 1995 年 1 月 1 日—2010 年 4 月 1 日期间大气压负载、非潮汐海洋负载、积雪深度及土壤湿度负载对中国区域 11 个 IGS 基准站的日位移影响。图 7-7 分别表示四种质量负载造成的 SHAO 站 N、E、U 方向的日位移。

从图 7-7 及其他测站的计算结果表明，不同环境负载对测站的影响均表现为 U 方向最大，N、E 方向影响较小，与已有研究成果一致（王敏等，2005；袁林果等，2008；朱文耀等，2003）。部分质量负载对测站的影响与其地理环境密切相关，同一测站对不同质量负载的敏感度也不同。就选取的 11 个 IGS 基准站而言，土壤湿度负载造成的测站位移最大，大气压负载、非潮汐海洋负载次之，积雪负载对测站位移的影响最小，且随纬度降低而减小。

3. 环境负载改正后最优噪声模型的确定

根据上述计算结果对中国区域 11 个 IGS 基准站 N、E、U 方向的位移进行地表质量负

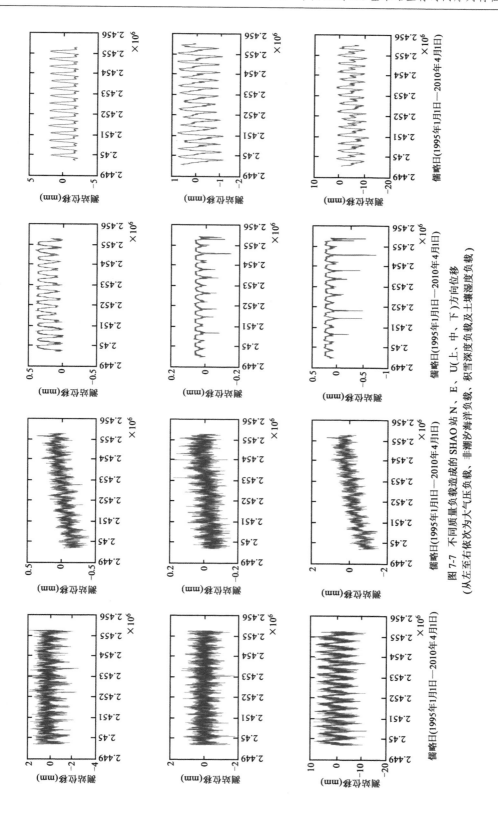

图 7-7　不同质量负载造成的 SHAO 站 N、E、U(上、中、下)方向位移
（从左至右依次为大气压负载、非潮汐海洋负载、积雪深度负载及土壤湿度负载）

载改正，并对改正后的坐标时间序列重新进行噪声分析，我们得到了适合于扣除地表质量负载影响后的中国区域 IGS 基准站分量最优噪声模型。图 7-8 表示各测站分量所属最优噪声模型的比例分布。与图 7-6 相比，计算环境负载改正后 FN+WN 模型的比例有所增大，BPPL+WN 和 FN+RW+WN 模型比例减少。

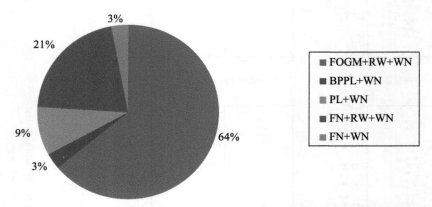

图 7-8　计算环境负载改正后的中国区域 IGS 基准站分量最优噪声模型分布

7.6.4　数据分析与讨论

1. 噪声模型对速度及速度不确定度的影响

以 SOPAC 提供的速度及速度不确定度为基准，比较未计算环境负载改正前确定的测站分量最优噪声模型下的速度及速度不确定度值与 SOPAC 的差值，相同及不同噪声模型下各测站分量的速度及速度不确定度差值分布如图 7-9 所示。

从图 7-9（a）、图 7-9（b）可以看出，就相同的 FN+WN 模型而言，结果与 SOPAC 基本一致。83%的速度差值小于 0.2mm/a，N、E 方向最大为 0.16mm/a，个别测站 U 方向最大达到 0.58mm/a；78%的速度不确定度差值小于 0.04mm/a，N、E 方向最大为 0.08mm/a，个别测站 U 方向最大为 0.17mm/a。考虑舍入误差的影响，可以认为计算得到的结果是合理可靠的。另外，得到的 FN+WN 模型下 N 方向的速度全部小于 SOPAC 提供的速度，E、U 方向则没有这个特点，其原因可能是由于 CATS 软件和 SOPAC 数据处理方式的差异造成的（例如二者对阶跃性突变的处理方式）。

从图 7-9（c）、图 7-9（d）可以看出，相对于 FN+WN 模型而言，不同的复杂噪声模型对测站速度及不确定度会产生一定的影响，U 方向影响最大，E 方向次之，N 方向最小。40%的测站分量对应于不同噪声模型的速度差值小于 0.1mm/a，47%的分量差值约为 0.1~0.3mm/a，13%的测站 U 分量与 SOPAC 提供的速度差超过 1mm/a；速度不确定度受不同噪声模型的影响量级约为亚毫米（0.1~0.8mm/a，占分量总数的 87%），少数 U 分量差值>1mm/a（占分量总数的 13%）。由此可以得出结论，对于 mm 级高精度参考框架的建立及板块运动分析来说，我们需要顾及不同噪声模型带来的这种差异。由于仅采用了中

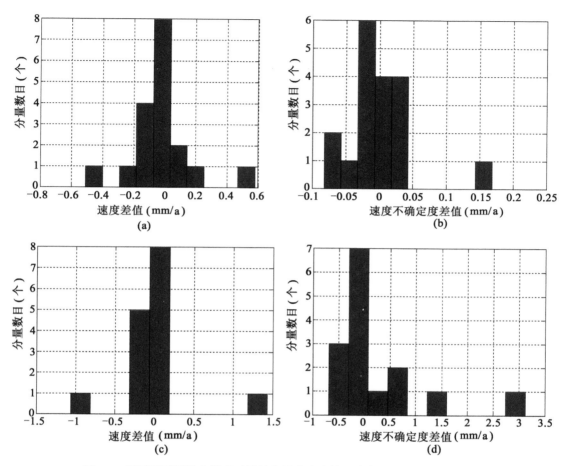

图 7-9 相同及不同噪声模型下测站分量速度及其不确定度与 SOPAC 的差值

（（a）、（b）：相同模型，（c）、（d）：不同模型）

国区域 11 个 IGS 基准站的数据分析测站的噪声特性，仅能反映复杂噪声模型和 FN+WN 模型获得的速度及不确定度差异量级，对于不同模型获得的速度不确定度较 FN+WN 模型的优越性（即哪种模型获得的不确定度更接近测站的实际状况）还需要采用更多测站数据进行验证。

2. 环境负载对噪声模型的影响

理想情况下，GPS 测站位置时间序列的噪声特性应表现为纯白噪声，然而实际情况下并非如此。从 7.6.3 可知，中国区域 IGS 基准站坐标时间序列表现为有色噪声特征。通常认为地球物理效应及与 GPS 技术相关的系统误差是产生有色噪声的潜在来源。为了分析计算的四种环境负载对 IGS 基准站噪声模型的影响，表 7-2 列出了负载改正前后 11 个基准站 N、E、U 分量的最优噪声模型。

表 7-2　　　　　　　　　　环境负载改正前后各测站分量的最优噪声模型比较

测站名	N 分量最优噪声模型		E 分量最优噪声模型		U 分量最优噪声模型	
	计算质量负载改正	未计算质量负载改正	计算质量负载改正	未计算质量负载改正	计算质量负载改正	未计算质量负载改正
URUM	*FN+WN*	PL+WN	FOGM+RW+WN	FOGM+RW+WN	*PL+WN*	FN+RW
GUAO	*PL+WN*	BPPL+WN	BPPL+WN	BPPL+WN	BPPL+WN	BPPL+WN
BJFS	FN+WN	FN+WN	*FN+WN*	BPPL+WN	*FN+WN*	BPPL+WN
XIAN	FN+WN	FN+WN	*BPPL+WN*	FN+WN	*FN+WN*	PL+WN
SHAO	FN+WN	FN+WN	BPPL+WN	BPPL+WN	FN+WN	FN+WN
WUHN	*BPPL+WN*	FN+WN	FN+WN	FN+WN	*BPPL+WN*	FN+WN
LHAS	FN+WN	FN+WN	FN+WN	FN+WN	FN+WN	FN+WN
KUNM	FN+WN	FN+WN	BPPL+WN	BPPL+WN	FN+WN	FN+WN
TWTF	*FN+WN*	FN+RW	FN+WN	FN+WN	FN+RW	FN+RW
TCMS	*FN+WN*	BPPL+WN	FN+WN	FN+WN	FN+WN	FN+WN
TNML	PL+WN	PL+WN	FN+WN	FN+WN	FN+WN	FN+WN

注：斜体部分表示计算地表负载改正后最优噪声模型发生变化的测站分量。

从表 7-2 可以看出，经地表负载改正后 11 个测站分量的噪声特性发生了变化（占总数的 33%），主要体现在 N、U 分量，E 分量受到的影响较小。噪声类型的变化因站而异，并无显著规律，例如 BJFS 站的 E、U 分量经负载改正后带通噪声减小，而 WUHN 站的 N、U 分量的噪声特性却由原来的 FN+WN 表现为 BPPL+WN。由此看来，环境负载对测站坐标时间序列的影响不可忽视（尤其是 N、U 分量），为了能对其噪声特性进行准确分析，需要考虑其影响。

经负载改正后 FN+WN 模型的比例有所增大（从 51%增大到 64%），BPPL+WN 和 FN+RW+WN 模型比例减少，各测站分量的 BP 振幅（周期为 0.5~1.5 年）及 RW 振幅普遍出现变化。比较 7.6.3 得到的负载改正结果，可以认为计算的四种环境负载会引起除周年、半周年以外的谐波变化，对测站时间序列的影响可能表现为 BP 或者 RW 特性。考虑到负载模型的准确性以及采用测站数目的局限性，关于其确定影响还需做进一步深入研究。

3. 环境负载对线性速度及不确定度的影响

表 7-3 列出了计算四种环境负载改正前后各测站分量最优噪声模型下的线性速度及不确定度，其速度及速度不确定度差值分布如图 7-10 所示。

表 7-3　　　　　改正前后各测站分量最优噪声模型下的线性速度及不确定度比较

测站名	N 分量		E 分量		U 分量	
	计算质量负载改正	未计算质量负载改正	计算质量负载改正	未计算质量负载改正	计算质量负载改正	未计算质量负载改正
URUM	6.802±0.26	6.697±0.461	30.681±0.102	30.680±0.103	−1.640±2.045	−1.263±3.822
GUAO	5.879±0.152	5.936±0.06	31.547±0.043	31.558±0.043	1.089±0.142	1.253±0.436
BJFS	−10.468±0.210	−10.454±0.192	30.550±0.223	30.629±0.135	2.331±0.462	2.149±0.192
XIAN	−11.040±0.502	−11.003±0.473	33.281±0.449	33.710±0.818	0.839±1.11	1.537±0.517
SHAO	−13.526±0.192	−13.506±0.185	31.966±0.056	31.964±0.057	−0.646±0.366	−0.579±0.402
WUHN	−11.183±0.308	−11.272±0.220	32.118±0.271	32.121±0.271	−0.495±0.602	0.178±0.611
LHAS	15.592±0.198	15.641±0.194	45.953±0.304	45.956±0.301	0.672±0.415	0.693±0.432
KUNM	−19.14±0.188	−19.102±0.178	30.458±0.812	30.465±0.843	−0.119±0.513	−0.038±0.538
TWTF	−12.874±0.327	−12.810±1.083	33.005±0.385	33.012±0.383	1.693±2.090	1.805±2.053
TCMS	−9.234±0.448	−9.436±0.152	29.809±0.431	29.786±0.440	0.628±0.778	0.602±0.869
TNML	−9.786±0.167	−9.731±0.164	30.013±0.319	30.018±0.322	−0.465±0.486	−0.339±0.546

注：斜体部分表示计算环境负载改正后最优噪声模型发生变化的测站分量。

从表 7-3 及图 7-10 可以看出，整体来说，计算的四种环境负载对测站的速度及速度不确定度具有一定的影响。速度变化较小，30%表现为 1/10mm/a 量级，48%表现为 1/100mm/a 量级，22%表现为 1/1000mm/a。其中，U 分量最大，表现为 1/10～1mm/a，N 分量次之，为 1/100～1/10mm/a 量级，E 分量最小，为 1/1000～1/100mm/a 量级。速度不确定度变化略小于速度变化，且范围更为集中，21%表现为 1/10mm/a 量级，39%表现为 1/100mm/a 量级，36%表现为 1/1000mm/a 量级。其中，N、U 方向相当，为 1/100～1/10mm/a 量级，E 分量最小，为 1/1000～1/100mm/a 量级；76%的测站速度（包括三个分量）表现出速度减小的现象，速度不确定度则没有显著增大或减小趋势。结合 7.6.3 的计算结果，可以认为，现有机构提供的测站线性速度成果可能不准确，其对应的速度不确定度同样可能不符合实际；环境负载会造成测站的线性速度及速度不确定度变化，U、N 方向较大，E 方向较小，速度变化最大达到 0.7mm/a，不确定度变化最大甚至超过 1.5mm/a，板块运动分析时需扣除其影响。

4. 环境负载对测站周年、半周年振幅的影响

为了研究计算的四种环境负载与中国区域 IGS 基准站周期振幅之间的关系，分别估计了不同噪声模型下考虑、未考虑质量负载影响的测站周年、半周年振幅，最优噪声模型下的结果如表 7-4 所示。

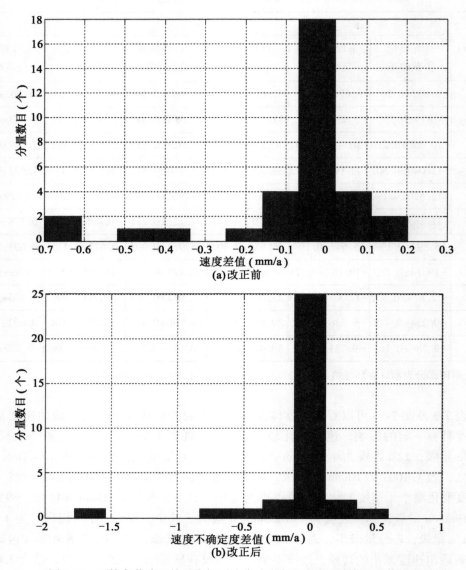

图 7-10　环境负载改正前后全部测站分量速度及速度不确定度差值分布

表 7-4　　　　　　　　计算环境负载改正前后测站分量的周年、半周年振幅

测站名	N 分量周年、半周年振幅(mm)		E 分量周年、半周年振幅(mm)		U 分量周年、半周年振幅(mm)	
	计算质量负载改正	未计算质量负载改正	计算质量负载改正	未计算质量负载改正	计算质量负载改正	未计算质量负载改正
URUM	1.589 0.189	1.245（1.3） 0.717（0.7）	2.775 0.465	2.492（2.6） 0.478（0.5）	8.315 1.761	10.074（10.3） 0.725（0.7）

测站名	N 分量周年、半周年振幅(mm)		E 分量周年、半周年振幅(mm)		U 分量周年、半周年振幅(mm)	
	计算质量负载改正	未计算质量负载改正	计算质量负载改正	未计算质量负载改正	计算质量负载改正	未计算质量负载改正
GUAO	4.284 0.565	2.167 (2.2) 0.086 (0.1)	1.923 0.473	1.829 (1.8) 0.413 (0.4)	9.940 2.834	6.016 (5.9) 1.815 (1.8)
BJFS	2.776 0.757	0.204 (0.2) 0.510 (0.5)	1.814 0.440	1.169 (1.2) 0.357 (0.4)	2.448 2.911	8.701 (8.7) 0.890 (0.9)
XIAN	2.945 0.932	2.417 (2.4) 1.223 (1.2)	1.135 1.342	1.220 (1.2) 1.591 (1.5)	4.591 0.593	4.593 (4.9) 1.634 (1.6)
SHAO	1.136 0.552	1.108 (1.0) 0.703 (0.7)	0.335 0.522	0.440 (0.5) 0.435 (0.4)	3.939 2.120	5.316 (5.6) 0.360 (0.4)
WUHN	2.260 0.857	1.044 (1.1) 0.999 (1.0)	1.004 0.226	1.305 (1.3) 0.152 (0.1)	4.478 1.282	4.935 (4.8) 0.812 (0.8)
LHAS	4.398 1.098	1.596 (1.5) 0.993 (1.1)	2.749 1.277	2.095 (2.0) 1.067 (1.1)	2.048 1.421	4.805 (4.8) 2.109 (2.3)
KUNM	3.137 0.654	1.178 (1.1) 0.460 (0.5)	1.731 0.459	1.939 (1.9) 0.457 (0.5)	9.248 2.383	7.293 (7.4) 1.586 (1.5)
TWTF	2.974 1.026	1.915 (2.0) 0.836 (0.9)	4.346 1.662	4.940 (4.9) 1.555 (1.5)	3.514 1.030	3.933 (3.7) 0.645 (0.5)
TCMS	0.560 0.129	0.014 (0.3) 0.107 (0.0)	1.817 1.119	2.148 (2.2) 1.028 (1.1)	1.014 1.021	1.318 (1.1) 1.183 (1.3)
TNML	1.557 0.847	0.706 (0.8) 0.602 (0.6)	1.752 1.403	2.261 (2.3) 1.289 (1.3)	3.217 1.297	3.420 (3.4) 0.993 (1.1)

注：括号内数字表示 SOPAC 提供的周年、半周年振幅。

负载改正前后各测站分量的周年振幅及其变化随纬度分布如图 7-11、图 7-12 所示。总体来说，不论计算质量负载改正与否，各测站运动均存在显著的周年振幅。未考虑负载影响时，U 分量最大，为 3~10mm，E 分量次之，为 1~5mm，N 分量最小，为 1~2mm，与 Meisel 等（Meisel, et al., 2009）结果一致。计算负载改正后，U 分量周年振幅仍然最大，为 1~10mm，N、E 分量较小，为 1~5mm，其中 N 分量周年振幅略大于 E 分量。所有测站 N 分量周年振幅全部变大，变化为 0~2.8mm，E 分量变化较为平缓集中，为 -0.6~0.7mm，U 分量除 2 测站分别增大 4mm、2mm 外，其余全部减小（80%），为 0.2~6.3mm，且变化较为剧烈。

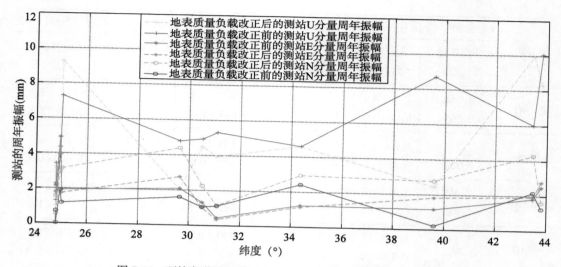

图 7-11   环境负载改正前后各测站分量周年振幅随纬度分布图

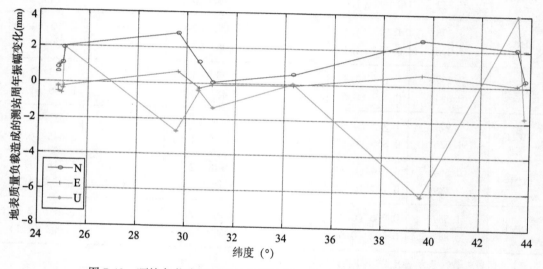

图 7-12   环境负载改正造成的各测站分量周年振幅变化随纬度分布图

负载改正前后各测站分量的半周年振幅及其变化随纬度分布如图 7-13、图 7-14 所示。从图中可以看出，各测站半周年振幅明显小于周年振幅。计算负载改正前，测站 U 分量半周年振幅较大，为 0.4~2.1mm，E 分量次之，为 0.4~1.6mm，N 分量最小，为 0.1~1.2mm。负载改正后，U 分量半周年振幅为 1~3mm，E 分量为 0.4~1.7mm，N 分量为 0.1~1mm。U 分量变化最大，为−1~2mm，N 分量次之，为−0.5~0.5mm，E 分量最小，为−0.2~0.2mm。

由此可以得出结论，计算的四种环境负载确实会造成中国区域 IGS 基准站的周年、半

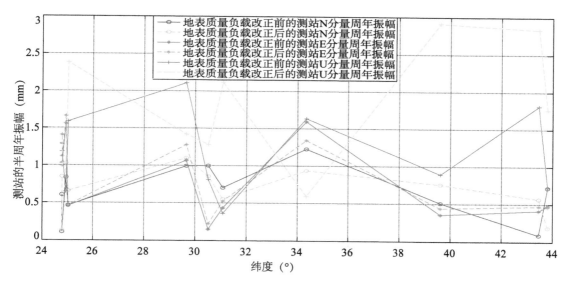

图 7-13 环境负载改正前后各测站分量半周年振幅随纬度分布图

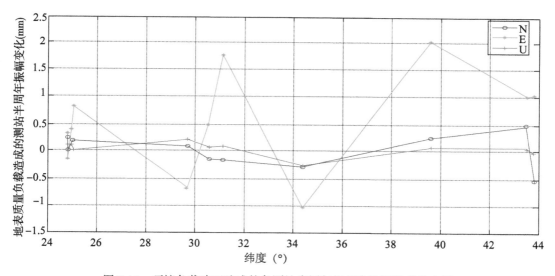

图 7-14 环境负载改正造成的各测站半周年振幅变化随纬度分布图

周年运动，其影响因站而异，与测站周围地理环境相关，引起的周年运动较半周年运动幅度大，但是并不能完全减小 GPS 位置时间序列的周年、半周年振幅，尤其是半周年振幅。经质量负载改正后，73% 的测站分量半周年振幅增大（某些测站 U 分量的增大量达 1～2mm），52% 的测站分量周年振幅增大（包括所有测站 N 分量），不过仅 U 分量而言，80% 测站分量的周年振幅显著减小。也就是说，就中国区域 IGS 基准站而言，包括大气压负载、非潮汐海洋负荷、积雪深度和土壤湿度负载在内的四种环境负载对测站位置时间序列的贡献较少，主要表现为测站 U 分量的周年运动，但是并不能很好地解释测站的半周年运动以及水平方向的周年运动，相反会增大测站 N 分量的周年运动，我们需要从其他地球物理源（例如周日、半周日大气潮，海洋潮负载等影响）和系统误差源入手，进一步从本质上分析并确定测站的周期运动，为测站的非线性运动建模提供可靠的理论支持。

7.6.5　中国区域 IGS 基准站周期性变化的其他因素分析

从 7.6.4 的分析结果我们可以看到，大气压负载、非潮汐海洋负载及包括积雪深度及土壤湿度在内的水文负载仅能解释中国区域 IGS 基准站的小部分季节性变化，本节从 GPS 数据处理策略及地球物理模型的可靠性两个方面讨论可能导致基准站周期性变化的其他因素。

1. 与 GPS 相关的可能因素

近年来，GPS 数据处理模型及策略取得了显著的进步。许多研究成果表明数据处理策略的不完善及未模型化的 GPS 系统误差可能导致虚假周期性信号的产生。较最新的策略相比，选取的 ITRF2005 框架下的中国区域 IGS 基准站坐标时间序列的生成采用的数据处理策略存在许多不足，其中可能导致虚假周期性信号的因素主要包括：

（1）S1-S2 大气潮汐

大气的昼夜加热使得地表气压呈现周日（S1）、半周日（S2）及更高谐波频率的振荡。这种"大气潮汐"会造成地球表面的周期性运动（Petrov, et al., 2004），其造成的地表垂直形变的振幅与海洋潮汐负载中某些潮汐分量的影响量级相同。目前 SOPAC 提供的 IGS 基准站坐标时间序列包括 S1-S2 大气潮汐造成的周期性位移。我们采用 GGFC 提供的 S1-S2 大气潮汐负载服务（Van Dam, et al., 2010）计算了 CF 框架下 S1-S2 大气潮造成的中国区域 11 个 IGS 基准站的平均周年振幅，结果如表 7-5 所示。

表 7-5　　　　　　　　S1-S2 大气潮造成的中国区域 IGS 基准站平均周年振幅

测站名	N 分量周年振幅			E 分量周年振幅			U 分量周年振幅		
	S1(mm)	S2(mm)	S1+S2 /total(%)	S1(mm)	S2(mm)	S1+S2 /total(%)	S1(mm)	S2(mm)	S1+S2 /total(%)
urum	0.0958	0.0393	11	0.0769	0.0296	4	0.0873	0.4930	6
guao	0.0984	0.0400	6	0.0772	0.0302	6	0.0893	0.4997	10
bjfs	0.0930	0.0436	67	0.0717	0.0367	9	0.2468	0.5864	10
xian	0.0839	0.0545	6	0.0730	0.0460	10	0.2771	0.7123	21
shao	0.0664	0.0542	11	0.0801	0.0521	30	0.2596	0.7977	20
wuhn	0.0741	0.0560	12	0.0793	0.0533	10	0.3135	0.8209	23
lhas	0.0973	0.0612	10	0.1036	0.0551	8	0.2217	0.8726	23
kunm	0.0757	0.0531	11	0.1007	0.0636	8	0.3987	0.9955	19

测站名	N分量周年振幅			E分量周年振幅			U分量周年振幅		
	S1(mm)	S2(mm)	S1+S2/total(%)	S1(mm)	S2(mm)	S1+S2/total(%)	S1(mm)	S2(mm)	S1+S2/total(%)
twtf	0.0595	0.0507	6	0.0883	0.0632	3	0.2793	0.9686	32
tcms	0.0591	0.0500	*779*	0.0891	0.0636	7	0.2830	0.9731	95
tnml	0.0591	0.0500	15	0.0891	0.0636	7	0.2830	0.9730	37

注：表中斜体数字表示S1-S2计算得到的平均周年振幅大于拟合SOPAC时间序列得到的周年振幅。

从表7-5可以看出，S1-S2大气潮汐造成的中国区域IGS基准站平均周年运动不可忽视。S1-S2对U分量的影响最大，且随纬度升高而减小，北部地区的影响较小，周年振幅为0.5~0.8mm，可以解释SOPAC坐标时间序列垂向为6%~10%的周年变化；中部、南部区域的平均振幅超过1mm，可以解释基准站垂向为19%~95%的周年变化。S1-S2大气潮造成的水平方向的平均周年振幅约为垂向的1/10~1/5，对基准站N分量的周年振幅贡献较E分量大，分别能够解释SOPAC坐标时间序列水平方向为6%~67%及3%~30%的周年变化。对比tcms及tnml的周年振幅、S1-S2造成的平均周年振幅及环境负载改正结果，可以认为其中的一个基准站存在系统误差，本书结果无法准确判断哪个测站存在系统差，需结合其他大地测量观测手段共同测定。

由此可以得出结论，S1-S2大气潮汐是造成SOPAC提供的中国区域IGS基准站坐标时间序列周年变化的潜在影响源，对于中国中部、南部地区基准站周期运动的影响尤其不可忽视。考虑到其量级与部分海洋潮汐分量的影响相同，IERS协议2010建议测站运动模型必须考虑S1-S2负载的影响（Petit, et al., 2010）。在观测值水平对GPS观测数据施加S1-S2大气潮改正有望显著减小中国区域（尤其是中、南部地区）IGS基准站的周年振幅。

（2）其他因素

除S1-S2大气潮汐外，SOPAC采取的数据处理策略未计算高阶电离层延迟的影响及未模型化周期性海洋潮汐造成的测站位移，对流层延迟建模采用标准气象数据及Niell经验投影函数。已有研究表明，忽略高阶电离层延迟会造成南北方向GPS坐标时间序列虚假的半周年、周年变化信号（Kedar, et al., 2003；Petrie, et al., 2010；Petrie, et al., 2011；袁林果等，2008）。未模型化的周期性（周期为一天甚至更小）地表位移会扩散为长周期谐波信号进入GPS高程时间序列（Penna, et al., 2003；Penna, et al., 2007；Stewart, et al., 2005）。不适当的先验对流层延迟及投影函数同样会导致太阳周年及半周年虚假周期信号的产生（Kouba, 2009；Steigenberger, et al., 2009；Tregoning, et al., 2006；Tregoning, et al., 2009）。忽略这些因素造成的地表位移改正都可能使得中国区域IGS基准站产生周年、半周年运动。从理论上来说，采用IERS协议2010推荐的最新模型及策略对GPS数据从观测值水平重新处理可能大幅度减少SOPAC坐标时间序列包括的周年、半周年及其他频率谐波的振幅。

2. 与地球物理模型相关的可能因素

（1）温度变化造成的热效应

闫昊明等（2010）研究了温度变化造成的热膨胀效应对中国区域 GPS 台站垂直位移的影响，认为其产生的测站位移对 GPS 观测结果总体属于正反馈，最大周年振幅达 2.8mm（bjfs），特别是对于水泥墩较高的基准站（例如 bjfs、urum），一定要考虑温度变化引起的测站垂直位移。此结果提供了研究中国区域 IGS 基准站周期性特征的新线索。闫昊明等（2010）采用 NCEP/NCAR 全球格网化地表空气温度数据（空间分辨率为 2.5° × 2.5°）计算温度对基准站的位移影响，并未考虑地形影响，其空间分辨率是否足以满足高精度大地测量的需求尚须大量数据加以验证。此外，中国区域 IGS 基准站基岩类型互不相同，其热扩散系数同样存在差异，需要对不同台站区别对待，精化温度变化影响下更为准确的 IGS 基准站位移，进一步评估其对 GPS 坐标时间序列的贡献。

Prawirodirdjo 等（Prawirodirdjo, et al., 2006）通过研究发现南加州 GPS 连续监测站水平方向坐标时间序列的大部分周年振幅可以通过大气温度变化造成的弹性地壳的热弹性应变解释。关于此作用机制对于全球 IGS 基准站位移的影响目前尚无文献涉及。在下一步的工作中，应对热弹性应变造成的全球地表位移展开细致的研究，明确其对全球 IGS 基准站坐标时间序列的贡献。

（2）QOCA 用于 GPS 坐标时间序列改正的局限性

本节环境负载造成的测站位移时间序列采用 QOCA 计算，得到的结果属于 CE 框架。由于 CE 与 CF 的细微差别，将 CE 框架下的负载位移时间序列直接从 CF 框架下的坐标时间序列中扣除。关于不同环境负载造成的 CE 及 CF 框架下的测站位移差异及其对 GPS 坐标时间序列的影响还需做细致深入的研究。

另外，不同地球物理数据源获得的环境负载影响差异较大。QOCA 用于计算负载影响的地球物理数据源的精度是否足以满足高精度大地测量的需求有待进一步验证。随着 2002 年 GGFC 的建立，其所属的 SBL 提供了丰富的近实时全球地表负载数据（Van Dam, et al., 2002），使得采取统一的数据和方法分析处理各项地球物理负载对测站位移的影响成为可能。目前，SBL 直接提供的产品包括 CM、CF 及 CE 框架下大气压负载、非潮汐海洋负载及水文负载造成的地表位移，精度显著优于已有文献，需要进一步研究其对 IGS 基准站坐标时间序列的影响，以探索用于 GPS 坐标时间序列改正的最优方法与策略。

第 8 章　基于 GNSS 的地球参考框架建立与维持

地球参考框架是地球参考系的实现，不仅能够给测绘和工程提供几何和物理基准，而且可以提供全球变化在气象和地球物理方面的监测信息，诸如海平面变化、冰质量的平衡、地表水的变迁、地球动力学、地壳运动、大气降水、电离层变化等（陈俊勇，2007）。研究地球参考框架的建立与维持在经济、社会的发展过程中具有重要的意义。

本章首先介绍地球参考框架的发展现状，描述基于 GNSS 基准站网建立和维持地球参考框架的内容，研究不同参考框架之间的相互转换，并探讨毫米级地球参考框架建立方法。

8.1　地球参考框架的发展现状

8.1.1　全球参考框架

目前全球性参考框架主要有国际地球参考框架（ITRF）、IGS 参考框架、WGS84、GLONASS 地球参考框架 PZ90、正在建设中的伽利略地球参考框架 GTRF（Galileo Terrestrial Reference Frame）以及中国拟建的北斗地球参考框架 CTRF（COMPASS Terrestrial Reference Frame）。ITRF 是 ITRS 的实现，是目前应用最广泛、精度最高的参考框架。GPS、Galileo 等所用的坐标系统均以其为参考。IGS 参考框架与 ITRF 相似，但仅使用 GNSS 数据进行实现和维持；PZ90、GTRF、CTRF 分别是 GLONASS、Galileo 及 BDS 所使用的参考框架，是 ITRS 的具体实现之一。

1. 国际地球参考框架

国际地球参考框架（ITRF）由 IERS 通过全球分布的地面观测台站，采用 VLBI、SLR、GPS、DORIS 等空间大地测量技术的建立。从 ITRF2005 开始，ITRF 的实现基于站坐标和 EOP 参数（极移、UT1、日长参数）的时间序列，最终目标是建立实现 ICRF、ITRF、EOP 完全内洽的产品——IERS200x（Integrated Earth orientation parameters，Radio sources and Site coordinates 200x）。IERS200x 可以表示为：

$$IERS200x = ITRF200x + EOP200x + ICRF200x \tag{8-1}$$

使用测站位置时间序列的优点是不仅可以监测测站的非线性运动以及不连续性，而且能研究参考框架物理参数、原点和尺度随时间的变化规律。从解的时间序列联合平差得到的 EOP 参数可以用来对 IERS 的 C04 序列（IERS 发布的 EOP 产品）进行再校准，从而保证 ITRF 和 EOP 的一致性。输入的时间序列解包括由国际 GNSS 服务组织 IGS、国际激光测距服务组织 ILRS（International Laser Ranging Service）、国际 DORIS 服务组织 IDS

（International DORIS Service）提供的周解，以及由国际甚长基线干涉服务组织 IVS（International VLBI Service for Geodesy and Astrometry）提供的日解。除 DORIS 之外，其他每种技术的时间序列解均基于技术内组合解。

2. 世界大地坐标系统 WGS84

WGS84 由美国国防部建立，是 GPS 系统采纳的大地测量参考系。它于 20 世纪 80 年代中期推出，并被作为 GPS 系统广播星历和 NIMA 精密星历的参考框架。为了维持和提高 WGS84 框架的精度，美国国防部先后对 WGS84 进行了四次精化处理，分别发布了 WGS84（G730）、WGS84（G873）、WGS84（G1150）和 WGS84（G1674），其参考历元分别为 1994.0、1997.0、2001.0 和 2005.0。由于数据质量和处理方法的提高，WGS84（G1674）的精度与 ITRF2008 的一致性水平有了显著的提高，在 1cm 精度水平上符合，并且各坐标分量的精度优于 1cm。

3. IGS 参考框架

IGS 参考框架为 IGS 产品提供了一个稳定可靠的内部参考框架。目前为止，IGS 已发布了 IGS96、IGS97、IGS00、IGb00、IGS05 及 IGS08 参考框架。与 ITRF 系列参考框架不同，这些参考框架仅基于 GPS 技术实现，保证了 IGS 产品的内部一致性。最新的 IGS 参考框架为 IGS08，选用 91 个高质量站点通过赫尔默特相似变换与 ITRF2008 对准（Rebischung, et al., 2011）。

4. PZ-90

PZ-90 坐标系是俄罗斯 GLONASS 采用的导航坐标系，由地面 26 个点的地心坐标实现。这些点的地心坐标由站点对 Geo-IK 卫星的多普勒、激光测距、卫星测高以及对 GLONASS 和 Etalon 卫星的微波、激光观测数据用卫星大地测量方法计算得到，其坐标精度为 1~2m。这 26 个点包括了 GLONASS 的地面监测站。

由于资金问题，GLONASS 发展一度停滞，其参考框架的维持和精化也随之停滞。近年来发射了新的 GLONASS 卫星，使其具备了全球覆盖的能力，相信 GLONASS 参考框架的精化和维持将会有较大的发展。

5. 伽利略地球参考框架 GTRF

伽利略系统（Galileo）是欧洲正在建设的卫星导航系统。在设计上，该系统与目前广泛使用的 GPS 系统相比，在技术、功能和服务领域上均具有领先优势。伽利略系统作为一个全球性的卫星导航定位系统，需要一个与之相匹配的国际地球参考框架。伽利略参考框架 GTRF 正是基于这一背景而建立的，其建立符合 ITRS 的定义，并与 ITRF 对准（邹蓉，2010）。

GTRF 参考框架将直接服务于伽利略系统，是伽利略所有用户的基础。这些用户来自包括大地测量、地球物理、海洋学、全球变化、地理信息系统、地球灾害监测和导航等方面的用户。因此，高精度、稳定的伽利略参考框架 GTRF 的实现是伽利略所有最基本的产品和服务的基础。GTRF 的建立和维持，可以为伽利略卫星导航定位系统的产品和服务提供参考基准，对于伽利略系统的推广和使用有着十分重要的意义，同时也可以为其他地球科学相关的研究与应用提供参考基准，对于地球参考框架的精化、开展航空航天、空间探测和地球系统方面的研究也有举足轻重的作用。

6. BDS 地球参考框架 CTRF

BDS 地球参考框架 CTRF 是中国在建的地球参考框架，基于 BDS 建立（杨元喜，2010；杨元喜等，2011）。它是所有 BDS 相关应用及服务的基础，同时也可以为对地观测及其他地球科学研究与应用提供参考框架。CTRF 的定义建议采用 ITRS 最新的 IERS 协议 2010，使其成为 ITRS 的具体实现之一，并且与最新的 ITRF 参考框架（目前为 ITRF2008）一致。CTRF 的实现模式拟通过静态的地面跟踪站（包括 BDS、GPS、SLR、VLBI 跟踪站）和动态的卫星及天体共同建立与维持。为了保证 CTRF 的自洽性与精确性，CTRF 应不断更新并定期检核（自定义更新时间或者按照 IERS 协议更新）（刘经南等，2009；邹蓉等，2009，2011；邹蓉，2010）。

8.1.2 区域地球参考框架

ITRF 网测站数量有限，全球分布也不均匀。尽管 ITRF 是国际公认的应用最为广泛、精度最高的地球参考框架，然而由于不同用户对测站网的分布、密度和现势性有不同要求，很多国家或地区根据需要建立和维持各自的区域参考框架。区域参考框架的实质是国家或者洲际范围内对 ITRF 的加密。IAG 在 1992 年 IUGG 第 20 次大会一号决议中提出以下建议：①高精度大地测量学、地球动力学、海洋学研究应当直接使用 ITRF 或者与 ITRF 建立明确关系的其他参考框架。②为了获取较高的精度，可以建立相对刚性板块无显著运动的区域参考系统，而且这一参考系统在特定历元应当与 ITRS 精确符合。世界上大多数国家和机构都采用第一条建议建立和维持自己的参考框架，以保证区域参考系统在对应的框架实现上与 ITRF 一致。北美、欧洲、新西兰等发达国家和地区都相继建成了地心坐标系，在亚洲，我国周边国家也先后建立了地心参考框架，实现了地心参考框架的建立。

1. 欧洲参考框架 EUREF

自从 1987 年以来，IAG 第十委员会，即全球和区域大地测量控制网的欧洲分会，积极致力于建立与维持欧洲参考框架 EUREF，并且几乎所有欧洲的国家都积极参与了该项工作。EUREF 的长期目标是定义、实现及维持欧洲参考框架，包括地理空间位置及高程分量的确定（Torres，et al.，2008；陈俊勇，2007；党亚民等，2008）。

EUREF 已经建立了"欧洲大地基准系统 89（ETRS89）"和"欧洲高程基准系统（EVRS）"。ETRS 的定义为在 1989.0 与 ITRS 保持一致，并固连于稳定的欧亚板块，遵循 IAG 在 IUGG 第 20 次大会一号决议中的第二条建议。

ETRS89 由 EUREF 于 1995 年建立的 GPS 连续运行基准站网（EPN）进行维持，可以提供具有厘米级精度的点位地心三维坐标。EPN 与 IGS 有紧密的联系和合作，是 IGS 在欧洲区域的加密，与 IGS 数据处理标准和模型完全一致。站点总数超过 200 个，并且 37% 的站点同时提供 GPS 及 GLONASS 数据。16 个分析中心分别按照 EUREF 技术工作组（TWG）的准则处理各子网数据，向 EPN 组合中心提交站坐标的周自由网解，然后由组合中心进行统一处理，组合成最终解 ETRFyy，与 ITRFyy 相一致。从 GPS 周 1400 开始，IGS 采用绝对天线相位中心改正取代原来的相对天线相位中心改正，实现了 IGS05 框架，EPN 遵循同样的原则，从 GPS 周 1400 开始，与 IGS05 相一致。

作为欧洲大地测量基础设施的支持，EUREF 已成为了关键的一环，并将成为全球大地测量观测系统（GGOS）的重要合作伙伴。ETRS89 和 EVRS 已由欧盟的欧洲控制测量与欧洲地理学会和欧洲国家制图与地籍局等单位推荐采用，以支持广泛的涉及大地坐标框架的多种科学应用和研究。

2. 南美洲参考框架 SIRGAS

SIRGAS 主要目的是在美洲共同建立和维持一个洲际范畴的地心三维大地坐标框架，通过遍布整个拉丁美洲及加勒比海的大约 200 个连续运行站网络（SIRGAS-CON）实现。SIRGAS 的定义与 ITRS 一致，是 ITRS 在南美洲的区域加密。SIRGAS 成员国则通过构建 GNSS 连续运行站实现与 SIRGAS 兼容的国家参考框架（Sánchez, et al., 2009；陈俊勇，2007；党亚民等，2008）。

从 GPS1495 周开始，SIRGAS-CON 的数据处理策略被重新定义为两个层次：一是选择均匀大陆分布、位置稳定的站点作为核心网（SIRGAS-CON-C），以维持参考框架的长期稳定性，并与 ITRS 建立基础联系；二是其他遍布各国的站点则作为区域加密子网（SIRGAS-CON-D），与核心网联合解算，从而获得各国各站点的地心三维坐标及速度。这样的目的是各国可以遵循与 IERS、IGS 标准和协议一致的 SIRGAS 数据处理准则，处理自己国家境内的连续运行站数据，得到各国自身的参考框架。SIRGAS-CON-C 网的解算由德国大地测量研究所（DGFI）负责。DGFI 同时也是 IGS 的一个协作组织。由于并不是各国都有自己的处理中心，因此现有的站点被分成了三个加密网（北部、中部及南部加密网），各加密网由当地数据处理中心（IGAC、IBGE、IGG-CIMA）完成。四个分析中心分别提供测站坐标的松弛周解，然后再由 SIRGAS 组合中心（DGFI、IBGE）使用统一的策略进行组合，得到框架点的最终坐标及速度。此前，所有 SIRGAS-CON 网的数据均由 DGFI 处理。目前这种数据分析处理策略与之前的解算方法符合很好，但是如今的子网分布存在两个缺点：①各 SIRGAS-CON 站点在不同的子网解算时所赋的权重不等；②由于当地没有足够多的当地处理中心，各处理中心必须的冗余度不够（即每个站点至少参与三个处理中心的计算）。因此，必须在拉丁美洲各国加强建设当地处理中心，例如阿根廷、墨西哥、秘鲁、厄瓜多尔、乌拉圭、委内瑞拉等。

如今 SIRGAS 已完成了两个大地测量项目：SIRGAS95（与 ITRF94 一致，参考历元 1995.0）和 SIRGAS2000（与 ITRF2000 一致，参考历元 2000.0）。按计划今后的主要任务是将美洲各国的大地网联测，将各个国家的大地网作为 SIRGAS 整个大地坐标框架中的一个子框架（一个分网）。此外 SIRGAS 还计划为全美洲定义、实现和维持一个统一的正常高程系统。

3. 北美参考框架 NAREF & SNARF

NAREF 是 ITRF 在北美地区的加密，可划分为 6 个区域子网，包括北美超过 800 个连续运行站（其中有 55 个站同时属于 ITRF/IGS 框架点），数据处理严格遵循 IGS 标准，提供的产品包括站坐标的周解及年速度。为了更好地表征板块内部的运动，2003 年北美的有关测绘部门建立了一个"稳定的北美大地坐标框架（SNARF1.0）"工作组，其目标是定义一个毫米级板块固定的北美参考框架，用于支持在该区域开展的有关地球动力学研究（Blewitt, et al., 2006；陈俊勇，2007；党亚民等，2008）。SNARF 采用质量较好的 118 个基准点定义（标石稳定，且连续观测时间超过 3 年）。基于在 IGb00 框架下组合 NAREF

的 6 个区域子网解、北美东部的联合解以及加拿大的基础网（CBN）解，最终生成 SNARF1.0，与 ITRF2000 保持一致，参考历元为 2003.0。框架点的选择依据地质和工程所认定的稳定标准而定，其分布均匀，位于所在板块的稳定部分，并用以定义无整体旋转约束（No-net-rotation）条件。此外，该框架采用了一种使 GPS 速度场和冰后回弹调整的地球物理模型有机结合的新技术。利用该技术，可以很好地对板内水平和垂直运动用模型进行描述。

2005 年 6 月，在 UNAVCO 的年度报告里，发布了该参考框架的第一个版本。该参考框架新版本于 2007 年底发布改进的 GPS 速度场和 ITRF2005，其产品包括所有参考点的坐标和速度场值、一个冰后回弹调整模型以及 ITRF2000 下的板块旋转矢量。今后，SNARF 将增加基准站的数目，融入新建立的区域网解，例如阿拉斯加地区及加拿大西北部的 GIPSY 解等，进一步扩大 SNARF 的覆盖密度，考虑除冰后回弹以外的地球物理因素影响的测站位移，如水文负荷与大气负荷等，从而逐步取代与 ITRF 相差 1.5m 的北美基准 NAD83。

4. 非洲参考框架 AFREF

非洲超过 50 个国家采用不同的大地基准和坐标系，并且有的国家同时使用两种或者多种局部坐标系，互不兼容，边界区域存在分歧。这使得与地理信息有关的区域及大陆制图与规划遭遇了很大的挑战，建立统一的非洲坐标系统成为迫切的需求。

2000 年以来，IAG、IGS 强烈主张通过共享国际资源和技术合作，基于全球导航定位系统（GNSS）在非洲建立统一的、与 ITRF 及 IGS 标准一致的现代地心坐标框架 AFREF。AFREF 是 ITRF 在非洲大陆的加密，通过间距大约 1000km 的永久 GPS 站网实现和维持，用户可以免费获取站点数据。这些站和全球 IGS 站统一解算，解算策略遵循 IGS/IERS 协议，获得的站点精度为厘米级。AFREF 将整个非洲大陆按照地理分布划分为五个子网：NAFREF（North）、AFREF（South）、CAFREF（Center）、EAFREF（East）、WAFREF（West）。实际上，AFREF 是一个基准网，该网可以今后在各个国家范围内建立永久/半永久 GPS 运行站实施加密，建成属于各个国家的、与 ITRF 一致的国家坐标参考框架（Blewitt，et al.，2006；党亚民等，2006，2008）。

AFREF 提供的产品与 IGS 相同，包括各站点的坐标、精密轨道以及为大气建模提供导航数据。就局部应用而言，当地用户可以使用一台接收机通过与连续运行 GPS 站的观测数据进行后处理得到站坐标。

AFREF 具有广泛的用途，其最终目的将包括实现非洲大陆测绘产品的基准统一转换，建立统一的垂直基准，并为非洲精确大地水准面的建立提供支持；同时为地壳形变研究提供连续监测数据。航空业也将从中受益，实现精密导航。此外，AFREF 采用的定位技术还将在长期气候监测、地基天气预报以及实现毫米级的长期海平面监测中发挥潜力。

5. 中国 2000 国家大地坐标系

经典大地测量网标定的坐标系统不可避免地存在局部变形。因为经典大地测量受局部地球物理因素的影响，如地壳运动、局部大气影响等。此外，经典大地测量网还受累积误差的影响。采用参心、二维、低精度、静态的大地坐标系统（例如 1954 年北京坐标系或 1980 西安坐标系）作为测绘基准，必然会带来越来越多不协调问题，产生众多矛盾，制约高新技术的应用。为了顺应时代的需求，2008 年 7 月 1 日起，我国全面启用 2000 国家大地坐标系（CGCS2000）。

CGCS2000 由分布在全国范围内的 30 个永久跟踪站、2600 个 "2000 国家 GPS 大地控制点" 和原有天文大地网点组成。CGCS2000 联结于国际地球参考框架 ITRF97，坐标具有明确历元（2000.0），点位间相对精度达 10^{-7}，相对于地心绝对点位精度（GPS 网点）优于 0.2m，是中国第一个地心、三维坐标框架（陈俊勇，2008，程鹏飞等，2009）。参考框架通过连续或重复的高精度空间大地测量观测维持其动态性。它的参考历元为 2000.0，体现为 2000 国家 GPS 大地网在历元 2000.0 时的点位坐标和速度，即 CGCS2000 框架由大约 2500 个 GPS 点在历元 $t_0 = 2000.0$ 的坐标 $X(t_0)$ 和速度 $\dot{X}(t_0)$ 构成。这些点在历元 $t(t \neq t_0)$ 的坐标 $X(t)$ 按下式计算：

$$X(t) = X(t_0) + (t - t_0) X(t_0) \tag{8-2}$$

如果速度 $X(t_0)$ 未知，可按照以下两种方法得到：① 根据周围已知点的速度内插得到；② 按现成的板块运动模型计算。

CGCS2000 以其科学性、先进性和实用性等优势极大地满足了国民经济建设、社会发展、国防建设和科学研究等方面的需求。

6. 中国周边国家大地坐标系

在亚洲，中国周边国家也先后建立了地球参考框架，日本、蒙古、韩国及马来西亚等国实现了坐标参考框架建立的现代化。日本于 2000 年 4 月起开始启用新的地心三维大地基准 JGD2000，取代曾采用百余年的东京大地基准 TD1918（党亚民等，2006，2008）。JGD2000 是通过日本 GPS 网与 IGS 站联测，并与 IGS 数据联合处理，将国际地球参考框架 ITRF94 引入而实现的。其原点通过由 IERS 使用多种空间大地测量技术在 ITRF94 下的经度和纬度确定。也就是说，JGD2000 是 ITRF94 在日本的扩展与实现。

蒙古近年建立了新的国家大地坐标框架 MONREF97。该大地框架是在瑞典支援下，采用 GPS 观测完成的，和 WGS84 保持一致，取代了原来的蒙古国家二维平面坐标系 MSK42（采用克拉索夫斯基椭球）。该坐标系统和原苏联普尔科沃 1942 系统保持一致（Clifford，et al.，2003；陈俊勇，2003）。

韩国于 1998 年推出一个全新的国家三维地心大地坐标系统 KGD2000。KGD2000 的核心部分是有足够数量和分布合理的 GPS 连续运行站，通过 CORS 与 ITRF97 联测来实现的，历元采用 2000.0。它将向用户提供精确的、附有时相的三维地心空间坐标，与 ITRF 保持一致（陈俊勇，2003）。

马来西亚通过将已有的 GPS 大地网（PGGN，共 238 个点）与分布全国的数十个 GPS 永久性连续运行站网络（MASS）联测，建成马来西亚国家三维地心大地坐标系统（NGRF2000）。MASS 各站点坐标利用两年的 GPS 跟踪站数据（1999 年 1 月 1 日至 2000 年 12 月 31 日）与 ITRF97 联测确定，定义于 ITRF97，历元为 2000.0，其平差后精度的水平分量为 ±1cm，高程分量为 ±2cm（陈俊勇，2003）。

8.1.3　ITRF 的研究进展及其局限性

随着空间大地测量技术的发展，尤其是 20 世纪 80 年代 GPS 技术的出现，使得地球参考框架的定义逐步完善、发展逐步成熟、建立逐步精化。目前，以国际地球自转与参考系统服务（International Earth Rotation and Reference Systems Service，IERS）为代表的国际组织，正致力于地球参考框架的不断完善。全球性参考框架主要有 ITRF、IGS 参考框架、WGS84（World Geodetic System 1984）、GLONASS 地球参考框架 PZ90，正在建设中的伽利略地球参考框架 GTRF 以及中国的北斗地球参考框架 CTRF。

ITRF 是当前理论背景最完善、构建方法最全面、实现精度最高的全球参考框架，并为其他全球和区域参考框架提供基准。ITRF 由 IERS 通过全球分布的地面观测台站，基于甚长基线干涉测量（Very Long Baseline Interferometry，VLBI）、激光测卫（Satellite Laser Ranging，SLR）、GNSS 及多普勒定轨和无线电定位技术（Doppler Orbit determination and Radio positioning Integrated on Satellite，DORIS）等空间大地测量技术的观测数据建立。自 1988 年起，IERS 已经实现并发布了 13 个版本的 ITRF（1988、1989、1990、1991、1992、1993、1994、1996、1997、2000、2005、2008、2014）。从 ITRF2005 开始，ITRF 的实现采用坐标时间序列和地球定向参数作为输入数据，得到框架点的位置、线性速度以及与参考框架一致的地球定向参数。

2016 年 1 月 21 日，IERS 发布了最新的参考框架版本 ITRF2014（http：//itrf.ensg.ign.fr/ITRF_solutions/2014/）。它仍采用 VLBI、SLR、GNSS 和 DORIS 等技术确定的基准站位置时间序列及地球定向参数作为输入值。但有两个创新：①拟合 GNSS/GPS 数据时，在发生大地震的基准站确立了震后形变模型，并将其应用至并置站；②叠加相应的时间序列时，采用时间跨度足够长的数据估计周年、半周年项。由此可知，ITRF2014 已经开始将基准站非线性变化特征纳入表达基准站运动的基本模型中。

在 ITRF2014 以前，ITRF 提供的速度场模型只考虑了基准站的线性运动，而忽略了非线性运动，不能精确地描述基准站的实际运动特征。此外，从目前来看，ITRF2014 虽然顾及了周期项，但其整体精度仍然难以达到毫米级。

8.2　利用 GNSS 基准站网建立与维持地球参考框架

建立与维持地球参考框架的关键在于利用多种大地测量技术获取框架点的坐标和速度，实现参考系的各项规定。采用地心坐标框架是发展趋势。目前利用 GNSS 基准站网建立与维持高精度全球或区域地心动态坐标框架成为最经济有效的方式。

高精度地球参考框架的建立不仅是个理论问题，而且也是个实际观测与数据处理问题。它与 GNSS 基准站网中站点的数量、质量、选取、分布、均匀性及密度、观测与数据处理方法等有关。根据建立坐标框架的 GNSS 基准站分布范围，可将地心坐标框架分为全球及区域坐标框架。

8.2.1　地球参考系及其实现

理想的地球参考系统定义为一个与地球接近且随之一起旋转的参考三面体。牛顿框架下的物体空间被看做是一个三维欧几里得仿射空间，因此参考三面体也属于欧几里得仿射框架（O，E）。其中，O 是空间内的一点，称之为原点，E 为矢量空间的基，规定 E 为右手正交系。参考系的定向采用与基矢量共线的三个单位向量表示，单位向量长度则表示参考系的尺度 λ：

$$\lambda = \| \boldsymbol{E}_i \|_{i=1,2,3} \tag{8-3}$$

由此可以看出，理想参考系选取的关键问题是如何定义原点、尺度和定向参数。根据 IERS 协议 2010，国际地球参考系统 ITRS 的最终定义为（Petit, et al., 2010）：

①坐标原点位于地心，它是整个地球（包含海洋和大气）的质量中心；

②长度单位是米，这一尺度和地心局部框架的 TCG 时间坐标保持一致，符合 IAU 和 IUGG1991 年决议；

③坐标系的初始定向采用国际时间局 BIH 给出的 1984.0 方向；

④定向随时间的演变由相对于整个地球的水平板块运动的无整体旋转（NNR）条件保证。

假设参考系的原点近似位于地球质心（地心），Z 轴指向地极方向，尺度近似为国际单位制米，则任何位于地球附近的点的笛卡儿坐标从一个地球参考系统（1）转换到另一个地球参考系统（2）可以采用三维相似变换表示：

$$\boldsymbol{X}^{(2)} = \boldsymbol{T}_{1,2} + \lambda_{1,2} \cdot \boldsymbol{R}_{1,2} \cdot \boldsymbol{X}^{(1)} \tag{8-4}$$

式中，$\boldsymbol{T}_{1,2}$ 表示平移矢量；$\lambda_{1,2}$ 为尺度因子，$\boldsymbol{R}_{1,2}$ 为旋转矩阵。两个参考系间的标准变换可通过传统的七参数欧几里得相似变换完成：三个平移参数，一个尺度参数以及三个旋转角，分别记为 T_1, T_2, T_3, D, R_1, R_2, R_3 以及它们相对于时间的一阶倒数 $\dot{T}_1$, $\dot{T}_2$, $\dot{T}_3$, $\dot{D}$, $\dot{R}_1$, $\dot{R}_2$, $\dot{R}_3$。位于地球参考系统（1）下的坐标矢量 $\boldsymbol{X}_1$ 转换成地球参考系统（2）下的坐标矢量 $\boldsymbol{X}_2$ 的表达式为：

$$\boldsymbol{X}_2 = \boldsymbol{X}_1 + \boldsymbol{\Gamma} + D\boldsymbol{X}_1 + R\boldsymbol{X}_1 \tag{8-5}$$

式中，$\lambda_{1,2} = 1 + D$，$\boldsymbol{R}_{1,2} = (\boldsymbol{I} + \boldsymbol{R})$，$\boldsymbol{I}$ 为单位矩阵，$\boldsymbol{\Gamma} = \begin{pmatrix} T_1 \\ T_2 \\ T_3 \end{pmatrix}$，$\boldsymbol{R} = \begin{pmatrix} 0 & -R_3 & R_2 \\ R_3 & 0 & -R_1 \\ -R_2 & R_1 & 0 \end{pmatrix}$。

通常情况下，$\boldsymbol{X}_1$，$\boldsymbol{X}_2$，$\boldsymbol{\Gamma}$，D，$\boldsymbol{R}$ 均为时间的函数，对方程（8-5）按时间求导可得：

$$\dot{\boldsymbol{X}}_2 = \dot{\boldsymbol{X}}_1 + \dot{\boldsymbol{\Gamma}} + \dot{D}\boldsymbol{X}_1 + D\dot{\boldsymbol{X}}_1 + \dot{R}\boldsymbol{X}_1 + R\dot{\boldsymbol{X}}_1 \tag{8-6}$$

考虑到 D 和 $\boldsymbol{R}$ 的量级约为 10^{-5}，$\dot{\boldsymbol{X}}$ 的值约为 10cm/a，$D\dot{\boldsymbol{X}}_1$ 和 $R\dot{\boldsymbol{X}}_1$ 的值 100 年的变化约为 0.1mm，因此可以忽略不计。于是式（8-6）可简写为：

$$\dot{\boldsymbol{X}}_2 = \dot{\boldsymbol{X}}_1 + \dot{\boldsymbol{\Gamma}} + \dot{D}\boldsymbol{X}_1 + \dot{R}\boldsymbol{X}_1 \tag{8-7}$$

参考框架是参考系的物理实现，因此在一个给定的时刻固定一个地球参考框架需要求解七个参数 T_1, T_2, T_3, D, R_1, R_2, R_3，若要定义参考框架的时间演化还需要附加以上七个参数所对应的时间导数 $\dot{T}_1$, $\dot{T}_2$, $\dot{T}_3$, $\dot{D}$, $\dot{R}_1$, $\dot{R}_2$, $\dot{R}_3$。这 14 个参数称之为"基准定义"，用于确定地球参考框架的原点、尺度、定向及其随时间的演变。利用 GNSS 基准站网建立坐标框架的实质即为确定此 14 个转换参数。

ITRF、IGS 等全球地心坐标参考框架均为国际地球参考系统 ITRS 的实现，其基准应满足 ITRS 的定义。各国家建立的区域地心坐标参考框架同样应满足 ITRS 定义，并且以 ITRF 作为顶层框架，与 ITRF 基准站进行联测，是 ITRF 在各区域的加密。关于最新的 ITRF2008、ITRF2005 及中国 CGCS2000 基准的定义可参考相关文献（Petit, et al., 2010; 陈俊勇, 2008; 陈俊勇等, 2005; 陈俊勇等, 2009; 朱文耀等, 2003）。

8.2.2　基准约束

根据上节内容可知，利用 14 个参数转换可以方便建立任一未知参考框架解 X_S（例如 ITRF 解）与已知参考框架解 X（包括站坐标与速度）间的关系：

$$X = X_S + A\theta \tag{8-8}$$

其中, $\theta = (T_1, T_2, T_3, D, R_1, R_2, R_3, \dot{T}_1, \dot{T}_2, \dot{T}_3, \dot{D}, \dot{R}_1, \dot{R}_2, \dot{R}_3)^{\mathrm{T}}$

$$A = \begin{bmatrix} \vdots & \vdots & \vdots & \vdots & \vdots & \vdots & \vdots & & & & & & & \vdots \\ 1 & 0 & 0 & x_i^0 & 0 & z_i^0 & -y_i^0 & & & & & & & \\ 0 & 1 & 0 & y_i^0 & -z_i^0 & 0 & x_i^0 & & & & & & & \\ 0 & 0 & 1 & z_i^0 & y_i^0 & -x_i^0 & 0 & & & & & & & \\ & & & & & & & 1 & 0 & 0 & x_i^0 & 0 & z_i^0 & -y_i^0 \\ & & & & & & & 0 & 1 & 0 & y_i^0 & -z_i^0 & 0 & x_i^0 \\ & & & & & & & 0 & 0 & 1 & z_i^0 & y_i^0 & -x_i^0 & 0 \\ \vdots & \vdots & \vdots & \vdots & \vdots & \vdots & \vdots & & & & & & & \vdots \end{bmatrix}$$

由此建立的法方程是秩亏的，其秩亏数恰好为定义基准的参数个数。为了使得法方程可逆，各分析中心一般对所有或者部分测站附加约束条件，相当于附加了一个基准定义，包括原点、尺度、定向及其随时间的变化。可选用的约束类型包括：

①强约束：约束测站的位置不确定度 $\sigma \leqslant 10^{-10}\mathrm{m}$，速度不确定度 $\sigma \leqslant 10^{-10}\mathrm{m/a}$。

②可去除约束：约束部分测站的位置及速度为常数，位置的不确定度 $\sigma \approx 10^{-5}\mathrm{m}$，速度的不确定度 $\sigma \approx 10^{-5}\mathrm{m/a}$。

③松弛约束：约束测站的位置不确定度 $\sigma \geqslant 1\mathrm{m}$，速度不确定度 $\sigma \geqslant 10\mathrm{cm/a}$。

④最小约束：附加定义地球参考系统所需的最少信息，附加约束的秩刚好等于法方程 N 的秩亏数。

强约束可能会改变待估参数的实际质量，已不推荐采用。对于松弛约束和可去除约束，应附加如下观测方程：

$$X - X_S = 0 \tag{8-9}$$

最小约束应当附加的方程为：

$$B(X - X_S) = 0 \tag{8-10}$$

式中, $B = (A^{\mathrm{T}}A)^{-1}A^{\mathrm{T}}$。二者的基本区别是，在给定的 σ 条件下，强制使得式（8-9）中的未知参数 X_S 等于 X。而式（8-10）则采用包含定义地球参考框架所需全部必要信息的投

影矢量 **B** 在 **X** 所在的参考框架下表达 X_S，其法方程可记为：

$$B^T \Sigma_\theta B X = B^T \Sigma_\theta^{-1} B X_S \qquad (8\text{-}11)$$

式中，Σ_θ 为对角阵，表示转换参数的方差阵。联合包括了地球参考系基准定义所需的所有信息。联合式（8-8）及式（8-10）可获得从已知参考框架到待求参考框架间的转换参数及框架点在待求框架里的位置及速度，即实现了参考框架的建立。

8.2.3　GNSS 基准站的选择

　　GNSS 基准站的选择直接关系到所建立的坐标参考框架的质量，因此必须使用观测条件及硬件质量较好且稳定性较高的测站。ITRF 基准站的选择一般满足下列条件（McCarthy，et al.，2004）：
　　①尽可能保证测站在全球范围均匀分布；
　　②连续观测时间至少长达 3 年以上；
　　③埋点稳定，尽量远离板块交界处和板块变形区域；
　　④并置站优先考虑；
　　⑤速度误差优于 3mm/a；
　　⑥至少三种不同观测技术解的速度残差小于 3mm/a。
　　图 8-1 及图 8-2 给出了 ITRF2005、ITRF2008 所选用测站的全球分布（Altamimi Z，et al.，2007；Altamimi Z，et al.，2011）。利用 GNSS 基准站实现全球及区域地心坐标框架时，其站点的选择应尽可能遵循上述原则。

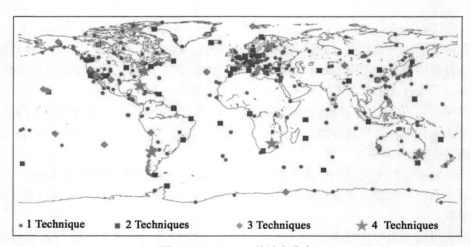

图 8-1　ITRF2005 的站点分布

8.2.4　GNSS 技术的组合原理

　　目前地球参考框架的建立采用基于 SINEX 文件的组合方式，通过对经过处理得到的测站位置及速度进行 14 参数转换实现。组合分为两个层次：技术内组合（intra-technology

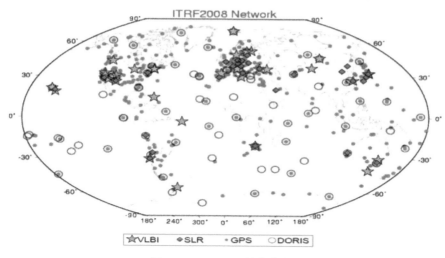

图 8-2 ITRF2008 站点分布

combination）与技术间组合（inter-technology combination）。

　　技术内组合指的是同种技术间的组合，例如 IGS05 框架则是通过组合 7 个 IGS 分析中心的 SINEX 文件得到。技术间组合指的是不同技术间的组合，其实质是对各种技术内组合解进行二次组合，通过加入准确的并置站信息实现。根据 ITRS 及其实现 ITRF 的经验，不同空间大地测量技术组合的方法（即技术间组合）用于建立全球框架具有不可替代的优势。ITRF2008 采用的则是这种组合方式：首先对各技术中心提供的时间序列 SINEX 文件进行技术内组合形成由参考时刻测站的位置及速度以及每日 EOP 组成的长期解，然后将得到的四种不同技术的长期累积解连同并置站的局部联系进行技术间组合，以获得最优的全球测站位置及速度（Altamimi，et al.，2007；Altamimi，et al.，2011；魏娜，2008；张西光，2010）。其基本数据处理流程如图 8-3 所示。利用 GNSS 基准站网建立全球及区域地球参考框架时可采取同样的步骤。

8.2.5　并置站与局部连接

　　并置站（collocation site）定义为在距离相当近的两点放置两种或者多种空间大地测量仪器进行同步或异步测量，两点间的三维向量（称之为局部连接（local-tie））通过传统或者 GPS 测量精确获得。并置站是 ITRF 技术间组合过程中的一个关键因素，各种不同空间大地技术获得的地球参考框架通过并置站实现连接。

　　ITRF2005 测站网包括分布于 338 个站点上的 608 个测站。南北半球站点分布不均匀，北半球 268 个站点，南半球 70 个，如图 8-1 所示。ITRF2008 跟踪站网络较 ITRF2005 分布更为密集，由位于 580 个站点上的 934 个测站组成。南北半球分布同样不均匀，北半球 463 个站点，南半球 117 个，如图 8-2 所示。ITRF2008 共包含 105 个并置站，其中 91 个局部连接在 ITRF2008 组合过程中发挥了作用。值得注意的是，并非所有的并置站设备目

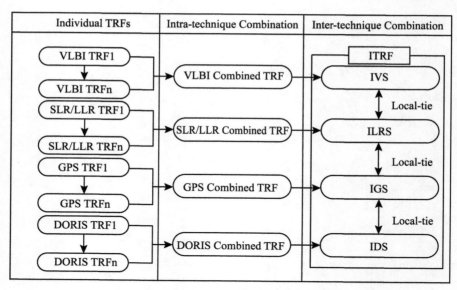

图 8-3　ITRF2008 数据处理流程

前都在顺利运行，例如在配备四种观测技术的 6 个并置站里，只有南非的 Hartebeesthoek 及美国的 Greenbelt，MD 两个站点保持正常运行状态。

　　并置站与局部连接可将各种技术所在的参考框架统一到同一个参考框架，从而消除技术间组合所带来的一些偏差；同时，并置站观测值还可用于判断不同技术存在的系统误差。拥有全球地理均匀分布的并置站以及高质量的局部连接是实现不同技术精密组合的基础。

　　目前投入运行的并置站的质量及其分布均存在问题，需要得到进一步完善。例如，VLBI 和 SLR 网测站及其并置站分布不均匀，测站数均少于 50 个；VLBI/DORIS 并置站数量较少，且分布不均；6 个 SLR 站没有配备 GPS 接收机，且全球仅有 7 个 SLR/DORIS 并置站。鉴于 GPS 技术低成本，易安装以及高精度的优良特性，可以考虑充分利用 GPS 的优势，在每一个 VLBI 和 SLR 站点配备 GPS 永久观测站（DORIS/GPS 并置站的数量及分布已达均匀），以实现高质量且均匀分布的并置站建设。

8.2.6　利用 GNSS 技术建立地心坐标参考框架的步骤

综合以上内容，利用 GNSS 技术建立地心坐标参考框架可采取如下基本步骤：

　　①建立观测台站，进行空间测量。测站的选取可参照 ITRF 参考站标准。一般而言，高精度的测站位置仅需短期观测即可得到，但测站速度必须累计至少一年的观测资料。

　　②根据协议约定，按照参考框架的基准定义采用国际推荐的模型参数、常数，对观测数据进行处理，解算测站坐标及 EOP 参数。

　　③建立测站坐标及 EOP 参数序列，获得各种技术的周解 SINEX 文件，实施技术内组合得到每种技术的长期解。

　　④检验并置站间局部联系的可用性及准确性，联合不同技术的长期解进行技术间组

合，获得技术间组合的长期解，从而确定参考框架。

8.2.7 地球参考框架的维持

现代坐标框架是动态或者准动态的。从地球动力学的观点来看，地面点坐标因板块运动、地壳形变、潮汐负荷等因素的影响而发生变化，因此对于一个高精度的坐标系必须考虑该坐标系的维持问题，即需按一定的复测策略保证站坐标和速度的不断精化。根据范围、实现及应用的不同，可以把地球参考框架的维持简单地分为全球参考框架维持和区域参考框架维持。

全球参考框架的维持主要是为了满足地球动力学研究认识非刚性、动态地球的需要而提出的，要求提供长期、绝对的基准（包括原点、尺度、定向及其时间演化）。一般表现为两种形式：一是给出点位坐标的速度并对速度不断地进行修正，二是给出点位的时间序列。以点位速度模型形式维持参考框架是以测站做线性运动为前提，而坐标时间序列则可以表现测站的非线性运动，各种不连续性和物理参数的时变特性。

国际上影响最大的 ITRF 的维持由 IERS 负责。ITRF 维持是一个不断加深认识、不断完善的过程。ITRF88 和 ITRF89 仅给出了测站坐标，没有根据实测数据估计全球速率场，站速率推荐采用 AM0-2 模型。考虑到 AM0-2 是根据几百万年的变更资料确定的地质模型，从 ITRF91 开始使用实测数据估计速度场，无实测数据的地方则采用地质模型补齐，定向随时间的演变与板块运动模型 NNR-NUVEL-1 或者 NNR-NUVEL-1A 一致。从 ITRF88 到 ITRF97 均只给出了定向随时间的演变，并没有考虑原点和尺度的变化率，ITRF2000 和 ITRF2005 则明确给出了原点和尺度的速率定义。此外，在 ITRF2005 以前，ITRF 的维持以地面站的坐标和速度形式给出，从 ITRF2005 开始，站坐标时间序列成为新的 ITRF 产品 (Altamimi，et al.，2002；Petit，et al.，2010)。

区域参考框架的维持则主要是为了满足区域地球动力学研究以及快速精密定位的需要。对于区域参考框架维持，同样可以采用两种方法实现：①根据区域特有的变形特点，通过制定区域形变模型，实现所谓的"半动力基准"，例如新西兰大地基准 2000 (Blick，et al.，2009)。该方法的关键在于建立区域形变模型。建立模型时，需考虑长期的形变趋势以及由异常事件引发的变形（例如地震或者火山作用）。②建立基于 GPS 技术的 CORS 网进行维持，例如欧洲的 EPN 永久跟踪站网络 (Kenyeres，et al.，2004)。该方法是维持区域参考框架经济、有效的手段。建立 CORS 维持参考框架，意味着采用测站实测坐标时间序列方式，而不是采用欧拉模型方式来维持参考框架。

总的来说，无论是全球参考框架还是区域参考框架，对框架点位坐标进行时间序列分析是目前维持地球参考框架的唯一有效手段。

8.3 不同坐标参考框架之间的相互转换

利用 GNSS 技术建立区域大规模基准站网，可以确定区域高精度的动态地心参考框架，通过与国际 IGS 站联测可以统一到国际地球参考框架 ITRF，也可以通过与已有控制点的联系确定转换参数，分别统一到我国 1954 年北京坐标系、1980 西安坐标系以及

CGCS2000 坐标系。

8.3.1　基准转换方法

基准变换是指在不同的参考基准间进行变换。转换方法有很多，包括三参数法、四参数法、七参数法和多项式逼近法等。

不同的数学模型有各自不同的假设前提，实际应用中采用哪种模型比较合理，以及在同一模型中取哪几个参数比较适宜，要根据卫星网和地面网的实际情况和转换的精度要求等因素综合决定。

1. 三参数法

设两个空间大地直角坐标系为 $O_B\text{-}X_BY_BZ_B$ 和 $O_A\text{-}X_AY_AZ_A$，且两坐标系各坐标轴相互平行，仅坐标原点不一致，则可通过三参数法按照式（8-12）实现两坐标系的转换。

$$
\begin{bmatrix} X \\ Y \\ Z \end{bmatrix}_B = \begin{bmatrix} X \\ Y \\ Z \end{bmatrix}_A + \begin{bmatrix} \Delta X_0 \\ \Delta Y_0 \\ \Delta Z_0 \end{bmatrix} \tag{8-12}
$$

式中，ΔX_0、ΔY_0、ΔZ_0 为 A 坐标系原点相对于 B 坐标系原点在三个坐标轴上的分量，一般称为三个平移参数。

三参数法是在假设两坐标系间各坐标轴相互平行的条件下导出的，实际情况中往往并不可能。当欧拉角本身不大，且其误差和本身数值属同一量级时，可如此近似处理。例如，北美坐标系相对于地心坐标系的三参数为 $\Delta X_0 = -22\text{m}$，$\Delta Y_0 = 157\text{m}$，$\Delta Z_0 = 176\text{m}$；欧洲坐标系相对于地心坐标系的三参数为 $\Delta X_0 = -84\text{m}$，$\Delta Y_0 = -103\text{m}$，$\Delta Z_0 = -127\text{m}$ 等。

2. 七参数法

若两个空间大地直角坐标系间除了三个平移参数外，各坐标轴之间存在三个欧拉角，称为三个旋转参数，且两个坐标系尺度不尽一致，即存在一个尺度参数，那么这两个坐标系之间的转换可通过七参数法（三个平移参数、三个旋转参数和一个尺度参数）实现，如图 8-4 所示。

空间直角坐标系 A 到空间直角坐标系 B 的七参数转换关系为：

$$
\begin{bmatrix} X_B \\ Y_B \\ Z_B \end{bmatrix} = \begin{bmatrix} \Delta X_0 \\ \Delta Y_0 \\ \Delta Z_0 \end{bmatrix} + (1+m)R(\omega)\begin{bmatrix} X_A \\ Y_A \\ Z_A \end{bmatrix} \tag{8-13}
$$

式中，$(X_A,\ Y_A,\ Z_A)^{\mathrm{T}}$ 为某点在空间直角坐标系 A 的坐标；$(X_B,\ Y_B,\ Z_B)^{\mathrm{T}}$ 为该点在空间直角坐标系 B 的坐标；$(\Delta X_0,\ \Delta Y_0,\ \Delta Z_0)^{\mathrm{T}}$ 为空间直角坐标系 A 转换到空间直角坐标系 B 的平移参数；$(\omega_X,\ \omega_Y,\ \omega_Z)$ 为空间直角坐标系 A 转换到空间直角坐标系 B 的旋转参数；m 为空间直角坐标系 A 转换到空间直角坐标系 B 的尺度参数。

七参数法一般有三种公式，分别是布尔莎公式、莫洛琴斯基公式和范士公式，三者是相互等价的。实际应用中，可以舍弃那些不显著的参数，例如个别欧拉角，即选择四、五、六个参数来进行不同空间大地直角坐标系的转换，也就是所谓的四参数法、五参数法以及六参数法。

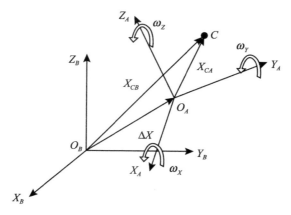

图 8-4 七参数转换示意图

3. 不同大地坐标系的转换

不同大地坐标系的换算，除了空间直角坐标系换算涉及的七参数外，还应增加两个转换参数，即两种大地坐标系所对应的地球椭球参数不同，转换公式为式（8-14）。不同大地坐标系的换算公式又称大地坐标微分公式或者变换椭球微分公式。当包括旋转参数和尺度变化参数时，称为广义大地坐标微分公式或者广义变换椭球微分公式。

$$
\begin{bmatrix} L \\ B \\ h \end{bmatrix}_{新} = \begin{bmatrix} L \\ B \\ h \end{bmatrix}_{旧} + \begin{bmatrix} \Delta L'' \\ \Delta B'' \\ \Delta h \end{bmatrix}
$$

$$
\begin{bmatrix} \Delta L'' \\ \Delta B'' \\ \Delta h \end{bmatrix} = \begin{bmatrix} -\dfrac{\sin L}{(N+h)\cos B}\rho'' & \dfrac{\cos L}{(N+h)\cos B}\rho'' & 0 \\ -\dfrac{\sin B\cos L}{M+h}\rho'' & -\dfrac{\sin B\sin L}{M+h}\rho'' & \dfrac{\cos B}{M+h}\rho'' \\ \cos B\cos L & \cos B\sin L & \sin B \end{bmatrix} \begin{bmatrix} \Delta X_0 \\ \Delta Y_0 \\ \Delta Z_0 \end{bmatrix}
$$

$$
+ \begin{bmatrix} \tan B\cos L & \tan B\sin L & -1 \\ -\sin L & \cos L & 0 \\ -\dfrac{Ne^2\sin B\cos B\sin L}{\rho''} & \dfrac{Ne^2\sin B\cos B\cos L}{\rho''} & 0 \end{bmatrix} \begin{bmatrix} \varepsilon_X \\ \varepsilon_Y \\ \varepsilon_Z \end{bmatrix} \tag{8-14}
$$

$$
+ \begin{bmatrix} 0 \\ -\dfrac{N}{M}e^2\sin B\cos B\rho'' \\ N(1-e^2\sin^2 B) \end{bmatrix} m
$$

$$
+ \begin{bmatrix} 0 & 0 \\ \dfrac{N}{(M+h)a}e^2\sin B\cos B\rho'' & \dfrac{M(2-e^2\sin^2 B)}{(M+h)(1-f)}\sin B\cos B\rho'' \\ -\dfrac{N}{a}(1-e^2\sin^2 B) & \dfrac{M}{1-f}(1-e^2\sin^2 B)\sin^2 B \end{bmatrix} \begin{bmatrix} \Delta a \\ \Delta f \end{bmatrix}
$$

式中，B 为大地纬度，L 为大地经度，h 为大地高；$\Delta L''$、$\Delta B''$、$\Delta h''$ 为新旧坐标系换算量；$W = \sqrt{1 - e^2 \sin^2 B}$，$V = \sqrt{1 + e'^2 \cos^2 B}$，$M = N/V^2$，$N = a/W$，$a$ 为椭圆的长半轴，e 为椭圆的第一偏心率，e' 为椭圆的第二偏心率；$\rho = 206265''/$ 弧度；ΔX_0、ΔY_0、ΔZ_0 为平移参数；ε_X、ε_Y、ε_Z 为旋转参数；m 为尺度变化参数；Δa、Δf 为地球椭球元素变化参数。

4. 平面坐标系之间转换

平面坐标系之间的相互转换实际上是一种二维转换。一般而言，两平面坐标系之间包含四个原始转换因子，即两个平移因子、一个旋转因子和一个尺度因子。转换方法包括两种：

① 先旋转，再平移，最后统一尺度。

$$\begin{bmatrix} x \\ y \end{bmatrix}_{84} = (1 + m)\left(\begin{bmatrix} \Delta x \\ \Delta y \end{bmatrix} + \begin{bmatrix} \cos\alpha & \sin\alpha \\ -\sin\alpha & \cos\alpha \end{bmatrix} \begin{bmatrix} x \\ y \end{bmatrix}_{54/80} \right) \tag{8-15}$$

② 先平移，再旋转，最后统一尺度。

$$\begin{bmatrix} x \\ y \end{bmatrix}_{84} = (1 + m) \begin{bmatrix} \cos\alpha & \sin\alpha \\ -\sin\alpha & \cos\alpha \end{bmatrix} \left(\begin{bmatrix} x \\ y \end{bmatrix}_{54/80} + \begin{bmatrix} \Delta x \\ \Delta y \end{bmatrix} \right) \tag{8-16}$$

5. 其他方法

七参数公式属于相似变换公式。由于地面网不可避免地存在系统误差，因此仅采用相似变换公式就显得不够完善，从而产生了多于七参数的各种转换公式，如九参数的霍丁公式，十参数的克拉克威斯基-汤姆森公式等。这类公式中，引入两组旋转参数：一组用于表示坐标系间由于轴的指向定义不一样带来的旋转参数，另一组用于说明地面网存在的系统误差。二者形式上相似，在一定条件下用于坐标转换和布尔莎公式等也是等价的。

当网的系统误差较为复杂时，使用多项式逼近法或者回归方程都可以完成坐标系间的转换。

8.3.2　坐标移动转换方法及实例分析

考虑到我国 1954 年北京坐标系和 1980 西安坐标系不是地心坐标系，不能在大范围内确定一个统一的高精度的转换参数，必须分区域（一般应小于 $1° \times 1°$）来确定。坐标移动转换方法是指，自动根据测量范围实时确定转换参数，实现了将 CORS 系统的区域地心参考框架和现有的参心坐标基准的统一（姜卫平等，2008）。本节介绍该方法的原理及其实例分析。

1. 坐标移动转换方法及实现

（1）数据自动选择

传统的坐标转换方法根据给出的源坐标与目的坐标求解区域转换参数。这种方法存在一定的缺陷：在区域的边缘地区，转换参数的精度相应较低，会影响最终的转换结果，并且区域边缘公共点因采用不同的转换参数会得到不唯一的结果。

对某一点的坐标进行坐标转换时，以此点为中心，采用一定的距离为半径画圆，形成一个搜索范围，选取该范围内的已知点坐标，并根据点号选出目的坐标，从而实现了数据的自动选择功能。进行七参数或四参数转换时，若点数不够，则给出提示，提示重新设定距离范围并进行计算，直至得到理想的结果。

（2）数据自动处理

在根据距离范围自动选择数据后，确定坐标转换参数。利用上一步中根据距离范围自动选择的点进行计算，求出转换参数，然后利用转换参数把参与计算的源坐标转换成目的坐标，并且将求得的目的坐标与已知坐标进行比较，求出差值 V_i，将满足 $V_i>3\delta_i$ 条件的源坐标和目的坐标的点剔除，重新计算转换参数。如果筛选后的点数小于 3，则重新选择距离范围，即将距离范围扩大一些。重复执行上面的步骤，直至所有的点都满足条件 $V_i<3\delta_i$ 时，所计算出的转换参数即为所求，同时给出参与解算的点的个数。得到转换参数后，判断是否进行参数转换，最终得到目的坐标。数据处理流程如图 8-5 所示。

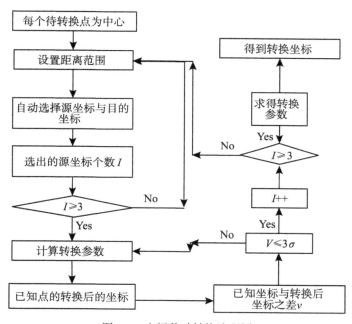

图 8-5　坐标移动转换流程图

2. 算例分析

（1）广州 C 级 GPS 点数据测试

利用广州 C 级 GPS 点（共 58 个点）数据测试坐标移动转换方法的精度及可靠性。采取如下方案：

方案一，利用坐标移动转换方法，对应每一个点求解一个转换参数，然后转换得到目的坐标。求解转换参数时，待转换点当作未知点，不参与计算转换参数。当将全部 58 个 GPS 点完成转换后，再将其与已知值比较求差，最后得到坐标转换的精度统计。

方案二，对广州市 58 个 GPS C 级点只用一个转换参数进行坐标转换，再将转换值与已知值求差。

这两种方法的转换效果如图 8-6、图 8-7 所示。

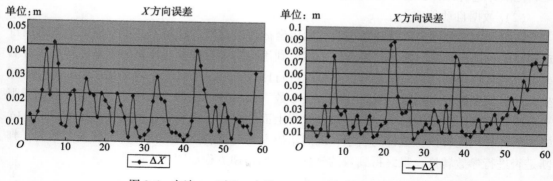

图 8-6　方法一（左）、方法二（右）得到的 X 方向误差

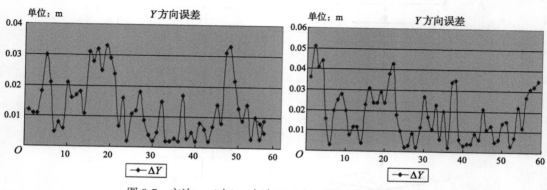

图 8-7　方法一（左）、方法二（右）得到的 Y 方向误差

由图 8-6、图 8-7 可以看出，利用每个点单独求解转换参数进行坐标转换，其精度要比在一个区域内用统一的转换参数进行坐标转换的高。这表明采用坐标移动转换方法转换的坐标能与所在区域其他点符合得较好。

（2）江苏 C 级 GPS 点数据测试

传统坐标转换方法按照独立分区求解转换参数，但在每个分区的边缘重叠部分坐标转换精度不高，且存在两个转换结果，在实际应用中无从选择，带来了很多的不便。因此，我们采用改进的方法计算公共区域的转换参数，然后进行坐标转换。从江苏 C 级 GPS 点中选择两个相邻区域，区域大小均为 $1° \times 1°$，称为区域一和区域二。对这两个区域分别求转换参数并进行坐标转换，然后在公共区域重新求解转换参数，将公共点进行坐标转换，测试此方法对精度的影响效果。

区域一的范围是 B：$118°30' \sim 119°30'$，L：$31°30' \sim 32°30'$，该区域内共有 44 个点，其中已知点 8 个，采用七参数法进行坐标转换后，与已知的坐标值比较求得平面坐标误差如表 8-1 所示。

表 8-1　　　　　　　　　　　　区域一内的坐标计算值与已知值的误差

点号		3010	3014	3015	3031	3032	3041	3059	3084
误差（m）	Δx	0.06	−0.10	0.080	0.060	0.021	0.074	−0.017	0.070
	Δy	0.042	0.091	0.034	−0.025	0.018	0.06	0.02	−0.011

　　区域二的范围是 B：119°30′~120°30′，L：31°30′~32°30′，该区域内共有 44 个点，其中已知点六个，用七参数法进行坐标转换后，与已知的坐标值比较求得平面坐标误差如表 8-2 所示。

表 8-2　　　　　　　　　　　　区域二内的坐标计算值与已知值的误差

点号		3006	3007	3019	3061	3063	3064
误差（m）	Δx	−0.057	0.021	0.034	0.009	−0.014	−0.041
	Δy	−0.063	−0.017	0.054	0.014	−0.006	−0.067

　　对于区域一和区域二的边界的 7 个公共点，其在区域一中求得的坐标值与在区域二中求得的坐标值之差如表 8-3 所示。

表 8-3　　　　公共点在区域一中求得的坐标值与在区域二中求得的坐标值之差

点号		3043	4010	4011	4012	5032	5040	6067
误差（m）	Δx	0.05	−0.014	0.086	0.073	0.015	0.103	0.042
	Δy	0.102	0.154	0.181	0.089	−0.107	0.248	0.119

　　由此可见，区域一和区域二中的公共点在不同区域的转换参数下求得的坐标值之间存在一定的误差，造成了区域边缘点的坐标值不唯一。为了得到唯一的坐标，我们采用坐标移动转换方法，在每个待转换点周围的一定距离范围内，选择已知点单独求解转换参数，然后进行坐标转换。每个点计算一次，依次计算完所有的点，即可得到精度比较理想的坐标。

　　对于区域一与区域二的 7 个公共点逐个做转换，依次在不同的距离范围内计算转换参数并求解坐标，距离范围设定为 25km、30km、40km 三个值，即每个公共点求得三个坐标值。以距离范围为 25km 时求得的公共点的坐标值为基准，距离范围为 30km 和 40km 时求得的公共点坐标值与其求差，比较转换结果的差值，结果如表 8-4 所示。表中的 30km、40km 分别表示利用这两个范围内已知点求得公共点的转换坐标与 25km 时的转换坐标的差值。

表 8-4   不同距离范围内坐标转换的差异

距离	误差（cm）	3043	4010	4011	4012	5032	5040	6067
30km	Δx_1	−1.1	0.8	−0.5	1.6	0.9	−1.8	−0.6
	Δy_1	1.3	0.9	0.4	−1.2	1.3	−2.0	1.0
40km	Δx_2	−1.3	−0.9	0.3	1.8	1.2	−2.1	−0.4
	Δy_2	−1.0	−1.1	0.8	1.5	1.9	−2.3	1.7

从表 8-4 可以看出，当不同距离范围内的已知点的数量不同时，坐标转换的精度不同；当距离范围选择 30km 时，其转换坐标的精度比范围距离选择 40km 时的精度要高。因此在用坐标移动转换法进行坐标转换时，选择合适的距离范围是非常重要的。

（3）四参数平面转换测试

一般实际生产中，有时仅需要平面坐标，而不考虑高程。此时可以采用四参数法进行坐标转换。

采用 3 个已知的公共点求取转换参数，这 3 个公共点大约在区域中央位置，然后将所有的点进行坐标转换，转换后的坐标与已知坐标之差如图 8-8 所示。

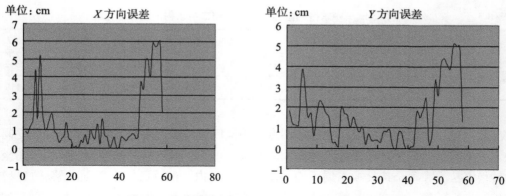

图 8-8 四参数转换后坐标 X、Y 方向误差绝对值

由图 8-8 可以得出如下结论：

①离中心公共点越远的点，转换后的坐标精度越低，图中 20～40 号点大约在广州市这一区域的中心位置，在区域的边缘地区精度逐渐降低，因此利用本书提出的区域搜索法求取转换参数的方法，可以最大限度地提高转换精度。

②四参数法所需要的公共点个数较少，2～3 个公共点也可以获得比较理想的转换参数。

8.4 毫米级地球参考框架建立方法与展望

8.4.1 顾及基准站非线性变化的地球参考框架的模型表达

1. 地球参考系统

地球参考系统是构建地球参考框架的理论和方法基础。其由定义坐标系统的原点、尺度和定向及其随时间演变的一系列协议、算法和常数构成。理想的地球参考系统定义为一个与地球接近且随之一起旋转的参考三面体，其选取应该符合以下条件：在惯性空间中，地球仅存在整体性运动；该运动可分解为地心的平移运动、地球参考系的旋转运动以及地球本体相对于参考系统的变形（魏娜，2011）。因此，地球参考系统原点定义为整个地球的质量中心，坐标轴随时间的变化满足无整体性旋转（NNR，No-Net-Rotation）条件。例如 IERS 协议（2010）将 ITRS 定义为（Luzum，2012）：①坐标原点是地心，即整个地球（包括大气和海洋）的质量中心；②长度单位是米（SI），与地心局部框架的 TCG 坐标保持一致，符合 IAG 和 IUGG 的 1991 年决议，由相应的相对论模型得到；③方向初始值采用国际时间局给出的 1984.0 的方向；④定向随时间的演变采用相对于整个地球的水平板块运动无整体旋转的 NNR 条件。从定义上讲，可认为 ITRS 作为构建毫米级地球参考框架的理论基础。

2. 顾及基准站非线性变化的地球参考框架定义

由上述可知，地球参考框架是地球参考系统的理想实现，由固连在地球表面的一系列基准站组成。精确描述基准站实际运动特征是建立毫米级地球参考框架的要求。

通常，基准站在任意时刻（某一个历元）的坐标可以用式（8-17）准确地描述：

$$X_R^i(t) = X_R^i(t_0) + V^i(t - t_0) + \sum_R \Delta X_R^i(t) + \varepsilon \qquad (8\text{-}17)$$

式中，$X_R^i(t)$ 表示基准站在任意时刻的位置；$X_R^i(t_0)$ 和 V^i 分别表示基准站在参考历元 t_0 的位置和线性速度；ε 为残差；$\sum_R \Delta X_R^i(t)$ 表示非线性运动，主要包括地球物理效应引起的季节性变化以及地心运动。因此，非线性运动 $\sum_R \Delta X_R^i(t)$ 的分析与建模是建立顾及基准站非线性变化的地球参考框架的关键问题。

此外，研究表明，如果观测时间较短（<2.5 年）（Jiang，2015），计算基准站的线性速度时若忽略季节性变化可能导致错误的结果。因此为了获得短尺度准确的基准站位移变化，我们也需要建立恰当的季节变化模型。

3. 基准站坐标时间序列

基准站坐标时间序列是用于建立地球参考框架最为关键的基础数据。坐标时间序列反映出的变化趋势中，既有基准站真实运动特征，也有数据处理存在的误差、噪声等影响。

坐标时间序列呈现两个主要特征：趋势项和非线性项。趋势项主要是速度，也就是地壳运动引起的速度，此外还有由于地震、设备更换等引起的跳跃，也即不连续性。对这些时间序列去趋势项并且去除不连续变化之后，坐标时间序列主要特征为季节性变化特征，可称为非线性变化。当前引起非线性变化的原因主要包括三部分：①地球物理效应，包括地表质量迁移引起的位移变化、基岩和标石的热膨胀；②基准站虚假变化，如模型误差不完善导致（轨道、大气等），观测数据、数据质量变化（如更换天线接收机等）、多路径效应等；③其他局部区域形变、噪声影响等。针对基准站坐标时间序列的实际特征，对坐标时间序列建模如下：

$$Y_R^i(t) = Y_R^i(t_0) + V^i(t - t_0) + \sum_R \Delta Y_R^i(t) + \varepsilon \tag{8-18}$$

式中，$Y_R^i(t)$ 表示实际观测的坐标时间序列；$Y_R^i(t_0)$ 和 V^i 分别表示参考历元 t_0 的位置和线性速度；ε 为残差；$\sum_R \Delta Y_R^i(t)$ 表示各种非线性运动，主要包括季节性变化（地球物理效应引起的季节性变化、技术类系统误差的影响）、噪声、异常变化（地震或者仪器变化等局部影响造成的不连续）以及地心运动。

可见，基准站运动建模和坐标时间序列建模两者既有区别又有联系。坐标时间序列的准确建模是基准站运动建模的基础和前提，而基准站的准确建模是要保留时间序列建模中属于基准站实际变化特征的那一部分，是坐标时间序列建模的最终目的。利用坐标时间序列数据来构建顾及非线性变化的地球参考框架，首先应去除或者削弱时间序列中的虚假信号特征，获取"干净"可靠的时间序列；然后，分析、建模、解释时间序列中的非线性变化；最终获得合理可靠的基准站运动结果。

8.4.2　坐标时间序列的非线性变化分析

1. 顾及非线性变化的速度模型建立

GNSS 数据处理模型及策略的改进能够分离、探测和进一步研究其所有的非线性变化，例如测站的噪声、不连续及季节性变化、地心运动和负载影响等（刘焱雄等，2000，2005；王解先等，2005，2011；袁运斌等，2002；张小红等，2001，2010；朱建军等，2008，2011）。对于非线性变化的处理，有两种方法可供选择：①按照 ITRS 实现的思想，去除速度的各种非线性变化，提供测站精确的位置及线性速度信息。因为将所有周期项去除的 ITRF 更适合于研究与构造板块有关的长期形变（板块运动是造成测站长期线性变化趋势的最主要原因）。②对现有的位置及长期线性速度模型进行改进。因为包含除了噪声以外的全部形变信息的 ITRF 更加适合于检测特定的地球物理假说，用于研究区域震后张弛的粘弹性模型研究，长时间的垂直累计位移还可用于区域隆升模型的精化。

现有数据处理软件（如 GAMIT，BERNESE，GIPSY）的观测模型已经考虑了固体潮、海潮、极潮改正。为了避免对其进行修改，并保持连贯性，将其余地球物理负载对测站位置的影响融入季节变化模型而非观测模型，作为线性 ITRF 模型的一阶季节改正，是更好的处理方法。也就是说，季节变化模型必须包括水文负荷、非潮汐海洋负荷、大气负荷以及冰后回弹的影响。将经验季节变化模型与地球物理模型相结合，把地球物理模型求得的负荷形变作为先验值，从而获得更加准确的季节性变化模型，从数值上定量解释测站的季节性变化，对 ITRF 速度的改进具有重要意义。不过在季节变化模型融入 ITRF 前还需要在处理策略及特定模型上达成共识。由此我们可以建立任意时刻 t 的测站速度模型，作为现有 ITRF 的改进，以实现真正动态的 ITRF：

$$V_t = f_1(t) + f_2(t) + f_3(t) + f_4(t) + f_5(t) + v \tag{8-19}$$

式中，$f_1(t) \sim f_5(t)$ 分别表示 t 时刻的长期趋势项（主要由板块运动引起的线性速度）、周期变化（地球物理效应引起的季节性变化）、其他的非线性变化（非年周期、半年周期变化）、异常变化（地震或者仪器变化等局部影响造成的不连续）以及地心运动；v 代表噪声影响，纳入随机模型考虑。$X(t)$、X_0 及 t_0 分别表示 t 时刻测站的位置、参考时刻位置及参考时刻，这样我们仅需要通过修改速度模型来更新基准，进而建立和维持参考框架。

2. 不同非线性变化的处理

（1）测站的不连续性变化

不连续性指的是由于异常的地球物理现象，如地震或者仪器变化引起的测站位置时间序列的突变。对 GNSS 技术来说这种现象非常普遍。通过周围环境的变化以及检测并置站的时间序列可以发现该类型的不连续性变化。例如 IGS 的 GPS 永久跟踪站 AREQ 的坐标时间序列在 2001 年的第 174 天发生剧烈突变，其原因是由于秘鲁南部强震的影响。对时间序列进行分段，估计事件前后不同的测站位置及速度可以消除不连续性的影响。缺失的天线罩校正通常会引起虚假的时间序列不连续，从而影响地球参考框架（TRF）的长期稳定性（Steigenberger，et al.，2006）。建立绝对天线相位中心改正模型时获得的天线罩校正可以帮助减少测站坐标时间序列的不连续性，通过尽可能减少天线罩的使用，不再使用没有经过校正的天线罩（类型标记为 DOME）可以避免此种不连续性的出现。

（2）噪声影响

由于各种随机因素的影响，IGS 基准站位置时间序列不可避免地包括噪声。研究表明全球 GPS 测站噪声主要由近似遵循指数定律的高频白噪声+闪烁噪声组成。由于测站遍布全球，所处的地理环境大不相同，其噪声影响可能存在差异。如前所述，应该在全球范围分析 GPS 测站的噪声频谱特征，采用极大似然估计确定最适合各区域的噪声模型，从而更加准确地分离噪声及真实信号。

（3）地球物理效应引起的季节性变化

在闪烁噪声结合白噪声背景下，GNSS 测站位置的时间序列还存在显著的季节性变化。通常认为造成季节性变化的影响源包括地球物理效应及与 GPS 技术相关的系统误差。Ray（2006）认为地球物理流体质量负载的再分布可以解释不到一半的季节性变化，残余的大部分变化可能由未识别的 GPS 技术误差及分析策略引起，然而 Freymueller（Freymueller，2009）认为季节性变化主要由地球物理信号产生，而非与技术相关的噪声。因此，有必要对测站的季节性变化做进一步探讨和研究，确定各种影响源的量级及其对时间序列变化的贡献，准确地区分地球物理信号以及技术系统误差的影响。

大气压、非潮汐海洋压力以及大陆储水量的变化是引起 GNSS 谐波变化的主要因素。可以通过计算和比较不同地球物理源以及 GNSS 测站位置时间序列的频谱特征，提取时间序列里隐含的季节性地球物理信号，将经验季节性变化模型与地球物理模型相结合，建立准确的负载模型，作为 ITRF 线性速度的一阶改正。总的来说，地球物理效应对时间序列的贡献具有明显的地域性特征，应该在全球范围分析并确定适合于不同区域的地球物理模型。

（4）技术系统误差引起的季节性变化

与 GPS 技术相关的系统误差是造成测站季节性变化的另一个主要因素。为了更好地认识确定地球物理过程，我们必须准确地分离技术系统误差造成的虚假信号。学者发现的谐波周期 1.04cpa（或者说周期为 352 天）不能用已知的地球物理源解释，大气压、非潮汐洋底压力或者陆地储水量引起的地球物理负载序列不存在该频率。同时并置站的 VLBI 以及 SLR 时间序列也不存在该频率谐波。考虑到该频率代表的 350 天异常周期与 GPS 星座重复周期接近，可初步判定该谐波是某种技术误差造成的结果。Hugentobler 等（Hugentobler, et al., 2005）推测该现象可能与"GPS 交点年（GPS draconitic year）"有联系，即 GPS 星座重复其相对于太阳的惯性定向之间的间隔。由于地球扁率的影响，GPS 轨道交点在空间的漂移量大约为每年，一个 GPS 年相当于 351.4 天，或者说频率为 1.039cpy。两种周期如此接近，其间可能存在某种联系，至少可能存在两种耦合机制：长期的 GPS 卫星轨道模型误差会直接引起测站位置的微小周期变化（在卫星动力学领域，太阳与卫星之间的相互作用十分重要，有效对其模型化十分困难）。其他的机制则包括相对于跟踪站的卫星星座的几何图形的重复性：星座重复的几何图形每天提前约 246.8s，对于标准的 24h 采样率来说，大约 350 天重复一次；任何局部的与方向有关的观测误差，例如多路径效应，都具有 350 天的重复周期，天线或者天线罩的校正误差与近似，或者忽略近场散射都是引起该偏差的主要因素。也就是说，轨道以及与天线有关的机制都会影响 IGS 测站位置的时间序列。我们可以尝试通过分离轨道模型误差或者局部测站与几何形状有关的误差影响，进一步研究确定 1.04cpa 谐波的影响源，除非地球物理信号足够大，否则该频率谐波将覆盖地球物理源的影响。

除此以外，数据处理策略的不完善及变更，包括模型误差（如未模型化的对流层影响）、近场多路径效应会引起 GPS 测站位置的缓慢变形、日带及半日带潮汐频率段的未模型化分析误差同样会造成长期影响，使得测站位置时间序列产生虚假的近两星期、半年以及周年变化信号。天线相位中心改正模型、截止高度角，对流层模型的变化（包括新模型的使用以及分段线性估计时间间隔的变化）也都会引起测站坐标的偏移（姜卫平等，2009）。就天线相位中心改正而言，数据分析中常用的天线相位中心改正模型（PCV）不足以满足天线或者天线罩的变更需求。每一种天线具有唯一的 PCV 改正值，但是该全球模型不能正确描述 PCV 对于环境的依赖性。此外，对于某些未设置天线罩的天线，我们通常只能得到相对 PCV 改正模型。如果能够使用现场校正值，则可以降低这个问题的影响。

Ray（Ray, 2006）研究表明许多 IGS 测站的高程变化与 TEQC 生成的各种数据质量矩阵有明显的相关性，例如伪距的 MP1 和 MP2 测量值通常能跟踪到高程方向的年周期变化，测站年周期信号的出现与消失和接收机模型的改变保持一致等。这种相关性表明 IGS 测站普遍存在近场相位多路径效应。由此说明了多数测站设计和安装天线架时的基本问题，因为这些因素可能会造成虚假信号，远远覆盖掉大尺度的地球物理负载信号。为了能进一步更准确地探测有效信号，在 IGS 基准网的建立过程中应该加强基础设施的升级，避免近场多路径误差源的影响。

（5）地心运动的影响

根据 IERS 协议，地球参考系的原点定义为包括海洋和大气在内的地球质心（Center

of Mass，CM）。而基于空间大地测量技术建立的 ITRF 测量的是由固定在地壳上的台站确定的几何形状中心（Center of Figure，CF）。将地球作为一个系统，根据质量守恒定律，地球的质心（CM）是恒定不变的。然而由于地表水、大气、海洋和地幔对流等质量迁移的影响，台站确定的几何形状中心（CF）在不断变化。CF 相对于 CM 的变化即为地心运动（Geocenter Motion）。为了得到定义地球参考系下的测站坐标，IERS 协议规定 ITRF 应顾及地心运动的影响。我们可以选用两类基本方法估计地心变化：①动力学方法，通过估计重力场的一阶项实现；②几何法，通过估计相对于地心框架，如 ITRF 的三个平移参数实现。其中，第一种方法更为精确，因为几何法对网形和测站分布敏感。

与其他地球物理现象一样，地心运动同样存在长期性以及周期性、非周期性变化趋势（周旭华等，2000）。目前，IERS 协议尚未给出确定的地心运动模型。从造成地心运动的根本原因入手，研究地心运动的理论模型或观测模型用于地球参考框架原点改正，对进一步提高空间大地测量精度，以及空间大地测量和地球物理研究都有一定的现实意义。

8.4.3 顾及基准站非线性变化的毫米级地球参考框架的构建与展望

在理想地球参考系统的理论基础上，顾及基准站非线性变化的毫米级地球参考框架的构建需要解决如下四个主要问题：第一，完善现有的空间观测技术（VLBI、SLR、DORIS、GPS 等）数据处理理论与方法，去除坐标时间序列中虚假的非线性变化，获取"干净"的基准站坐标时间序列；第二，建立高精度地球物理效应（环境负载及热膨胀）模型，明确坐标时间序列中各部分非线性变化的来源，建立可靠的非线性模型；第三，联合多源数据，实现地心运动的建模及监测；第四，优化多源空间大地测量技术内及技术间组合算法，最终实现顾及基准站非线性变化的毫米级地球参考框架的建立。

1. 精密空间数据处理技术

空间观测技术（VLBI、SLR、DORIS、GPS 等）数据处理模型及策略的不完善会导致基准站产生"虚假"的非线性位移。为了更好地了解地球物理过程，首先细致研究造成基准站虚假非线性运动的各种成因；然后精化数学模型；在此基础上，确定最优的数据处理模型及策略并对全球基准站数据进行统一的重新处理。这样，其结果有助于消除或减弱空间观测技术数据处理误差对于量级较小的地球物理信号的淹没效应，更准确地提取地球物理信号，同时也有利于确定精确的地球自转参数。

以 GNSS 技术为例，可以 IERS 协议（2010）和第二次全球 GNSS 数据重新处理计划为基础，分析忽略传播路径弯曲造成的电离层延迟、残余对流层延迟、太阳辐射压模型不完善及未模型化的海洋极潮等造成的虚假非线性信号；完善短周期（小于 24h）变化的EOP（地球定向参数）潮汐模型，评估并分离该模型对时间序列的贡献；优化 GNSS 数据分析策略，获得"干净"的时间序列。

2. 基准站非线性运动的建模

（1）季节性非线性变化的建模

全球数百个 ITRF 基准站（大部分是 GPS 基准站）坐标时间序列为基准站非线性运动的研究与提取提供了宝贵的基础数据。去除坐标时间序列趋势项后，对其进行周期性特征分析是建立基准站的季节性非线性运动模型的基础。因此，分析基准站非线性变化之前通

第8章 基于 GNSS 的地球参考框架建立与维持

常采用频谱分析及小波分析方法确定基准站的周期特征。

获得基准站坐标时间序列周期特征后，可以选择适当的周期变化拟合函数对季节性非线性变化进行建模。通常，采用经验正弦函数进行季节性分量的估计。假设已知某基准站的时间序列具有周年、半周年的周期特性，式（8-20）给出了该站某一坐标轴方向的函数模型：

$$y_t = at + b + A_1\sin(\omega_1 t + \varphi_1) + A_2\sin(\omega_2 t + \varphi_2) + \varepsilon \tag{8-20}$$

式中，t 表示坐标解历元，以年为单位；a 为线性速度；b 为基准站位置；ω_1、ω_2 为角频率，分别取 2π 和 4π；A_1、A_2 为振幅，分别描述该基准站的年周期和半年周期运动；φ_1、φ_2 为相位；ε 为拟合残差。利用该站的坐标时间序列，采用最小二乘算法就可以进行未知参数 a，b，A_1，A_2，φ_1，φ_2 的求解。

此外，一些可能的地球物理效应引起的季节性变化不能很好地表现为正弦函数的形式，此时通常利用非参数方法进行估计（Zou，2014；Freymueller，2009）。

（2）噪声模型的确定

噪声的影响主要体现在于速度估值及其精度。通常将站坐标时间序列包含的噪声假定为白噪声。然而，基准站坐标时间序列包含的噪声并非表现为纯白噪声，纯白噪声的假设会导致基准站速率不确定性的过低估计。研究表明，全球 GPS 基准站噪声主要由近似遵循指数定律的高频白噪声+闪烁噪声组成（李昭，2012）。

在季节性非线性变化建模的基础上，同时考虑线性运动及周期变化对基准站运动进行重新建模，并且利用模型拟合获得的残差进行噪声特征分析，以获取合适的噪声模型。由于基准站遍布全球，所处的地理环境大不相同，其噪声影响可能存在差异，我们应该在全球范围分析基准站的噪声频谱特征，采用极大似然估计确定最适合各区域的噪声模型，从而更加准确地分离噪声及真实信号。

此外，目前噪声模型的建立普遍基于单一分量，忽略了水平和高程分量之间的相关性，使得进行构造解释和瞬时信号探测比较困难。未来，可以引入交叉小波和小波相关性分析等方法，量化水平及高程方向的相互渗透作用程度；联合随机过程研究方法确定三维相关的时频域参数，建立新的统计模型进行显著性评估，提出基准站时间序列三维交互相关性的方法，由此构建精确的三维噪声模型。

（3）地球物理效应精密模型构建

环境负载和热膨胀效应等地球物理效应是造成基准站非线性运动的主要原因。其中，环境负载主要包括大气压、非潮汐海洋压力以及大陆储水量。2002 年 2 月，IERS 所属的全球地球物理流体中心 GGFC 建立了负荷特殊管理局 SBL（Special Bureau on Loading），其最终目的在于提供描述由所有环境负载引起的形变信息的近实时全球数据集。2002 年在慕尼黑举行的 IERS 会议采纳了使用地球物理模型改正负载影响的建议，改正信息由 IERS SBL 提供，以保证不同观测技术之间以及不同时间、不同地点的相同观测技术内部地球物理效应改正的一致性。可以通过计算和比较不同地球物理源以及基准站位置时间序列的频谱特征，提取时间序列里隐含的季节性地球物理信号，将经验季节性变化模型与地球物理模型相结合，建立准确的负载模型。然而，目前提供的环境负载模型与基准站的非线性运动之间存在不一致。以 GPS 结果为例，GPS 坐标时间序列与环境负载影响的最好

212

对比结果表明（Collilieux，2012；Tregoning，2009），仅 80%IGS 基准站的高程 RMS 经环境负载改正后减小，并且环境负载造成的地表位移仅能解释高程分量的部分周年、半周年振幅。

除环境负载外，温度变化造成的热膨胀效应也对基准站位移有影响。研究发现南加州 GPS 连续监测站水平方向坐标时间序列的大部分周年振幅可以通过大气温度变化造成的弹性地壳的热弹性应变解释（Prawirodirdjo，2006）。由于部分学者采用 NCEP/NCAR 全球格网化地表空气温度数据（空间分辨率为 2.5°×2.5°）计算温度对基准站的位移影响时，并未考虑地形影响，其空间分辨率是否足以满足高精度大地测量的需求尚须大量数据加以验证（闫昊明，2010）。

对环境负载及热膨胀效应进行精确建模，进一步提高地球物理效应与基准站非线性运动的匹配度。可以从以下几个方面展开研究：评估不同环境负载模型的精度，在此基础上提出不同模型的融合方法；顾及基于 INSAR、GRACE 所探测的陆地水变化质量迁移模型，引入区域湿度、降雨量及河流水位变化等环境数据，联合多源观测数据及地球物理模型建立高时空分辨率环境负载模型；针对基准站的地理环境差异，研究建立基于基准站的格林函数，获取最优环境负载位移；针对经环境负载修正后的基准站坐标时间序列，引入主成分分析等现代信号处理方法提取形变信号；精化温度变化造成的基准站位移，确定其对于形变信号的贡献；基于弹性半空间理论模拟区域形变，探讨其对坐标时间序列的影响特征。

3. 地心运动的建模

为了得到定义地球参考系下的基准站坐标，IERS 协议规定 ITRF 应顾及地心运动的影响。我们可以选用两类基本方法估计季节性时间尺度上的地心运动（Lavallée，2006；Wu，2012）：①直接法，主要包括网平移法、动力学法和运动学法；②间接法，主要包括一阶形变法和 CM 方法。此外，长时间尺度的地心运动的观测仍然面临困难，通常利用多源数据进行地心速度的反演（Metivier，2010；Klemann，2011；Rietbroek，2012）。

由于地心运动本身的复杂性，最新的 IERS 协议尚未给出确定的地心运动模型。从造成地心运动的根本原因入手，联合多种空间大地测量技术及地球物理模型，构建合理的联合处理策略是今后地心运动建模的发展趋势。

4. 空间大地测量技术数据组合

当前，联合 VLBI、SLR、DORIS、GPS 等空间观测技术是建立地球参考框架的主要手段。因此，在联合处理时，存在着同种技术之内的组合和技术之间组合两个关键问题。技术内组合能够为地球参考框架的建立提供某种技术的统一解；在技术间组合的过程中，加入局部连接的信息进行约束，从而得到联合多源空间大地量测数据建立的参考框架的统一解。

今后，空间大地测量技术数据组合算法的研究可从以下几个方面进行：利用紧组合方式，进一步完善技术内组合软件，实现同种技术内多分析中心基准站坐标时间序列组合解的精确获取；深入研究技术间组合的输入/输出标准、模型、组合策略、不同技术系统误差的处理、定权方式，提高并置站及局部连接精度及可靠性，从算法上改进技术间组合方法；对输入的技术内组合坐标时间序列进行分析并且定权、加入选取的符合要求的并置站和局部连接信息，消除系统误差，并对技术间组合的法方程进行基准定义以实现最终组合解的获取。通过完善空间大地测量技术精密数据处理方法及技术组合算法，可以获得高精度的测站历元坐标，用于构建历元参考框架（ERF）和地球参考框架（Bloßfeld，等，2014）。

8.4.4　结束语

建立顾及基准站非线性变化的毫米级地球参考框架是大地测量学的一项主要任务。它将更好地满足冰盖融化、海平面上升、地震、厄尔尼诺、冰川均衡调整等毫米级全球环境变化监测及地球动力学等地球科学研究。通过发展空间大地测量技术数据处理方法，并解决上述其他关键问题，期望基准站单天解坐标水平精度达 2~3mm、垂直精度达 5~7mm，长期（至少有 2.5 年）观测后，速度精度达到亚毫米甚至更高；并且构建精密的环境负载等模型，确定毫米级精度的基准站非线性变化。在这个基础上，新一代地球参考框架整体精度有望达到毫米级（姜卫平，2016）。

第9章 基于 GNSS 基准站网的地壳运动与建筑物变形及地质灾害监测

GNSS 基准站网具有全天候、全自动、实时连续观测的特点，这使得其在地壳运动及建筑物变形监测领域能发挥重要作用。GNSS 基准站网系统可通过 Internet 网络、移动电话和静地卫星等向用户提供多种服务，使得用户能够实时获取毫米级定位信息，包括用以解释说明板块构造及诸如地震等其他地球物理运动过程的精密坐标。

本章以板块构造、板块内部块体运动、块体内部变形以及建筑物变形作为研究对象，介绍利用 GNSS 基准站网进行形变监测的发展历史与现状，讨论基准站网的建立及数据分析方法，并给出基准站网自动化监测系统以及会战式 GNSS 监测设计方案。

9.1 利用 GNSS 基准站网进行形变监测的发展历史与现状

随着 GNSS 基准站网的建设和不断改善，GNSS 测站的精度和覆盖率得以大幅度提高，基准站网提供的数据和产品更加丰富，使得 GNSS 应用于地球动力学领域的深度和广度也相应大幅提高。目前，GNSS 技术已经成为理解地球动力学过程以及建筑物变形机制的重要手段。利用基准站网监测地壳运动及建筑物变形能克服传统手段所存在的缺陷，不仅精度能满足要求，而且可以更全面地了解目标连续的变化，甚至瞬时变化；同时，还能够为更深层次的地球科学研究提供可靠的监测资料。

按照尺度和范围划分，GNSS 用于变形监测的研究对象可分为四个层次：全球尺度的板块构造；中等尺度的板块内部地块运动；较小尺度的块体内部变形（包括地面沉降等）；更小范围和尺度的建筑物变形（水库、大坝、高铁路基等大型结构体）以及滑坡等地质灾害。

针对不同尺度和范围的变形监测需求，目前建设了不同级别的形变监测网络。对全球板块构造运动的研究，一般利用全球分布的 IGS 基准站进行。目前 IGS 在全球范围内有 500 多个 GNSS 连续跟踪站，可提供丰富的资料为研究全球板块构造运动服务。同时，为研究局部区域的构造运动，许多国家和研究组织在地质活动剧烈的板块边界以及板块内部建立了 GNSS 基准站网，如美国大地测量局在南加州建立的 GPS 连续观测网络、日本在全国范围内建立的地壳运动监测网络以及我国的"网络工程"与"陆态网络"等。目前这些基准站网均已产生了丰硕的成果，为理解局部区域的构造变形与内在机制提供了丰富资料。很多地区和城市，如我国的江苏省、山西省、湖北省、深圳市等建立了省市级的 CORS，这为研究区域的地质活动与地质灾害（如地面沉降）提供了基础数据。此外，随着大型结构体的大量涌现以及滑坡等地质灾害的频繁发生，利用 GNSS 系统进行小尺度的高精度变形监测技术已经得到了越来越多的研究和应用。目前已有多个应用实例，如在清江隔河岩水利枢纽建立的大坝外观变形与高边坡 GPS 自动化安全监测系统。在 1998 年夏天长江发生的全流域洪灾的抗洪过程中，该系统发挥了重要作用。

目前，GNSS 技术在形变监测领域的应用越来越广泛，可以预见，将来随着多系统星座（GPS、Galileo、BDS、GLONASS）的逐步完善以及变形监测理论的进一步发展，GNSS 技术将会在形变监测领域发挥更重要的作用。

9.2　全球板块构造与块体运动研究

9.2.1　发展历史与现状

板块是指由于地壳分裂而成的巨大且可移动的块体。不同的理论对应不同的板块划分方法，从而将整个地球表面岩石圈分为不同数目和类型的板块。块体指在新构造时期至今仍在活动的构造单元。由于利用 GNSS 技术对全球板块构造与块体运动的研究具有相似的布网原则和数据处理分析方法，因此本节对其统一论述。

研究全球板块构造与块体运动的传统方法一般基于地质与地球物理学理论，如利用洋中脊两边的地磁条带图像以及地壳岩石的年龄来反演板块构造运动。利用此类方法建立的地质板块运动模型基于若干假设，如板块是刚性的，且板块运动是线性的。但实际情况并非如此，相应的根据地质模型得到的板块构造理论不能真正、准确的反映地壳运动特征，且地质板块模型仅能反映百万年的平均构造运动，无法监测较短时间尺度的地质活动。

随着近几十年来空间大地测量技术的发展，GNSS 技术为监测和研究全球板块构造与块体运动开辟了一条新途径。目前，IGS 在全球范围布设了 500 多个 GNSS 连续运行站，可用于研究全球板块间的相对运动，监测板块边缘及内部的构造变形，确定不同尺度构造块体的运动方式、规模和运动速率等。图 9-1 描绘了全球 IGS 基准站的水平速度场，直观地反映了各板块现今运动的规律。

在块体及板块边界监测方面，也建成了很多 GNSS 基准网。日本国家地理院（GSI）自 20 世纪 90 年代初开始着手布设覆盖全日本的地壳形变监测网，建成由 1000 多个 GPS 连续观测站组成的 COSMOS 系统。欧洲利用地中海亚平宁半岛上的 3 个 GPS 子网 2003—2007 年的 GPS 连续运行观测数据估计了欧亚板块、非洲板块和亚得里亚海板块基于 ITRF2005 框架的三维速度场。20 世纪 90 年代，冰岛开始在全国范围内布设 ISGPS 基准站网用于监测板块运动。Árnad ó ttir 等（2009）利用覆盖冰岛全国范围的 GPS 观测数据（1993—2004）对冰后回弹和板块扩张进行了深入的研究。

中国大陆位于欧亚板块的东南部，是欧亚陆壳板块的重要组成部分。二十多年来，地球动力学研究学者采用 GNSS 技术，在中国大陆及邻区开展了大量的研究。中国从 1990 年开始先后建立了多个全国性的 GNSS 监测网（中国地壳运动观测网络、国家 GPSA 级网等）和主要活动带的区域性 GNSS 监测网（如在青藏和喜马拉雅山地区、川滇地区、河西和阿尔金地区、新疆塔里木地区、华北地区和福建沿海地区的 GPS 监测网等），利用这些资料建立了中国大陆及其周围地区的地壳运动速度场（刘经南等，1998，姜卫平等，

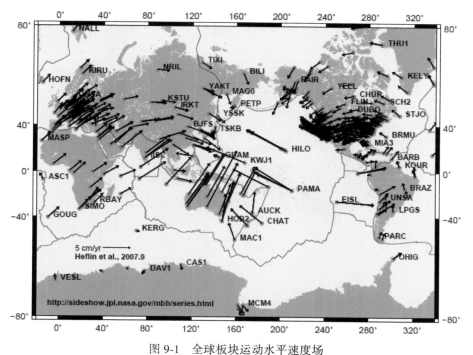

图 9-1 全球板块运动水平速度场

（图片来源：http://sideshow.jpl.nasa.gov/mbh/series.html）

2008，袁林果等，2008）。20 世纪 90 年代初开始，中国实施了 "GPS 在地壳形变测量和中长期地震预报中的应用研究（1991—1995）"、"现代地壳运动和地球动力学研究（1992—2001）"、国家重大科学工程 "中国地壳运动观测网络（1997—2000）"。特别是 "中国地壳运动观测网络" 的实施，建立了我国规模最大、覆盖最广的由 25 个基准网点、56 个基本网点和 1000 个区域网点组成的 GPS 监测网络（田云锋，2011）。这三个项目的实施对我国应用 GNSS 技术进行现今地壳运动研究具有深远的意义，所取得的研究成果也引起了国内外地学界同行的关注，如王琪等（2001）利用中国地壳运动观测网络数据计算了中国大陆及周边地区现今地壳运动速度场。图 9-2 显示了利用连续运行基准站所确定的中国大陆在 ITRF08 下的速度场。

从研究现状来看，采用空间大地测量技术进行现今地壳运动与构造研究已成为重要技术手段之一，GNSS 技术已被广泛应用于全球性和区域性现今地壳运动、应变场反演和动力学研究工作中。

9.2.2 GNSS 基准站网的建立

GNSS 基准站网点的类型包括三种：基准站、连续运行监测站和间断性监测站。用于大尺度的板块构造与块体运动研究的 GNSS 基准站监测网点主要由基准站构成。监测网点位的选择直接关系到对地球动力过程的准确理解，因此必须使用观测条件及硬件质量较

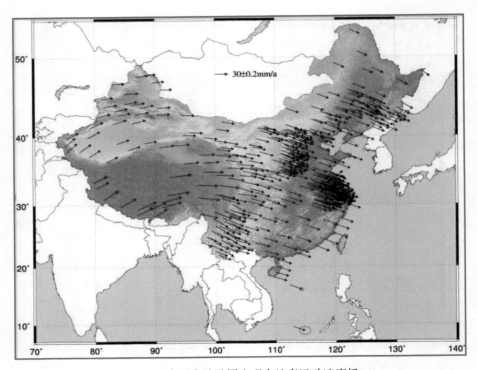

图 9-2　中国大陆及周边现今地壳运动速度场

好、稳定性较高、分布均匀的连续运行基准站。基准站的选择一般需要满足 9.3.2 节所述条件。

9.2.3　数据处理与分析方法

1. 数据处理软件

目前用于地球动力学研究领域的 GNSS 高精度软件主要有：

①BERNESE 软件，由瑞士伯尔尼大学航空研究所开发（Rothacher, et al., 1990）；

②GAMIT-GLOBK 软件，由美国麻省理工学院开发（King, et al., 2010）；

③GIPSY-OASIS II 软件，由美国加州理工学院的喷气动力实验室开发（Webb, et al., 1993）。

这些软件具有以下一些典型的共同特征：

①采用适当的力模型进行轨道积分；

②精确的观测模型（地球模型、大气延迟），严格的天体和大地参考系统；

③可靠的数据编辑（周跳，粗差探测）；

④坐标、轨道、对流层偏差、接收机钟差、极移和地球旋转速率参数估计；

⑤适用于长基线的模糊度固定算法；

⑥确立参考框架转换参数，顾及板块构造学和同震位移的测站运动学模型。

2. 数据处理策略

采用高精度数据处理软件对数据进行处理。在数据处理过程中要考虑各种误差改正模型以提高解算精度，如对流层误差、电离层误差、差分码偏差等。并采用精度较高的星历产品，包括 IGS 的精密星历等以削弱卫星轨道误差的影响。一般可紧约束 IGS 核心站坐标以提供解算基准。

3. 基线解算的主要模型和参数

本节以 GAMIT 软件设置参数为例，对每个时段求解时需主要考虑的因素列举如下：

①卫星钟差的模型改正（采用广播星历中的钟差参数）；

②接收机钟差的模型改正（采用根据伪距观测值计算出的钟差）；

③电离层折射影响用 LC 观测值消除；

④估计对流层参数；

⑤卫星和接收机天线相位中心改正。卫星与接收机天线 L1、L2 相位中心偏差采用绝对天线相位中心改正模型；

⑥测站位置的潮汐改正；

⑦截止高度角为 10 度，历元间隔为 10s；

⑧考虑卫星轨道误差，即松弛 IGS 轨道。

4. 测量方式的选择

为了获得高精度的监测结果，用于大尺度的板块构造与块体运动研究的 GNSS 基准网一般采用静态相对定位的测量方式，最好采用连续运行的 GNSS 测站的数据，同时估计板块运动的长期运动趋势以及周年或半周年等周期性参数；或者采用至少 2.5 年以上的数据以保证板块运动的速度估值不受周年或半周年等周期性信号的影响（Blewitt, et al., 2002）。接收机应选择双频的大地测量型接收机，并使用抗多路径的接收天线。

5. 数据分析

在 GNSS 测站速度确定后，板块构造旋转能够由下面的经典运动学模型估计（Larson, et al., 1997）：

$$\dot{x}_j^p = \Omega^p \times x_j \tag{9-1}$$

式中，Ω^p 是与测站 j 相关的板块 p 的角速度（也称为"欧拉矢量"）。$\Omega^p = |\Omega^p|$ 为板块 p 的旋转速率（通常以度/百万年表达，但计算采用弧度/年），并且方向 $\hat{\Omega}^p = \Omega^p/\Omega^p$ 称为"欧拉极"（通常采用一个球面经度、纬度表示，但是以直角系分量计算，如方向余弦）（Minster, et al., 1978）。欧拉极能够通过地球表面的固定点实现。这个旋转模型本质上约束板块在地球表面刚性地移动（非径向运动）。叉乘在地心参考框架下的加速度和测站位置间进行，因此速度也在一个地心参考框架下表达。标记 $\dot{x}_j^p$ 中的 p 用以识别假设的板块（而非参考框架）。

经典板块构造的运动学模型有几点值得关注：

①运动是瞬时的，观测时间相对足够短，因此角速度假设为常数。式（9-1）适用于百万年时间尺度的古地磁数据（DeMets, et al., 1990, 1994; Minster, et al., 1978），同样适用于几十年的大地测量观测量。事实上，根据大地测量观测量和古地磁反演的角速度

之间的差别能够测试板块是否具有显著的角速度加速度；

②此处的板块构造理论假设板块是刚性的，并且该运动是一个固定点相对于整个地表的旋转。因此，运动完全在一个球面地球的水平方向。

9.2.4　计算实例

1. 全球板块构造运动

（1）数据处理策略

根据上文提及的数据处理策略，在数据处理过程中同时解算卫星轨道、地球定向参数（Earth Orientation Parameter，EOP）、测站坐标、对流层天顶延迟及水平梯度参数。

①测站位置施加松弛约束（IGS 核心站 5cm，非核心站 1dm）；

②计算模糊度固定解（Petrie，et al.，2010）；

③卫星截止高度角设置为 10°，并根据验后相位残差对观测值重新定权（Tregoning，et al.，2009）；

④计算固体潮、海潮、极潮、大气潮汐改正。其中海潮负载模型采用 FES2004（Lyard，et al.，2006），考虑除 11 个主分量外的次分量潮汐影响（Agnew,，2008，Petit，et al.，2010）。大气潮汐负载模型采用 RP03 模型（Ray，et al.，2003）；

⑤对流层投影函数采用维也纳投影函数 VMF1（Böhm，et al.，2006；Boehm，et al.，2004）；

⑥计算先验对流层干分量延迟所需的气压及温度数据由测站 RINEX 格式的气象文件提供（Tralli，et al.，1990；Tregoning，et al.，2006），无气象文件的测站则采用 VMF1 数值天气模型提供的数据；

⑦使用绝对天线相位中心改正（Schmid，et al.，2007）模型 igs08_1636.atx；

⑧考虑二、三阶电离层延迟影响，其中高阶电离层延迟采用 IGRF11 地磁场模型计算（Petrie，et al.，2010）；

⑨不计算非潮汐负载改正（Petit，et al.，2010）。

最后对获得的周日解剔除粗差后实施基准转换，获取 ITRF 框架下的测站坐标时间序列及速度场。基准转换仅估计平移量及旋转量六个参数，以减小未模型化非潮汐大气压负载造成的基准扭曲。对于非潮汐大气压负载造成的地表位移，建议遵守 IERS2010 协议，在观测值层面不考虑其改正（Petit，et al.，2010）。我们对全球 109 个 IGS 基准站1998.06.10—2010.12.31 期间的数据进行了重新处理，得到了 ITRF2008 框架下的基准站速度及不确定度（李昭，2012）。

（2）结果分析

图 9-3 的结果表明，全球 IGS 基准站的水平速度场表现为很强的区域性特征。欧亚板块呈现显著的顺时针运动趋势。其中，欧洲及亚洲西南部地区测站表现为整齐的东北向运动，而亚洲东部测站呈现速率较大的东南向运动。非洲、大洋洲测站同样表现为东北向运动趋势。美洲大陆呈现逆时针运动趋势。其中北美洲西部及西南地区测站主要表现为西南方向运动，北部及东南部地区测站则主要呈现西北向运动。南美洲仅包括两个测站，无法

判断该区域的准确运动趋势。南极洲测站的运动最为缓慢，且无显著规律。

图 9-4 的结果表明，全球多数（73%）IGS 基准站的垂直运动表现为上升趋势，主要聚集在陆地区域。沿海及海洋区域测站主要表现为下沉运动。垂直速度的大小与纬度相关，纬度越高，测站垂直速度越大。两极地区测站的垂直速度最大超过 6mm/a，全球其他区域的测站垂直运动速度全部小于 5mm/a。

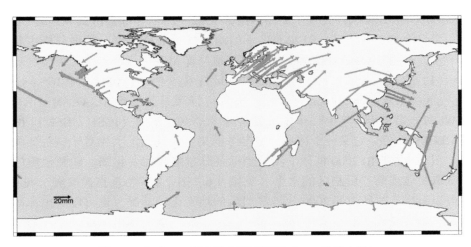

图 9-3　全球 IGS 基准站水平速度场（95%置信水平）

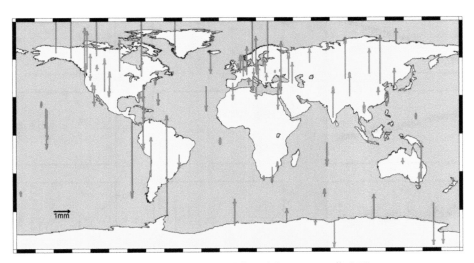

图 9-4　全球 IGS 基准站垂直速度场（95%置信水平）

此外，还可根据测站坐标和速度场求解各板块的欧拉参数。

2. 横跨活跃地质带的板块间运动（以冰岛为例）

冰岛面积为 10.3 万平方公里，为欧洲第二大岛。冰岛位于北大西洋中部，北边紧贴北极圈，冰岛 1/8 被冰川覆盖，冰川面积占 1.3 万平方公里，海岸线长约 4970 公里。整个冰岛是个碗状高地，四周为海岸山脉，中间为一高原。大部分高度为 400～800 米，个别山峰可达 1300～1700 米，冰岛最高峰是华纳达尔斯赫努克山（2119 米）。冰岛位于大洋中脊上，西部位于北美板块，东部位于欧亚板块，是地球上少数几个能够从陆地上观察板块边界运动和板块扩张的地方之一。因此，以冰岛为例，讨论横跨活跃地质带的板块间运动。

　　使用 GAMIT-GLOBK 软件处理了冰岛西南部 1992—2004 年间会战式和连续 GPS 数据，确定了在一个自洽参考框架（ITRF2000）下的测站位置及其速度。数据分析主要有两个步骤：第一步，采用 GAMIT 软件估计单日的测站位置和卫星轨道参数。主要处理三个子网的数据：（1）会战式测站；（2）冰岛的连续运行 GPS 测站，包括 2 个 IGS 测站 REYK 和 HOFN；（3）距离冰岛 500km 范围内的连续运行测站，包括 ALGO、MADR、ONSA、TROM 和 WES2。第二步，将第一步中单日解与 3 个 IGS 子网（IGS1、IGS2 和 IGS3）结合，采用 GLOBK 软件，定义一个冰岛区域参考框架，并且确定了相对于该框架的测站位置和速度。图 9-5 为 ITRF2000 框架下测站坐标各分量随时间变化图。顾及地震的同震位移影响，获取了地震前、后测区的水平（见图 9-6、图 9-7）和垂直速度场（见图 9-8）。从这些图可以看出，冰岛南部 2000 年地震前后的地壳运动情况，也可以看出冰岛处于欧亚和北美板块的交界处。

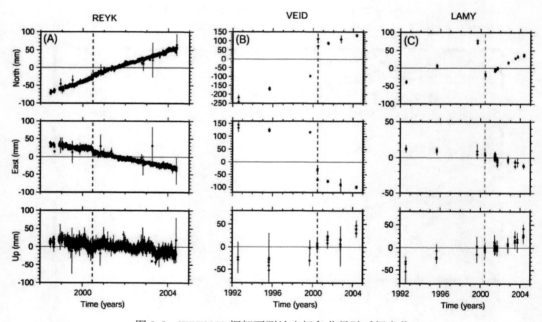

图 9-5　ITRF2000 框架下测站坐标各分量随时间变化

（虚线对应 2000 年 6 月地震发生时刻。每个黑点表示测站的单日解位置。从左至右分别是连续运行站 REYK，会战式测站 VEID、LAMY 滤波之后的时间序列。）

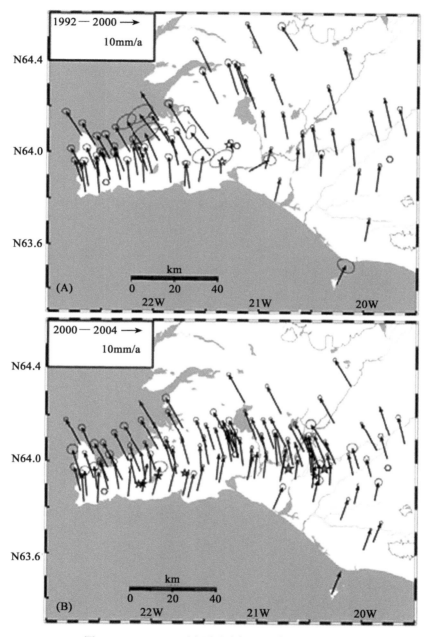

图 9-6　ITRF2000 下水平速度场（置信水平 95%）

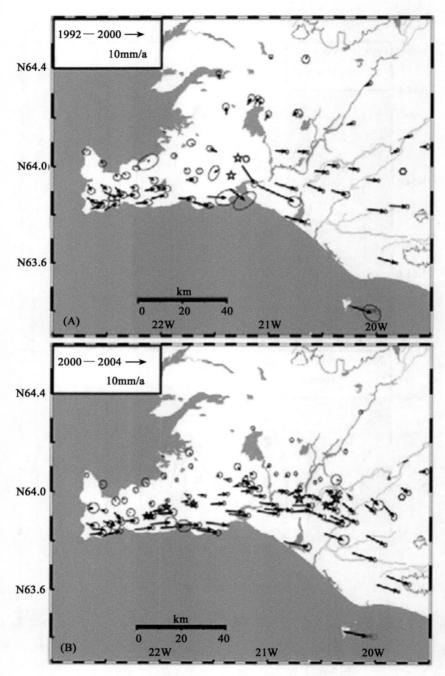

图 9-7　相对于北美板块的水平速度场（置信水平 95%）

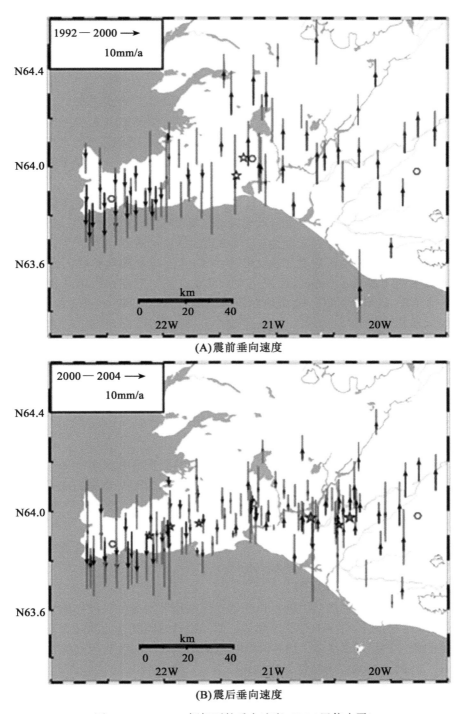

(A)震前垂向速度

(B)震后垂向速度

图 9-8　ITRF2000 框架下的垂向速度（95%置信水平）

9.3　板块内部相对运动研究

9.3.1　发展历史与现状

板块构造理论一般认为板块内部是刚性岩石圈,但实际情况并非如此。板块内部仍可能存在各种类型的相对运动,如地震活动、地面沉降等。传统的地震前兆监测方法为地下水、地磁、地电、重力等。传统的地面沉降监测方式一般采用高等级的水准测量。这些手段均具有自动化程度低、不能全天候连续观测等特点。随着空间大地测量技术的发展,GNSS 在地震前兆与地面沉降监测中的作用越来越大。

20 世纪 80 年代末,美国、加拿大、日本、西欧等发达国家就开始在全球主要地震区(如加利福尼亚、青藏高原、日本列岛、地中海、菲律宾海等)建立区域性 GPS 观测网络,进行板块内部及板块边界在大型地震前后的地壳运动与形变监测研究。美国大地测量局(NGS)牵头在南加州地区建立了由 250 多个 GPS 连续观测站组成的台阵,主要应用研究包括监测美国南部 San Andreas 断层运动。几乎在同一时期,我国开始在云南滇西地区建设第一个 GPS 监测网,进行地震前兆监测试验,并在 1993 年成功预测了 1996 年的丽江 7.0 级大地震。

当前,我国建立了许多省级、城市级、行业级的 CORS,可用于区域地表形变的监测和预报。如利用山西省 CORS 的连续观测数据得到的基准站的垂直速度场可明显反映出由地下水和煤炭开采造成的山西南部地区严重的地面沉降(曾波,2013)。

9.3.2　GNSS 基准站网的建立

1. 监测网点类型

用于板块内部相对运动研究的 GNSS 基准站监测网点主要由基准站和连续运行监测站构成,也可以采用基准站与间断性监测站结合的方式。连续运行监测站或间断性监测站根据实际需要,布设在远离板块边界的位置,用于确定板块内部的形变量,建立其对应的运动学模型,进而研究其动力学机制。

连续运行监测站点或间断性监测站的选择需要顾及变形区的特点及观测环境等各项因素,应建设固定观测墩,并配备强制对中基座。

2. 监测网最优点位的选择原则

用于板内形变研究用途的监测网点位的选择应使用观测条件及硬件质量较好、稳定性较高、均匀分布的连续运行基准站及连续运行监测站点或间断性监测站。基准站的选择一般需要满足的条件参见 8.2.3 节,而连续运行监测站点或间断性监测点的布设遵循以下原则(Blewitt, et al., 2002;周晓慧,2011):

①尽可能保证测站位于板块的内部;

②尽可能保证测站在板内均匀分布;

③保证所有的测站观测时间跨度足够长,连续观测时间至少 2.5 年以上;

④测点稳定,尽量远离板块交界处;

⑤避免这些测站受到同震及震后变形的影响。

9.3.3 数据处理与分析方法

1. 数据处理策略

采用9.2.3中的高精度数据处理软件对监测点数据进行处理。尽可能采用精度较高的星历产品。板内形变监测需要引入高精度的基准点。对中国大陆地区而言，可以考虑引入WUHN（武汉）、SHAO（上海）、BJFS（北京）、LHAS（拉萨）、URUM（乌鲁木齐）等全球 IGS 跟踪站，将高精度的 ITRF 坐标传递给基准点，进而通过基准点传递给其他控制点，以消除或削弱起算点坐标误差对基线解算的影响。

2. 基线解算的主要模型和参数

本节以 GAMIT 软件参数设置为例，对基线解算时需主要考虑的因素列举如下：

①卫星钟差的模型改正（采用广播星历中的钟差参数）；

②接收机钟差的模型改正（采用根据伪距观测值计算出的钟差）；

③电离层折射影响用 LC 观测值消除；

④对流层折射根据标准大气模型用 Saastamoinen 模型改正；

⑤卫星和接收机天线相位中心改正采用 GAMIT 软件的设定值；

⑥测站位置的潮汐改正；

⑦截止高度角为 10 度，历元间隔为 30 秒；

⑧考虑卫星轨道误差。对于较大范围的板内形变研究可松弛 IGS 轨道。若研究板块跨度较小，可固定 IGS 轨道；

⑨选取板块内部及其周边地区的不少于 4 个 IGS 全球永久跟踪站作为基准站；

⑩采用从 IGS 获得的精密星历和地球旋转参数，并根据其精度给予适当约束。

3. 测量方式的选择

为了获得高精度的监测结果，用于板内形变研究的 GNSS 基准网的测站一般采用静态相对定位的测量方式。具体方式的选择和数据处理参见 9.2.3。

4. 数据分析

板内形变的量化指标可为相同板块上测站之间的距离变化，这个距离变化可用测站之间的 GNSS 重复基线变化表示。该基线变化能够通过大地测量（及其他独立证据）的观测量进行外符合检验，即判断在观测值的误差范围内，板块是否具有一个显著的距离变化量。

9.3.4 计算实例（山西和江苏省区域）

1. 山西省区域地壳运动情况

根据以上原则，利用山西 CORS（SXCORS）2009 年 5 月 1 日—2011 年 2 月 15 日期间的连续站观测数据，采用 GAMIT-GLOBK 软件进行解算，研究了山西省的水平速度场与垂直速度场，为揭示山西省的地壳运动规律提供了有力的依据。图 9-9 为 SXCORS 站点在 ITRF2005 框架下的水平速度场。由图 9-9 可见，SXCORS 站点在 ITRF2005 框架下水平速度场走向为南东方向。图 9-10 为 SXCORS 站点相对于欧亚板块的水平速度场。由图 9-10 可知，以欧亚板块作为参考框架，山西 CORS 站点表现为较为一致的南东向运动，其平均速率为 6mm/a，优势方向为 SE130.69°。

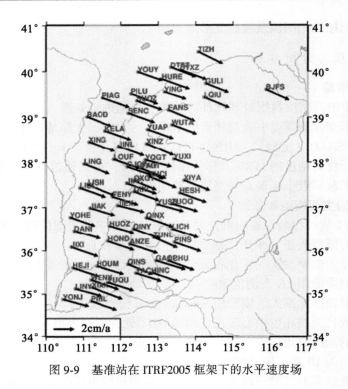

图 9-9　基准站在 ITRF2005 框架下的水平速度场

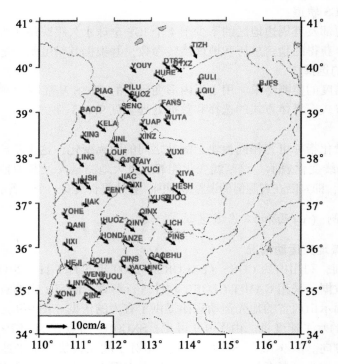

图 9-10　测站基准站相对于欧亚板块的水平速度场

图 9-11 给出了 SXCORS 基准站的垂向速度场。由图 9-11 可以看出，SXCORS 站点的垂向运动绝大多数地区以下降为主，且从整体上来说，南部地区的沉降速率大于北部地区。这是由于对于山西省大部分地区而言，人均水资源匮乏，其经济用水和生活用水有很大一部分来源于地下水的开采。近年来地下水的长期开采和超采、煤炭开采造成的地下水含水层破坏、水量漏失以及水质污染致使区域漏斗不断加深与扩大，地质条件越来越恶劣，从而导致地面发生沉降。相对于北部地区而言，南部地区煤田分布较多且地下水的开采和超采更为严重。

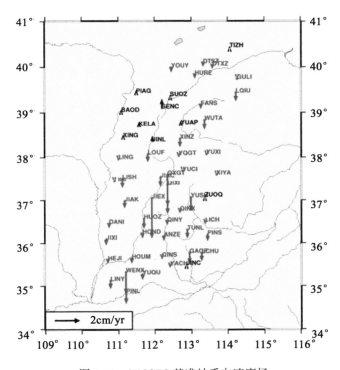

图 9-11　SXCORS 基准站垂向速度场

2. 江苏省区域地壳运动情况

采用江苏省 CORS（JSCORS）2006—2012 年的数据，引入美国 SOPAC 的 IGS1、IGS2、IGS3 子网，利用 GAMIT-GLOBK 软件，获得了准确的江苏省全省速度场。数据处理主要采用 9.3.3 中的原则，考虑了部分不稳定站点和部分受地震影响的站点，最终在全球均匀地挑选了 39 个站点作为基准定义站点。通过 GLOBK 软件，计算获得 JSCORS 各站点精确的三维速度场。江苏省 CORS 站点的平面速度场和高程速度场分别如图 9-12、图 9-13 所示；江苏省部分 B 级点的平面速度场和高程速度场分别如图 9-14、图 9-15 所示。

由图 9-12~图 9-15 可以看出，JSCORS 基准站在平面方向上整体向东南方向运动，速度为 30~40mm/a。高程方向运动具有明显的区域特点：苏北地区、苏西北地区和常州地

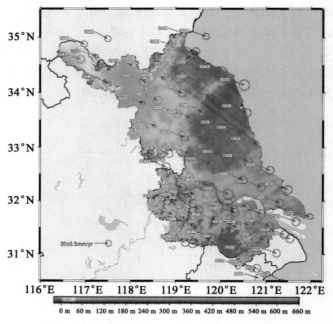

图 9-12　江苏省 CORS 站点平面速度示意图场

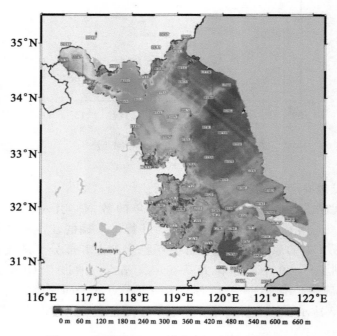

图 9-13　江苏省 CORS 站点高程速度示意图场

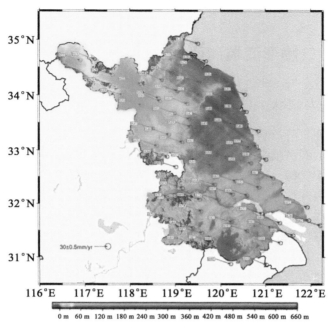

图 9-14　江苏省部分 B 级点平面速度示意图场

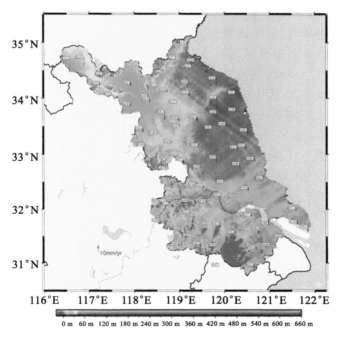

图 9-15　江苏省部分 B 级点高程速度示意图场

区存在明显的沉降,这可能与当地地下水资源开发有关;苏南地区相对稳定,呈略微上升的趋势。

9.4　滑坡与建筑物形变监测研究

9.4.1　发展历史与现状

　　滑坡与建筑物在自身荷载及外力作用下会发生一定的变形,这些变形可能引起结构性的破坏,导致重大的经济损失和人员伤亡。利用 GNSS 技术进行滑坡与建筑物形变监测研究始于 20 世纪 90 年代初。到 90 年代后期自动化安全监测技术飞速发展,实现了高精度、自动数据采集及三维变形监测。实验证明,采取适当措施后,利用 GPS 定位技术进行大坝的水平位移监测时,2 小时解精度优于 1.5mm,5 小时解精度优于 1.0mm;利用此技术进行大坝的垂直位移监测时,5 小时的垂直位移精度优于 1.5mm,24 小时的垂直位移精度有望优于 1.0mm。GNSS 技术已成为一种较为理想的滑坡与建筑物变形监测手段。

　　1998 年 3 月,原武汉测绘科技大学在清江隔河岩水利枢纽成功地建成了大坝外观变形与高边坡 GPS 自动化安全监测系统。该系统采用连续跟踪观测模式,建成后其定位精度在水平方向为 0.5mm,垂直方向为 1mm。整个系统具有全天候、全自动工作,无人值守,操作简单,反应速度快,基线解算精度高,容错性好,断电后无需人工干预便自动恢复正常状态,恶劣条件下系统提供合格解的比例高等特点。隔河岩大坝外观变形 GPS 自动化监测系统是将 GNSS 应用于实践的成功典范,为后续 GNSS 形变监测系统的发展积累了宝贵的经验。2003 年,中国地质调查局建立了地质灾害监测预警巫山示范站,采用 GPS 技术对向家沟滑破、玉皇阁崩滑体进行灾害体地表的变形监测。其中监测网建立于 2003 年 5~9 月,共建 GPS 监测标 11 处(其中基准监测标 2 处)。

　　2010 年,武汉大学姜卫平教授在山西西龙池抽水蓄能电站建成了上水库表面变形卫星定位系统(GPS)监测系统,并成功开发了一套用于大坝形变监测的软件系统 DDMS(Dam Deformation Monitoring System)。数据分析结果表明,该系统 2 小时时段解在 N、E、U 方向的重复性分别为 1.2mm、0.9mm 和 2.2mm。

　　随着 GNSS 技术的不断发展,尤其是随着 GNSS 接收机硬件生产工艺的不断进步以及变形监测理论模型的不断完善,GNSS 变形监测系统正朝着更快速、更精确、更实用、更廉价的方向发展。

9.4.2　GNSS 基准站网的建立

　　目前,GNSS 实时变形监测系统主要有两大类:第一类是在监测点上建立无人值守的 GNSS 监测系统。一台 GNSS 接收机连接一个天线实现对该测点的连续跟踪观测,通过数据传输网络和控制软件,实现实时监测和变形分析、预报等功能。其特点是数据连续性好,解算精度高,可满足高精度的变形监测需求。缺点是成本较高;第二类是一机多天线模式的 GNSS 监测系统,即用一台 GNSS 接收机同时连接多个接收天线,各天线分布在相应的监测点上。GNSS 多天线模式的最大优点是节省监测成本。缺点是数据连续性差、精度也较第一类的低。

1. 监测网点类型

（1）基准站与连续运行监测站

变形监测系统的数据采集需要连续不间断地进行，因此在变形区及附近应布置连续运行的基准站与监测站。基准站是变形区的参照点，位于地质条件良好、点位稳定、离监测区域相对较近、能提供电源且适合进行 GNSS 观测的地方。每个基准点上应设置坚固稳定的观测墩，建有不锈钢强制对中装置，且有盖板和保护罩保护。数据可经传输电缆引至监测控制室内，作为卫星定位系统监测的基准点（如铺设光纤或电缆的难度很大，可采用 DS 扩频无线通信技术传输数据）。

监测站的位置根据不同变形区域的特点确定。在充分考虑监测点选址的基础上，依据"尽量利用原监测系统中的有效部分"的原则，GNSS 连续运行监测点应尽量利用变形区原有的观测墩，且应满足两个基本条件：①观测墩应位于变形体形变相对大的地方；②具有良好的 GNSS 观测环境。和基准站一样，接收机天线用强制对中器对中并进行整平、定向、量取仪器高后固定安放在观测墩上，然后在天线外安装专用的玻璃钢保护罩。天线与接收机之间用专用电缆连接，外用套管保护。

（2）间断性监测点

间断性监测点的选择需要估计变形区的特点及观测环境等各项因素，应建设固定观测墩，并配有强制对中基座。

2. 监测网最优点位的选择原则

GNSS 基准站监测网最优点位的选择应遵循以下原则：

（1）根据观测环境选择监测网点位

GNSS 技术对于观测环境要求较高。若测点周围有较大的遮挡物，则监测精度会受到极大的影响。因此，在对变形监测区域及周围边坡山体的实地地形、地质条件进行深入考察之后，若认为采用单一的 GNSS 无法满足表面变形监测的需要，则仍需与常规测量技术结合使用。确定适宜采用 GNSS 技术进行变形监测的区域，可利用 IGS 组织推荐使用的 TEQC 软件对该处观测数据进行质量分析，并应满足表 9-1 列出的条件。

表 9-1 　　　　　　　　　　　　　　　监测网点的观测质量要求

每历元接收卫星数	数据有效率	多路径效应
≥7	≥75%	<0.4m

（2）根据交通情况选择监测网点位

目前，利用 GNSS 技术进行变形监测通常有两种方案：

①在监测点上建立无人值守的 GNSS 观测系统（如隔河岩大坝 GPS 自动化监测系统），通过软件控制，实现实时监测和变形分析、预报；

②使用几台 GNSS 接收机，由人工定期到监测点和基准点上观测。之后对数据实施后处理，求解每期各监测点到基准点的基线分量后进行变形分析与预报。如清江高坝州大坝

GPS 监测系统。

因此，在适宜采用 GNSS 技术进行变形监测的区域，按照上述选点原则，全面选取具有代表性的点位。对于其中观测条件较好、人员易于到达且易于维护的点位，选取 4~10 个架设全天候 GNSS 连续运行监测站（包括基准站）。对于其余大部分点位，则可作为间断性 GNSS 监测站。

3. GNSS 接收机类型选择

GNSS 接收机类型选择是有效实施变形监测的关键环节之一。GNSS 接收机性能好坏将直接影响监测系统的精度指标、可靠性及使用年限。目前，GNSS 接收机种类繁多，性能不一，比较常用的有 Leica、Trimble、Topcon 等。此外，GNSS 双频接收机的价格较为昂贵，其费用将占整个系统建设费用的 60% 左右。因此变形监测系统使用的 GNSS 接收机应满足以下条件：

①大地测量型双频 GNSS 接收机。实验及研究表明，单频接收机的定位精度不能完全满足高精度变形监测（如混凝土大坝）的要求；

②定位精度高，能满足有关规范的规定；

③接收机天线具有抗多路径的能力；

④接收机抗干扰性强，观测噪声小；

⑤仪器性能稳定可靠，故障率低，在较为恶劣的工作条件下能长期正常运行；

⑥销售商及生产厂家有较好的商业信誉，能提供良好的售后服务。

4. 基准站网的基建

基建主要包括系统监控中心的建设以及基准站、监测站的建设。系统监控中心的基建工作主要是机房装修和线缆布设。基准站和监测站建设是指在形变监测点和基准点上建立观测站，要确保 GNSS 观测成果的质量以及 GNSS 接收机的安全。观测站由观测墩和 GNSS 接收机观测箱所组成。观测墩与观测箱均采用封闭式结构。观测墩与观测箱之间有天线电缆导管相连。GNSS 接收机的天线电缆通过导管将天线与接收机连接起来，从而确保设备的安全。

9.4.3　数据处理与分析方法

1. 数据处理策略

可以采用 9.2.3 中的高精度数据处理软件对布设在变形体上的监测点观测数据进行处理。星历可根据距离长短选择广播星历和（快速）精密星历数据处理。滑坡和建筑物等形变监测需要引入高精度的基准点。对中国大陆地区而言，可以考虑引入 WUHN（武汉）、SHAO（上海）、BJFS（北京）、LHAS（拉萨）、URUM（乌鲁木齐）等全球 IGS 跟踪站，将高精度的 ITRF 坐标传递给基准点，然后通过基准点传递给其他控制点，以此消除或减弱起算点坐标误差对基线解算的影响。

2. 基线解算的主要模型和参数

基准点与监测点的数据处理中需考虑的主要因素如下：

①采用时段解（半小时、1 小时、2 小时和 4 小时等）和实时解（1 秒）处理模式；

②卫星钟差的模型改正（采用广播星历中的钟差参数）；

③接收机钟差的模型改正（采用根据伪距观测值计算出的钟差）；

④采用 L1 观测值，忽略电离层的影响。在基线较短的情况下，此策略并不影响解算精度；

⑤不估计对流层参数；

⑥卫星和接收机天线相位中心改正采用 GAMIT 软件的设定值；

⑦忽略测站位置的潮汐改正；

⑧截止高度角为 10 度，历元间隔为 10 秒；

⑨可采用广播星历；

⑩采用模糊度固定解；

⑪将变形体周围稳定的基准站坐标固定为精确已知坐标，以提供起算坐标和平差基准。

3. 测量方式的选择

为了获得毫米级的变形监测精度，应采用相对定位的测量方式。与此同时还必须注意以下几点：测站尽量选在遮挡少、干扰小的监测关键部位；接收机应选择双频的大地测量型接收机，同时选择抗多路径的接收天线。

4. 数据分析

对解算结果按照观测时段长度（1 小时、2 小时、4 小时、6 小时）进行分析和讨论。一般不分析与讨论超过 6 小时的解，其原因是：一是对于短基线，观测时段长度大于 6 小时精度并无明显提升，观测时间过长实际意义不大；二是时间太长，难以反映变形体的变形过程。

精度评定所采用的方法是：对于基准点的精度评定，统计基准点之间基线的重复性。对于监测点的精度评定，统计监测点与基准点之间的基线重复性，获得每个点相对于基准点的监测精度。之后将监测点对于各个基准点的监测精度进行等权平均，得到最终的监测点监测精度。监测点的精度与观测时段长度的关系如表 9-2 所示。

表 9-2　　　　　　　　　　　　观测时段长度与解算精度关系表

1 小时解		2 小时解		4 小时解		6 小时解	
水平方向（mm）	垂直方向（mm）	水平方向（mm）	垂直方向（mm）	水平方向（mm）	垂直方向（mm）	水平方向（mm）	垂直方向（mm）
2~3	3~4	1~2	3~4	1~2	2~3	<1	1~2

对于实时解，精度相对较差，水平精度为 3~5mm，高程精度为 6~8mm。

9.4.4　计算实例

图 9-16 和表 9-3 为利用 DDMS 系统处理 4 小时基准站数据的残差统计，其中残差均值为 0。平面方向残差均在 -2~2mm 以内，高程方向 95% 的残差在 -3~3mm 以内。4 小时处理模式在南北方向、东西方向、垂直方向的精度分别为 0.8mm、0.5mm、1.4mm。其解算

精度完全满足土石堆大坝形变监测的精度要求（表面变形测点水平和竖向位移观测精度 $M \leqslant 3.0mm$）（姜卫平，2012）。

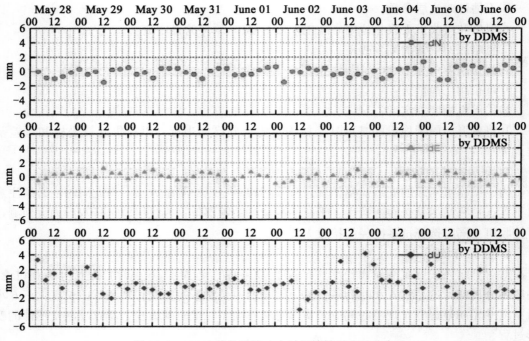

图 9-16　DDMS 软件系统 4 小时解算结果残差分布

表 9-3　　　　　　　　　　　**DDMS 系统 4 小时解算结果残差统计**

方向	位移绝对值区间分布/占样本比例			
	−1~1mm（%）	−2~2mm（%）	−3~3mm（%）	>3 mm（%）
N	55/91.6	60/100	60/100	0/0.0
E	55/91.6	60/100	60/100	0/0.00
U	33/55.4	52/86.7	56/93.3	4/6.0

9.5　GNSS 自动化形变监测系统设计

　　GNSS 自动化变形监测系统是一个集卫星导航定位、计算机通信、网络传输、数据处理与管理以及多传感器融合等技术于一体的系统工程，可用于上述 4 个层次的变形监测任务。

　　GNSS 自动化变形监测系统主要由数据采集、数据传输、数据处理、数据管理及系统控制 5 个部分组成。本节以建筑物（如大坝）变形监测为例进行说明。

9.5.1 数据采集部分

数据采集主要在 GNSS 连续跟踪基准站式监测站上完成。高精度 GNSS 接收机分别固定安置在基准站与监测站上，24 小时连续运行。数据经传输光纤等引至监测控制室内。若铺设光纤或电缆的难度较大，可采用 DS 扩频等无线通信技术来代替（姜卫平，2012）。

基准站及监测站上的 GNSS 接收机进行观测时，接收机信息可自动传输至监测室。因而，在监测室（控制中心）内即可监测每台接收机的工作状况并设置各种参数，如截止高度角、采样间隔等。伪距、载波相位等观测值和广播星历等信息均自动存储在接收机的内存中，并按照所设置的时间间隔自动传输数据至监测室进行数据处理。同时，一旦有接收机出现异常情况，监测室将实时自动报警。

除连续跟踪监测站的数据采集以外，对于其他间断性监测点的数据采集可通过人工定期观测的方式进行，将采集的数据进行归档存入数据库中。

9.5.2 数据传输部分

及时准确地传输观测资料及相关信息是建立自动化变形监测系统的重要环节之一。数据传输子系统由布设在系统控制与数据采集子系统之间的数据通信网络所构成，其具体功能包括：

①将数据采集子系统采集到的原始数据传送到系统控制子系统；

②将数据采集子系统的工作状态传送到系统控制子系统；

③将系统控制子系统发出的控制指令发送给数据采集子系统；

④当系统控制子系统、数据处理子系统和监控子系统位于不同的主机上时，负责这几个子系统间的数据和指令的传输。

1. 数据传输总体设计

数据传输系统的总体结构见图 9-17。

对于基准站和连续运行监测站，通过光纤等通信方式将监测点的接收机信息实时传送到监测室，同时通过多路开关方式，按监测室所设置的时间间隔定时将接收机所采集到的数据（观测值、卫星星历等）传回（卸载至）服务器。服务器定时将卸载的观测资料进行处理和分析。可以从监测室中实时监测基准站和监测点上接收机的工作状况，并发布有关指令控制各台接收机。监测室中计算机则可按预先设置的时间间隔定时进行数据处理和数据分析等工作。

2. 数据传输技术

数据传输要在非机房且无人值守的情况下长期连续地工作，因此采用成熟稳定的数据传输技术对于整个系统至关重要。可采用以下几项技术进行数据传输：

①采用光纤电缆传输数据。

②采用多串口通信技术，实时采集多台接收机的面板信息（采用标准的 NMEA0183 格式）并传送给服务器。

③采用多路开关技术，线路的选通由计算机控制。通过多路开关接通一台 GNSS 接收机，卸载其观测数据（此时与其他 GNSS 接收机均断开）。

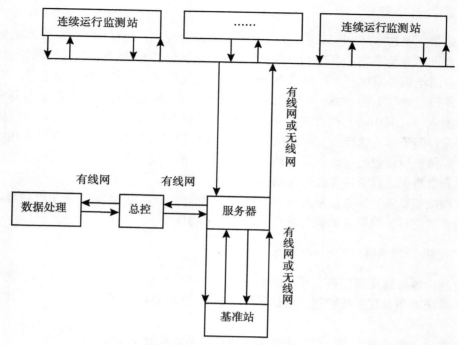

图 9-17　数据传输系统总体结构

3. 数据传输网络

为满足接收机面板信息实时传输及观测数据准时传输的要求，需要在基准站、连续运行监测点及监测室间建立一个稳定可靠、抗干扰能力强的专用数据传输网络。

（1）网络的拓扑结构

数据传输网络可采用星形拓扑结构，能较好地保证系统的可靠运行。当某一网点出现故障时不致影响其他点的正常工作，易于管理和维护。这种结构的网络不仅能很好满足当前的需要，而且当日后系统发生变化时也能方便地对网络进行修改和扩展。

（2）通信介质的选择

基准站、监测点与监测室间的网络传输线路可选用光纤作为传输介质。光纤不仅具有很高的传输带宽而且具有极好的抗电磁干扰和射频干扰的能力，能把观测数据高质量地传回监测室。

9.5.3　数据管理、数据处理分析与系统控制部分

该部分是整个系统能自动运行的关键。数据处理在控制中心完成。监测室（控制中心）有总控计算机、存储备份设备、打印机等硬件设备，是 GNSS 自动化监测系统的核心，由总控、数据处理、数据分析、数据管理四个模块组成。

1. 总体设计

该部分总体设计框架如图 9-18 所示。

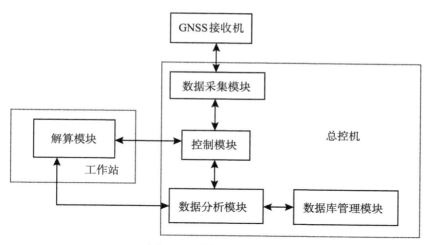

图 9-18 数据处理流程图

各部分需实现的主要功能如下：

（1）总控模块

负责整个系统数据传输控制，自动完成数据流的分发、管理、GNSS 接收机工作状况的实时监控和报警等，主要包括：

①从服务器中获得 GNSS 接收机（基准站、监测点）的面板信息并在终端上显示。同时发送更改接收机参数（例如采样间隔、截止高度角、时段长度等）的命令给用户；

②从服务器中获得接收机的观测数据并发送给数据处理模块进行数据处理；

③从数据分析模块中获得结果；

④将观测数据、数据处理与分析结果装入数据库，供数据库管理模块使用。

（2）数据处理模块

自动完成数据格式转换、清理、数据解算、坐标转换、输出、精度评定等。软件需具有以下功能：

①数据选择时段截取功能；

②数据处理的功能；

③对成果可靠性进行判断的功能；

④运行错误控制和处理功能；

⑤自动保存结果及清理数据功能。

（3）数据分析模块

自动进行变形监测精度、灵敏度分析、基准稳定性分析、变形量时序、频谱分析、变形直观图输出、显示等。主要包括：

①通用坐标系与变形区独立坐标系之间的相互转换；

②观测时段结果的精度分析；

③基准点的稳定性分析；

④各监测点的变形分析；

⑤位移过程线的显示；

⑥变形的时域分析；

⑦变形的频域分析；

⑧变形体的应变分析。

（4）数据管理模块

自动完成数据压缩（4∶1）、进库、转贮、库文件管理、打印各种报表等，主要包括：

①数据的完好性检验、自动归档入库；

②数据的备份与恢复；

③提供数据安全日志管理；

④系统安全管理：用户识别与认证、操作跟踪与告警、系统安全日志管理；

⑤数据应用：数据信息格式的转换、数据检索查询、提取、统计、打印、转存。

2. 硬件设施

硬件设施主要包括：

①高精度双频 GNSS 接收机（包括高性能的接收天线）；

②数据传输电缆；

③无线通信设备；

④计算机设备；

⑤相应的基建设施。

3. 数据分析软件

数据分析软件一般分为三个部分：数据处理、结果分析和数据库管理，由总控程序（AUTO 模块）控制运行。程序开发包括四个部分：

①系统总控模块；

②数据处理模块；

③结果分析模块；

④数据库管理模块。

为了管理及操作的方便，软件开发可基于 Windows 操作系统，着重于数据处理。考虑到系统的稳定性与运行效率，数据处理软件采用 FORTRAN 或 C 语言编写。结果分析程序、数据库管理程序在 Windows 系统下可采用 C++实现。

9.5.4　系统运行组织管理

为了确保 GNSS 自动化监测系统发挥作用，系统运行组织管理模式应不同于传统监测系统的组织管理模式。GNSS 监测系统的各个组成部分必须要统一进行组织管理，整个系统要按工程化的方式进行规划设计、建设和运行，以保证每个部分都能充分发挥优势。

GNSS 监测系统必须提供准时、可靠、有用的信息资料，提供变形区安全分析所需要的高质量数据。需要成立专门的管理维护团队，负责系统的运行。系统中需安装大容量的数据存储设备和高效的数据处理设备。

9.6 会战式 GNSS 监测网设计

综合考虑监测成本、监测部位的重要性以及工程现场的监测条件，对大部分点可采用间断性会战式监测。

9.6.1 会战式监测网设计

根据 GNSS 接收机数量等具体情况确定设站方式。可以使用星型设站方式。以连续运行基准站网为基础，只在监测站上工作，每观测完一个监测站，就将接收机搬到下一个监测站进行观测。

9.6.2 作业规程设计

会战式 GNSS 观测作业规程如下：

①平时监测周期为每月监测一次，非常时期（例如大坝监测时的汛期）可根据需要缩短监测周期；

②在同一观测墩上最好使用相同的接收机和天线，以消除接收机及天线的内在偏差；

③天线采用强制对中装置，要求严格整平，天线指北；

④平时观测时段长度为 4~6h；

⑤观测时截止高度角设为 10°，数据采样间隔为 10s；

⑥数据传输可根据实际情况，使用便携式计算机在野外进行或用台式机在室内进行，数据传输可直接使用 GNSS 接收机的随机软件以及配件中的专用数据传输线完成；

⑦会战式监测网的 GNSS 数据处理软件可以直接使用自动化监测系统的数据处理软件，其中包括形变结果分析部分；

⑧其他有关事项可参照全球定位系统（GPS）测量规范中的有关规定执行。

第10章 GNSS 基准站网系统功能与服务

随着测绘服务市场化、大众化、信息化以及连续运行参考站技术的发展，人们对基础测绘服务市场和 GNSS 基准站网系统的功能及服务提出了更高的要求。目前 GNSS 基准站网系统服务方式从以前的快速、事后发展到实时、快速、事后；精度从分米级、厘米级发展到毫米级；服务范围从主要大地测量和地球物理领域发展到大地测量、地球物理、气象、地震、规划建设、交通导航等多个领域。它的主要功能包括：建立全球或区域的坐标参考框架、高精度的后处理静态定位和实时动态定位、地球动力学、地震监测、大气层中水汽含量和自由电子含量监测以及气象预报等。它提供的产品主要包括：基准站原始观测数据、基准站地心坐标及速度、地球自转参数、跟踪站观测数据、精密星历、卫星钟差、气象参数、电离层模型、基准站坐标时间序列等。

本章从 GNSS 基准站网系统的用户分类、提供产品、服务方案等方面详细描述和讨论了其基本功能与扩展服务。

10.1 GNSS 基准站网系统的产品、服务及用户分类

10.1.1 基准站网系统的产品

目前全球 GNSS 基准站网系统所提供的产品主要包括：基准站地心坐标及速度、地球自转参数、跟踪站观测数据、精密星历、卫星钟差、气象参数、电离层模型、基准站时间序列等。作为全球最大的 GNSS 基准站网，IGS 站的主要产品详见表 10-1（http：//igs. org/components/prods. html）。

表 10-1   **IGS 的主要产品**

产品类别	产品结果类型	产品精度[2]	产品滞后时间	产品更新率[1]	产品时间间隔
GPS 星历	广播星历	100cm	实时		1 天
	超快星历（预报部分）	5cm	实时	1 次/6h，UTC 03、09、15、21	15min
	超快星历（实测部分）	3cm	3~9h	1 次/6h，UTC 03、09、15、21	15min
	快速星历	2.5cm	17~41h	1 次/天，UTC 17	15min
	最终星历	2.5cm	12~18 天	1 次/周，每周四	15min

续表

产品类别	产品结果类型		产品精度[2]	产品滞后时间	产品更新率[1]	产品时间间隔
GPS 钟差	广播星历中的卫星钟差		5ns RMS 2.5ns SDev	实时		1 天
	超快星历（预报部分）的卫星钟差		3ns RMS 1.5ns SDEV	实时	1 次/6h，UTC 03、09、15、21	15min
	超快星历（实测部分）的卫星钟差		150ps RMS 50ps SDev	3~9h	1 次/6h，UTC 03、09、15、21	15min
	快速星历的卫星及跟踪站接收机钟差		75ps RMS 25ps SDev	17~41h	1 次/天，UTC 17	5min
	最终星历的卫星及跟踪站接收机钟差		75ps RMS 20ps SDev	12~18 天	1 次/周，每周四	Sat：30s Stn：5min
GLONASS	最终星历		5cm	12~18 天	1 次/周，每周四	15min
IGS 跟踪站地心坐标	最终位置	平面	3mm	11~17 天	1 次/周，每周三	一星期
		高程	6mm			
	最终变化率	平面	2mm/a	11~17 天	1 次/周，每周三	一星期
		高程	3mm/a			
地球自转参数	超快结果（预测部分）	极移	200μas	实时	1 次/6h，UTC 03、09、15、21	6h 给出每天 UTC 00、06、12、18
		极移变化率	300μas/d			
		日长	50μs			
	超快结果（实测部分）	极移	50μas	3~9h	1 次/6h，UTC 03、09、15、21	6h 给出每天 UTC 00、06、12、18 的值
		极移变化率	250μas/d			
		日长	10μs			
	快速结果	极移	40μas	17~41h	1 次/天，UTC 17	1 天 给出每天 UTC 12 的值
		极移变化率	200μas/d			
		日长	10μs			
	最终结果	极移	30μas	11~17 天	1 次/周，每周三	1 天 给出每天 UTC 12 的值
		极移变化率	150μas/d			
		日长	10μs			

续表

产品类别	产品结果类型	产品精度[2]	产品滞后时间	产品更新率[1]	产品时间间隔
大气参数	最终对流层天顶方向延迟	4mm	<4 星期	1 次/周	2h
	快速对流层天顶方向延迟	6mm	2~3h	1 次/3h	1h
	最终电离层 VTEC 格网值	2~8 TECU	11 天	1 次/周	2h 经差 5 × 纬差 2.5°
	快速电离层 VTEC 格网值	2~9 TECU	<24h	1 次/天	2h 经差 5 °× 纬差 2.5°

注：1. 超快星历每天发布四次，分别在每天的 UTC03、09、15、21 时发布。该星历前 24 小时由实测数据计算得到，后 24 小时为预测部分，共 48 小时。

2. 表中给出的卫星星历轨道精度为 RMS 在 X、Y、Z 三个方向上的平均值，是和单独的 SLR 的轨道观测值相比较的结果，其内符合精度更高。

3. 100μs 等于赤道上 3.1mm 的位移，10μs 等于赤道上 4.6mm 的位移。

4. IGS 利用 IERS 公报 A 上给出的 VLBI 的结果在 21 天的滑动时间窗口中对日长变化进行局部校正，但仍保留了与时间相关的日长误差。

国家基准站网系统产品主要有：基准站卫星跟踪原始数据及气象观测数据、基准站坐标及相应精度指标、基准站速度、事后及预报精密星历、精密卫星钟差等。

区域基准站网系统产品主要有：基准站卫星跟踪原始数据及气象观测数据、基准站坐标及相应精度指标、精密相对卫星钟差、大气参数，有条件情况下提供实时载波相位和伪距差分修正数据等。区域 GNSS 基准站网的主要产品详见表 10-2（Landau，et al.，2002）。

表 10-2　　　　　　　　　　区域 GNSS 基准站网的主要产品

产品类型	通信方式	产品格式	主要用户类型
伪距差分修正信息	手机（GSM、GPRS、CDMA）、广播（FMHDS）等	RTCM V2.1/V2.3	米级定位导航等用户
相位差分修正信息	手机（GSM、GPRS、CDMA）、广播（FMHDS）等	RTCM V2.1/V2.3	厘米、分米级定位等用户
网络 RTK 差分修正信息	手机（GSM、GPRS、CDMA）、广播（FMHDS）等	VRS/FKP	网络 RTK 等用户
基站双频静态 GPS 数据	Internet 网络、局域网、电子邮件、数据下载等	RINEX	地震监测等事后毫米级定位用户

产品类型	通信方式	产品格式	主要用户类型
基准站地心框架测站坐标	Internet 网络、局域网、电子邮件、数据下载等	ITRF 系列	测绘工程、施工放样等用户
气象参数	手机（GSM、GPRS、CDMA）、广播(FMHDS)、Internet 网络等		气象学、电离层研究、天气预报等用户
纳秒级高精度授时信息	手机（GSM、GPRS、CDMA）、广播(FMHDS)、Internet 网络等	UTC	时间同步等用户

专业应用网系统按专业需求提供相关产品。

10.1.2 GNSS 基准站网系统的服务内容

基准站网系统是集 GNSS、通信、有线及无线网络和气象采集等技术为一体的不间断地面信息源采集系统，经过资源整合和服务共享，几乎可以提供所有的 GNSS 服务。它不仅能够为用户提供不同地域、不同平台的位置信息，而且通过采用多种技术手段，综合利用多种精度的动、静态定位服务产品为科学研究、工程应用等不同领域提供事后达毫米级精度，实时厘米级、分米级、米级等不同精度的三维定位和时间信息。但究其本质，GNSS 基准站网主要为用户提供两种服务：实时差分数据和事后网络数据处理服务。

GNSS 基准站服务系统主要考虑以下几个方面（李健等，2007，2011）：

①分析所面向的用户对数据类型、格式、精度和功能的需求。这些用户包括：测绘工程、地表及建筑形变监测、工程施工、地理信息更新、线路施工及测绘、城市规划、地面交通监控、空中交通监控、公共安全、农业管理、海空港管理、气象服务等行业；

②分配实时动态和事后静态等数据形式的服务形式；

③分析各个领域的服务模式，满足用户的个性化服务需求。

基准站服务系统几乎可满足用户所有的 GNSS 服务需求，从不同的角度可以进行以下划分：

①按服务的应用领域，可以大致分为科研领域和应用领域两类。科研方面主要包括：建立、完善和维护地球参考框架，监测地球板块构造的变化和固体地球形变，监测电离层变化等。应用方面主要包括安全监测、施工放样、空中交通监管、公共安全、地理信息更新、气象服务等领域的服务。

②按服务的层次，可分为基本服务和高级服务。基本服务包括空间坐标基准、空间位置、时间、空间属性、空间关系、源数据等可直接提供的服务。高级服务包括 LBS（基于位置服务）、气象、实时定位等需要在基本服务产品基础上进行综合处理可提供的服务。

③按服务的时效性（服务响应时间），可分为实时、快速和事后三种。按定位的精度可分为米级、亚米级、分米级、厘米级和毫米级。按提供服务的基准站网可分为国家参考站网、区域参考站网、专业参考站网等。

表 10-3 列出了 GNSS 基准站网的服务内容，表 10-4 给出了不同类型 GNSS 基准站网提

供的服务内容。

表 10-3　　　　　　　　　　　　**GNSS 基准站网的各种服务**

服务内容	服务相应时间	服 务 内 容	服务类型
空间位置	实时	厘米级、分米级和米级位置	高级
	快速	厘米级、分米级和米级位置	高级
	事后	毫米级、厘米级和分米级位置	基本
空间坐标基准	实时或事后	提供统一的空间坐标参考基准	基本
卫星轨道	事后、快速	提供精度为 2m 的 24h 区域预报精密星历和精度为 0.5m 的区域事后精密星历	高级
时间	事后、快速	提供区域预报和事后精密星历相应的精密卫星钟差，预报精密卫星钟差精度优于 10ns，事后精密卫星钟差精度为 1ns	基本
气象	事后、快速	提供快速大气垂直湿分量、电离层参数等	高级
源数据	事后、快速	提供基准站原始观测数据、气象观测数据、站信息等	基本
其他	快速、实时	提供其他领域要求	高级

表 10-4　　　　　　　　　**不同类型 GNSS 基准站网提供的服务内容**

基准站网类型	位置服务			卫星轨道服务		时间服务		气象服务	源数据服务
	实时	快速	事后	预报	事后	预报	事后		
国家基准站网	*	提供	提供	提供	提供	提供	提供	可选	提供
区域基准站网	提供	提供	提供	可选	可选	可选	可选	可选	提供
专业应用网	可选	可选	提供	可选	可选	可选	可选	可选	提供

注：＊表示随着技术发展，国家参考站网根据需求可提供。

10.1.3　GNSS 基准站网的用户分类

　　GNSS 基准站网的建成，其目的是为了能够给用户提供一站式模式的服务成果，并可为多类用户提供服务。不同用户对服务的精度要求与功能需求均不相同。按照定位精度需求的不同，用户可以分为毫米级、厘米级、分米级、米级等服务用户。而按照用户的具体应用领域不同，又可以分为测绘与工程（厘米、分米级）、车辆导航与定位（米级）、高精度（事后处理）、气象等用户。不同用户分别适用不同的数据信息。表 10-5 给出了不同精度用户群的需求特征。

表 10-5   **不同精度用户群的需求基本分析**

	应用领域	主要用途	精度需求	实时性需求
厘米级	地表及建筑物变形监测	安全监测	$\pm(0.001\sim0.005)\,\mathrm{m}$	准实时或事后
	测绘工程	测图、施工控制	$\pm(0.01\sim0.1)\,\mathrm{m}$	准实时或事后
	工程施工	施工、放样、管理	$\pm(0.01\sim0.1)\,\mathrm{m}$	准实时
分米级	农业管理	精密农业	$\pm(0.1\sim0.3)\,\mathrm{m}$	延时≤5s
	海、空、港管理	船只、飞机、车辆进港后调度	$\pm(0.5\sim1.0)\,\mathrm{m}$	延时≤3s
	地理信息更新	城市规划、管理	$\pm(0.1\sim5.0)\,\mathrm{m}$	准实时
	线路施工及其测绘	通信、电力、石油、化工施工及其竣工测绘	$\pm(0.1\sim5.0)\,\mathrm{m}$	准实时
米级	空中交通监控	飞机起飞与着陆	$\pm(0.5\sim6.0)\,\mathrm{m}$	延时≤1s
	地面交通监控	车、船行程管理、自主导航	$\pm(1.0\sim10)\,\mathrm{m}$	延时≤3s
	公共安全	特种车辆监控、事态应急	$\pm(1.0\sim10)\,\mathrm{m}$	延时≤3s

10.2 实时数据服务

10.2.1 GNSS 基准站网实时数据处理技术

基准站网实时定位服务主要分为两类：一类是基于差分定位的实时定位服务，另一类是基于实时精密单点定位（PPP）技术的实时定位服务。

差分技术很早已被人们熟知。它实际上是在一个测站对两个目标的观测量、两个测站对一个目标的观测量或一个测站对一个目标的两次观测量之间进行求差，目的在于消除共有的系统误差项。

根据使用的 GNSS 观测数据类型，差分定位可分为伪距差分定位和载波相位差分定位，具体包括：伪距差分（RTD）、常规 RTK 和网络 RTK。伪距差分（利用基准站卫星伪距观测值修正值，改正用户流动站的观测值，提高定位精度，将伪距定位从 15m 提高到 3~5m，其定位精度为米级水平，可以满足一般精度的导航和定位的需求）。常规 RTK 的作业半径一般为 10~20km，精度为厘米级。网络 RTK 是在常规 RTK、计算机技术、通信网络技术的基础上发展起来的一种实时动态定位新技术，与常规 RTK 技术相比，扩大了覆盖范围、降低了作业成本、提高了定位精度和减少了用户定位的初始化时间，是 GNSS 基准站网的核心技术。有关技术的详细介绍请参见本书第四章的内容。

根据 GNSS 的工作原理及数学模型来分又可以分为单基准站差分（SRDGPS）、具有多个基准站的局部区域差分（LADGPS）和广域差分（WADGPS）。单基准站差分（SRDGPS）仅仅根据一个基准站所提供的差分改正信号进行改正。这种方法的结构和算法都较为简单，技术相对成熟，适合在小区域进行差分定位解算，在工程测量项目中得到了广泛的应用。具有多个基准站的局部区域差分（LADGPS）是指在某个区域中布设了多个基准站，流动站根据多个基准站的改正信息经平差计算后得到自己的改正数。在这种模式中，各个基准站独立进行测量并计算差分改正数，同时向外播发。由于具有多个基准站的差分改正信息，局域差分 GNSS 较单站差分 GNSS 而言可用于更大范围内的导航定位，并且系统的可靠性和用户的定位精度都有较大的提高。广域差分（WADGPS）是指在一个相当大的范围内，均匀布设 GNSS 参考站，组成一个稀疏差分 GNSS 网，各基准站独立进行观测并将观测值传送给数据处理中心，由数据处理中心进行统一处理，将各类误差分离出来，然后将卫星星历改正数、卫星钟差改正数以及大气延迟模型等数据播发给用户。由于广域差分（WADGPS）对各种误差进行了分离处理，用户所用的卫星星历、卫星钟差、大气延迟等改正模型都具有较高的精度，因此进行单点定位后即可获得当前坐标。这种方法不但提高了定位精度，而且使定位的误差基本上与用户至基准站的距离无关。

精密单点定位技术将 GNSS 定位中轨道误差、卫星钟差和电离层延迟误差、对流层延迟误差及接收机钟差等误差分开，利用全球网得到的高精度卫星轨道和钟差（一般指 IGS 及其分析中心发布的高精度 GNSS 卫星轨道和钟差产品）产品，采用消电离层组合观测值消去电离层延迟误差，将对流层延迟误差和接收机钟差作为未知参数与测站的坐标参数一并解算，获取高精度的 GNSS 定位结果。经过近十几年的发展，精密单点定位的事后处理算法已得到广泛的应用。随着人们对 GNSS 动态实时定位需求的增长，精密单点定位技术的研究也逐步进入实时定位阶段。与相对定位中的实时定位技术 RTK 相对应，在实时 GNSS 卫星轨道和钟差产品的支持下，精密单点定位的数据处理可以在实时情况下进行，得到实时定位结果，称之为实时 PPP 技术。

10.2.2　GNSS 基准站网实时数据服务内容及模式

GNSS 基准站网的实时数据服务可以提供以下数据内容：
①伪距差分修正信息（RTD）：服务于米级定位导航的用户。
②相位差分修正信息（RTK）：服务于厘米级、分米级定位的用户。
③原始观测数据：服务于事后毫米级定位的用户。
④系统可靠性监测信息：服务于全体用户，提供系统可靠性指标。

数据处理中心系统播发数据，可用的通信方式有 GSM 方式、无线 Internet 发播方式、常规 UHF/VHF、广播和卫星通信等。通过广播（FMHDS）可以向全区域发布实时定位与导航的差分数据，UHF/VHF 方式可以通过专用设备向局部区域用户发布差分数据。无线 Internet 播发方式则包括给使用 GPRS、CDMA 无线拨号上网的用户发播差分数据。

根据 10.2.1 节介绍的不同定位技术，可将 GNSS 基准站网提供的实时数据服务模式根据通信方式不同分为单向数据通信服务和双向数据通信服务。

在单向数据通信服务中，数据处理中心直接通过数据播发设备把误差参数广播出去，用户收到这些误差改正参数后，根据自己的位置和相应的误差改正模型计算出误差改正数，然后进行高精度定位。这种服务模式可以采用广播（FMHDS）、GSM、GPRS 等方式播发数据。

在双向数据通信服务中，数据处理中心实时侦听流动站的服务请求和接收流动站发送过来的近似坐标，根据流动站的近似坐标和误差模型，求出流动站处的误差后，直接播发改正数或者虚拟观测值给用户。流动站和数据处理中心间的双向数据通信则可通过 GSM、GPRS、CDMA 等方式进行。

10.2.3　实时数据服务收费方式

GNSS 流动站用户可以从 GNSS 基准站网获得所需要的可靠数据，节省了用于野外临时参考站的投资和运行成本。尽管目前大多数基准站网系统提供公益性的服务，但也有不少建有基准站网系统的单位或公司为了收回投资和运行成本，在向用户提供数据和服务时会根据不同的数据发播方式收取一定的费用。

若实时差分数据采用无线电广播方式播发，可通过由运行基准站网的管理中心出售或出租所需要的无线电调制解调器给流动站用户予以解决。

若实时差分数据采用 GPRS、CDMA 或者 GSM 网络播发，可以通过以下三种方式收取费用：

①办理 SIM 卡、开通 GPRS 等业务获取数据，通信运行商根据数据流量收费，然后由管理中心与通信运行商协商收费事宜。

②规定流动站必须在运行基准站的管理部门注册它们的电话号码或 IP 地址，只有登记过的用户才能获取数据，而控制服务器上的软件能自动生成一个记录，显示每个用户获取数据的情况，然后收取相应费用。

③采取密码管理。流动站用户必须输入密码，只有通过验证的密码才能获取数据。

表 10-6 给出了提供资费标准的样本，仅供参考。

表 10-6　　　　　　基准站网网络 RTK、RTD 相关服务资费样本

项目	服务类别	计费方式	计费单位	单价（元）
网络 RTK、RTD 数据服务	年度注册费	包 年	年	1200
	RTK	计 时	分钟	1.50
		包 年	年	5000
	RTD	免费使用		

此外，星基增强系统可以在全球范围内提供高精度 GNSS 定位和导航服务。例如，Navycom 公司建立的 StarFile 系统，通过 INMARSAT 地球同步卫星进行广播，用户不需要本地参考站和后处理就可得到 1dm 甚至厘米级的精度，但其收取的费用较高。

10.3　事后数据服务

基准站将观测到的伪距、载波相位以及星历数据记录下来，并转换成统一格式存储在硬盘上，供事后定位解算。在实际的工作状态下，基准站以双备份的方式记录原始观测数据供事后处理使用：接收机以 15s 采样率将观测数据记入内存，计算机以 1s 甚至更高采

样率在硬盘上记录原始观测数据。基于基准站的 RINEX 观测数据，野外作业用户就可以对基准站至测站的基线进行后处理，获取高精度的测站点位坐标。同时在观测数据充足的情况下，后处理软件还可完成长度达数千公里的基线进行解算。

10.3.1　事后数据服务系统的内容

GNSS 基准站网可以通过基于 Internet 的数据服务系统发布信息，建立事后数据管理系统，实现用户身份验证，用户测量数据统计，用户历史数据存储、显示、查阅和管理等功能，完成多类观测网的数据共享，并根据用户的不同需求提供公益性或有偿性服务。涉及的服务范围包括：

①网上数据处理服务：多种坐标系统、高程系统之间的转换；提供控制测量、工程测量的软件和计算服务；高精度数据处理服务。

②原始观测数据下载服务：基准站原始观测数据的下载。

③事后数据发布服务：信息服务、电子地图信息等。

④GNSS 基准站运行状况、用户使用状况等各类信息查询。

⑤按基准站编号、名称等项目对各基准站进行检索查询；查看基准站分布状况和连续运行状况信息、坐标信息、设备情况及基准站更新记录等。

⑥支持其他行业个性化服务。

10.3.2　事后网络服务系统授权和收费方式

如前所言，基准站网的建设和运行通常需要大量的资金投入。因此，拥有的机构和部门可以对于服务会收取一定的费用。事后服务系统可通过采取注册、授权、下载的方式收取部分费用。实施过程可参考以下步骤：

①需要获得技术支持服务的用户必须签订技术支持服务协议。协议双方需要明确服务内容、保密级别、费用标准、法律约束条件等款项。

②用户完成注册，得到服务的用户名、密码以及授权级别。

③用户登录系统，使用在权限内相应的服务，系统将记录用户的使用记录，并按照资费标准收取费用。

④用户使用中遇到技术问题，需及时通过系统管理功能进行反馈。

通过以上操作，用户便可以享受事后数据服务系统所提供的有用资料及结果。表 10-7 给出了基准站原始数据下载及数据后处理服务资费标准的样本，表 10-8 给出了基准站控制中心技术服务资费的样本，仅供参考。

表 10-7　　　　**基准站点原始数据下载和数据后处理服务资费样本**

项目	服务类别	计费方式		计费单位	单价（元）
站点原始数据下载服务	站点 RINEX 数据下载	1″历元	站点数+时间	站/天	1100
		15″历元	站点数+时间	站/天	700
		包　年			20 万

续表

项目	服务类别	计费方式	计费单位	单价（元）
数据后处理服务	RTK 数据事后处理	点数	点	40
	坐标转换	点数	点	40
	高程获取	点数	点	40

表 10-8　　　　　　　　基准站控制中心技术服务资费样本

项目	功能说明	方式	资费
转换参数的确定	平面转换四参数	项	1 万元
	空间直角转换七参数	项	1 万元
坐标转换软件	软件可选功能包括： ①WGS84 向 1954 年北京坐标系的转换 ②WGS84 向 1980 西安坐标系的转换 ③1954 年北京坐标系和 1980 西安坐标系之间的相互转换 ④任意两独立坐标系间的转换	按照功能计费	功能①②③每项资费标准为：1 万元/城市 功能④为：2 万元/城市
似大地水准面应用软件	利用区域似大地水准面数据，实现区域内任一点高程信息的获取	项	30 万~50 万元
	利用区域加密的 GPS 水准点成果数据，进行区域似大地水准面的再精化	项	3 万元/城市

10.4　GNSS 基准站网的增值服务

目前，我国许多省市和部门先后建立了多个省级、城市级以及行业级 CORS。而伴随着连续运行参考站技术的逐渐成熟，用户可以通过使用 CORS 轻松地获得厘米级的平面位置信息。同时，随着重力探测技术和理论的发展以及更高精度全球重力场模型的建立，我国已先后建立了多个省市的精度达到 1cm 的区域似大地水准面模型。但是，目前区域似大地水准面格网模型成果和 CORS 尚未实现完全自主的联合应用，且限于保密等原因，使得当前的 CORS 依然主要进行平面位置服务，不能在线为用户提供高程信息，无法实现高精度、实时、动态的三维定位。

因此，为了解决上述问题，应在已有的区域型 GNSS 基准站网系统的基础上，充分利用系统资源，推进分布式 GNSS 基准站网系统组网，组建全国合作 GNSS 基准站网系统，实现合作共享、互联互通、互操作，拓展 GNSS 基准站网增值服务。同时将现有的基础测绘设施进行资源重组，建立一套性能稳定、功能齐全、安全、数据格式统一，且具有向用户实时分发相关服务产品的软硬件平台，进一步完善测绘基础体系，为用户提供更加丰富和有效的数据，扩大 GNSS 基准站网的服务领域，发挥其巨大的社会经济效益。

10.4.1　坐标系统的转换及成果的动态实时发布

高精度测绘基准不但是科学研究、科学实验和工程技术等方面的参考基准，也是城市测绘基础设施建设的核心，是城市综合地理信息服务平台建设的重要组成部分。测绘基准的统一与更新不仅有利于市、区（县）基础测绘和行业测绘的协调发展，而且有利于实现和国家、省测绘成果的交换与共享，为"数字城市"的建设奠定良好的基础。

城市测绘、规划、建设所用的城市坐标系统，必须与国家法定的坐标系统保持一致或有严密的转换关系。我国于 20 世纪 50 年代和 80 年代，分别建立了国家法定大地坐标系统——1954 年北京坐标系和 1980 西安坐标系。国务院批准自 2008 年 7 月 1 日启用 2000 国家大地坐标系（CGCS2000）。然而，当前我国不少城市的高精度 GPS 网以及 CORS 采用的地心基准与 CGCS2000 并不一致，无法与国家地理空间信息基准框架进行严密对接。因此，需要对城市的测绘基准进行改造，以实现不同坐标系统之间的转换，并向用户提供服务。要完成这个任务，所需要完成的工作和具体实施方法主要有以下几部分：

①CORS 基准站与 IGS 跟踪站（BJFS、WUHN、SHAO）或国家 CORS 等进行联测，将 CGCS2000 系坐标传递到基准站。

②CORS 基准站与高精度 GPS 网的框架点按 B 级网精度进行联测，将 CGCS2000 系坐标由 CORS 基准站传递到高精度 GPS 网的框架点。GPS 外业观测数据应为 2 个时段，每个时段为 8~12 个小时，其他执行《全球定位系统（GPS）测量规范》（GB/T18314—2009）。

③对高精度 GPS 网的观测数据进行重新处理，以框架点 CGCS2000 下的坐标为起算点，进行重新平差，得到高精度 GPS 网的 CGCS2000 坐标。

④采用布尔莎模型或四参数模型，建立城市的 CGCS2000、1980 西安坐标系、1954 年北京坐标系和城市坐标系相互之间严密的转换关系。

⑤利用坐标转换软件，实现城市内 CGCS2000、1954 年北京坐标系、1980 西安坐标系以及城市坐标系之间的相互自由转换。

⑥对于特许的用户，将计算得到的 CGCS2000、1980 西安坐标系、1954 年北京坐标系和城市坐标系严密的转换参数（加密）预置在 CORS 的流动站手簿中，特许用户依据所需求的不同坐标系成果，选择不同的参数，求取所需要的坐标系成果。对于非特许用户，其将所求得的 CGCS2000 坐标和不同的坐标系需求信息上传到 CORS 中心，CORS 中心依据不同的系统需求，转换出不同坐标系成果，在保密的原则下发回给用户，从而实现在 CORS 中对不同坐标系统的成果动态实时发布。

10.4.2　区域大地水准面精化

随着 GNSS 定位技术的广泛应用，人们已经能够简单、方便、快捷、经济地获得观测点的高精度的三维大地测量坐标。由于卫星定位提供的是三维几何定位，其所测定的大地高 H 是椭球高，不能直接用于绘制民用和军用地形图（其标示的高程是海拔高，即正高或正常高 h）。目前，H 可由 GPS 精密测定，h 通常还需用经典的人工水准测量测定。两者之差是大地水准面差距，而致使该成果不能得到有效的利用。因此，若能建立高精度的大地水准面模型，就能充分利用 CORS 实时动态确定精密海拔高程，实现真正的三维定位。

采取的确定似大地水准面的基本思路是：

①充分利用卫星重力相关数据和地面重力数据联合解算的全球重力场模型，确定优于 1 厘米精度的大地水准面长波分量；

②对中波分量，采用更严格完善的地形均衡重力归算模型和算法，将地形均衡改正精度提高到对大地水准面的贡献优于 1cm 精度水平，研究更适合离散重力数据格网化的内插和推估方法，使格网平均重力异常提高到一个新水平；

③对短波分量，研究采用 Stokes-Helmert 边值问题求解高分辨率局部大地水准面。按 1 厘米精度要求，精确计算第二类 Helmert 凝集法中各类地形位及相应引力变化的间接影响，以及 Helmert 重力异常由地形和凝集层质量所产生的引力影响，全面顾及其他涉及 1cm 精度的各类改正项；

④按严格满足位理论中 Laplace 方程的原则，利用球冠谐分析法进行重力似大地水准面与 GPS 水准联合（拟合），摒弃理论上不正确的各种现行拟合方法。球冠谐分析表达（逼近）局部重力场的新概念和新方法，将两类大地水准面的差值在一个球冠域中表达为一个非整数（实数）阶整数次球谐级数展开式。

⑤对属于海陆交接的地方，则按厘米级精度要求，采用陆海各类重力归算（如陆地、海洋、跨海岸线地区地形和均衡改正）含通用输入参数选择的统一数学模型，解决跨海岸线（物质密度不连续界面）区域作重力归算的难题。

10.4.3 基于网络发布的在线增值服务

基于网络发布的在线增值服务系统是对早期 CORS 的扩展、补充，并将拓展 CORS 的应用领域和范围。其不仅能通过用户注册、权限设置、网络计费等实现智能化的、高效率的测绘服务。而且，结合似大地水准面，通过网络编程实现基于网络的远程终端的计算，用户可实现单个或批量的大地高向正常高的转换，很好地解决了基于卫星导航定位的一体化测量目标等问题。

在线增值服务系统的主要核心功能是利用 CORS 的基准站数据，通过网络向用户提供 GNSS 在线定位计算服务。在线定位计算服务具体指，用户用 GNSS 接收机在 CORS 覆盖范围内的任意位置观测，然后通过因特网上传待定点的观测数据，系统将帮助用户完成事后精密定位计算工作，并将计算结果反馈给用户。其不仅借助于 CORS 高精度定位的优势，和地理信息系统的综合管理能力，实现更多系统的集成，提升 CORS 的服务功能；而且借助于网络传播范围广速度快的优点，将不同地域、不同领域需要精密定位功能的用户纳入到 CORS 的服务领域。在线增值服务系统，主要包括基本的和扩展的在线服务功能（吴云孙，et al.，2010）。

1. 基本功能

（1）用户数据上传功能

用户在进行数据上传时，首先登录系统，然后选择测站所在的区域，输入观测数据上传地址，完善测站接收机的型号、天性类型等信息，并选择联测的基准站以及区域水准面等信息，即可上传观测数据。

（2）用户数据在线处理功能

系统对上传的数据进行解算。解算方式通常有两种：一种是采用精密单点定位方式进行解算，通过精密星历和精密钟差文件计算获得用户点坐标，这种方式一般适用于双频接收机的单点定位。另一种是采用 GNSS 网平差的方式进行解算，主要包括的内容有参考站选择、网型分析、基线解算、基线向量网平差计算等。解算完成后，系统将定位计算结果发送至用户提供的 E-mail 地址或指定的 FTP 地址。

（3）运行状况发布功能

系统在运行过程中，会定期的发布系统的运行状态信息。主要包括：发布系统总体参数、系统运行状况信息；发布各类业务咨询信息；公布运行机构工作近况；公布网站更新信息；公布系统总体参数；公布用户服务中心的数据采集状况和资料存储状况；提供对CORS 业务数据流的描述；提供各类数据的格式与作用说明信息；发布本系统对 GNSS 定位技术的支持情况；提供相关通用软件和技术资料；提供网站使用帮助等信息；下载并发布 IGS 站精密星历和精密钟差。

（4）基准站信息检索功能

用户可通过输入基准站的基本信息，如基准站编号、名称等项目对各个基准站进行检索查询。系统会以多种形式为用户提供各基准站分布状况和连续运行状况信息（如以周、月、年为周期，综合分析年积日、多路径效应、数据质量可利用率、数据量和基准站的数据到位时间等形式）、基准站坐标信息（含参考框架、坐标系、地理位置、精确坐标、周围环境情况、图片资料等信息）、基准站设备情况（接收机、天线、气象仪、图片资料等）、基准站更新记录等一系列内容。

（5）观测数据下载功能

用户根据自身的需求向系统发送数据下载请求，系统收到用户服务请求后，会根据用户提供的数据采样频率、时间间隔，从服务数据库中提取原始观测数据、星历数据和气象数据，并转换至通用交换格式（RINEX）；同时为用户提供观测数据的质量信息，包括观测数据的卫星颗数、日期及观测的起止时间等信息；用户可根据参考站编号、观测时间等信息对相应参考站数据进行查询下载。

（6）系统管理与监视功能

对于测绘工作者来说，数据的安全性至关重要。因此，系统必须具备网络安全管理、网站配置参数管理、网站风格定制、服务数据库管理、网站功能更新、数据存储状况监视、服务进程状况监视、下载流量监视、更新日志管理等一系列系统管理与监视功能。

（7）用户注册与管理功能

系统具备用户信息的注册、注销、审核、登录、分类、收费、查询、权限设置等管理功能；为用户提供访问授权、使用记录管理、网站动态状况的用户邮件订阅等功能；同时提供用户对定位情况的反馈渠道。

2. 扩展功能

在线增值服务系统的扩展功能包括：

（1）坐标系转换功能

主要为用户提供的点位信息进行多种坐标系统之间的相互转换。

（2）高程系统转换计算功能

主要为用户提供的高程信息进行多种高程系统之间的转换。例如不同框架下的正高与大地高的互换等。

（3）专题地图操作功能

系统具备局部地区地图数据库，可实现显示系统覆盖区域及定位精度状况等信息，也可用于在线定位服务用户记录汇总与动态显示。

10.5　GNSS 基准站网系统服务的发展趋势

20 世纪 90 年代初，IGS 开始在全球建立 GPS 连续运行基准站网，向全球用户提供 GPS 数据及相关产品信息，如：GPS 精密星历、快速星历、预报星历、IGS 站坐标及其运动速率、IGS 站所接收的 GPS 信号的相位和伪距数据、地球自转速率等。随着卫星定位技术发展和应用的深入，这些信息广泛用于参考框架、电离层、气象、精密时间传递、地球自转速率及其变化、地壳运动等方面研究。

在国家级和行业级基准站网方面，其服务内容也越来越广泛。美国 GNSS 基准站网不仅使用户能方便地实现厘米级水平的定位和导航；而且也可用于监测地壳形变、支持遥感的应用、求定大气中水汽分布和监测电离层中自由电子浓度和分布等领域。欧洲建立了欧洲永久网可以提供高精度站坐标值和速度场、站时间序列以及对流层大气延迟参数等。日本国家地理院从 20 世纪 90 年代开始建立的 GNSS 基准网，用于 GPS 天线偏差纠正、季节性变化对 GPS 观测的影响、地震监测与火山监测、气象学等领域。

近年来，随着计算机网络和通信技术的飞速发展以及多种实时地理信息数据采集的需要，我国一些行业部门和省、市陆续建立了各自的 GNSS 基准站系统，并在我国经济建设和科技发展中发挥了重要的作用。但是，我国 GNSS 基准站网系统建设也存在一些问题，比方说行业性明显、目标单一，这带来了 GNSS 基准站网技术服务性能的单一化，不利于系统的技术集成和潜力的发挥。此外，各单位行业建设的 GNSS 基准站网系统大都独立运行，尚未建立统一的协调机制，数据资源共享的问题也未能解决，阻碍了系统功能的最大化利用。因此，在已有的区域型 GNSS 基准站网的基础上，充分利用系统资源，推进分布式 GNSS 基准站网系统组网，组建全国合作 GNSS 基准站网，实现合作共享、互联互通、互操作，拓展 GNSS 基准站网增值服务，发挥其巨大的社会经济效益，将是我国 GNSS 基准网发展的一个趋势（姜卫平，2014）。

位置服务（LBS）指的是一切以移动设备地理位置和移动网络为基础而构成的信息娱乐综合服务，是下一代智慧地球及智能社会的核心组件，已经发展成为一个以兴趣及创意为核心价值观的战略性新兴信息产业。随着移动互联网等技术的发展，位置服务已从单纯的定位服务转变成为具有社会化、本地化和移动性的新型形态。用户的服务需求已经从获取位置扩展为获取位置背后更为丰富的社会信息与群体智能，从位置搜索路径规划等普遍化需求扩展为符合自身社会属性的个性化智能化需求。位置已经不再是一个由地理坐标和时间构成的四维概念，"社会性"将成为其重要的属性。GNSS 基准站网是实现位置服务的重要基础设施。那么，随着 GNSS 基准站网的普及应用，进一步发展其与其他手段（如惯性导航、无线电、天文、量子）的协同定位技术，将为位置服务提供基础、可靠、高精度的地理位置信息及时间信息，能支撑着前端"社会性"的有效运作，满足人类多样化个性化需求。

附录 引用的缩略词

AFREF   Africa Reference 非洲参考基准

ATML   Atmospheric Pressure Loading 大气压负载

BDS   BeiDou Navigation Satellite System 北斗卫星导航系统

BIH   Bureau International deI'Heure 国际时间局

BLAS   Basic Linear Algebra Subroutines 基本线性代数子程序库

CACS   Canadian Active Control System 加拿大主动控制网系统

CBI   Combined Bias Interpolation 综合误差内插法

CBN   Canadian Network for Basisgruppen 加拿大基础网

CDMA   Code Division Multiple Access 码分多址

CF   Center of Figure 几何形状中心

CGCS2000   China Geodetic Coordinate System 2000 2000 国家大地坐标系

CLDAS   Global Land Data Assimilation System 全球陆面数据同化系统

CM   Center of Mass 质心

CORS   Continuously Operating Reference System 连续运行参考站系统

CSRS   Canadian Spatial Reference System 加拿大空间参考系统

CTRF   Copmass Terrestrial Reference Frame 北斗地球参考框架

CWS   Continental water storage 大陆储水量

DCB   Differential Code Bias 差分码偏差

DCS   Data Communication Sub-System 数据传输子系统

DDMS   Dam Deformation Monitoring System 大坝形变监测系统

DFT   Discrete Fourier Transformation 离散傅里叶变换

DGFI   Deutsches Geodätisches Forschungsinstitut 德国大地测量研究所

DGPS   Differential Global Positioning System 差分全球定位系统

DORIS   Doppler Orbitography and Radiopositioning Integrated by Satellite 多普勒卫星定轨定位

DTS   Data Transmission Sub-System 用户数据中心子系统

ECCO   Estimating the Circulation & Climate of the Ocean 估计海洋环流及气候联盟

ECMWF   European Center for Medium Range Weather Forecasts 欧洲中尺度天气预报中心

EOP   Earth Orientation Parameter 地球定向参数

EPN　EUREF Permanent Network 欧洲永久网

ERF　Epoch Reference Frame 历元参考框架

ETRF　Europe Terrestrial Reference Frame 欧洲地球参考框架

ETRS　Europe Terrestrial Reference System 欧洲地球参考系统

EUREF　European Terrestrial Reference Frame 欧洲参考框架

EVRS　Europe Vertical Reference System 欧洲高程基准参考系统

FARA　Fast Ambiguity Resolution Approach 快速模糊度解算法

FDMA　Frequency Division Multiple Access 频分多址技术

FFT　Fast Fourior Transformation 快速傅里叶变换

FMHDS　Frequency Modulation multiplex High speed Data System 调频多工高速数据广播系统

FN　Flicker Noise 闪烁噪声

FT　Fourior Transformation 傅里叶变换

FTG　French Tidal Group 法国潮汐组织

GEONET　GPS Earth Observation Network 地球观测网

GFZ　German Research Centre for Geosciences 德国地球科学研究中心

GGFC　Global Geophysical Fluids Center 全球地球物理流体中心

GGOS　Global Geodetic Observing System 全球大地测量观测系统

GIS　Geographic Information System 地理信息系统

GLDAS　Global Land Data Assimilation System 全球陆面数据同化系统

GNSS　Global Navigation Satellite System 全球导航卫星系统

GPRS　General Packet Radio Service 通用分组无线服务技术

GPS　Global Positioning System 全球定位系统

GSI　Geospatial Information Authority of Japan 日本国家地理院

GSM　Global System for Mobile Communication 全球移动通信系统

GTRF　Galileo Terrestrial Reference Frame 伽利略地球参考框架

IAG　International Association of Geodesy 国际大地测量协会

IAU　International Astronomical Union 国际天文学联合会

IDS　International DORIS Service 国际 DORIS 服务组织

IERS　International Earth Rotation and Reference Systems Service 国际地球自转与参考系统服务组织

IGAC　INSTITUTO GEOGRÁFICO AGUSTÍN CODAZZI 奥古斯丁科达齐地理研究所

IGBE　Instituto Brasileiro de Geografia e Estatística 巴西地理和统计研究所

IGS　International GNSS Service 国际 GNSS 服务组织

ILRS　International Laser Ranging Service 国际激光测距服务组织

INSAR　Synthetic Aperture Radar Interferometry 合成孔径雷达干涉

ITRF　International Terrestrial Reference Frame 国际地球参考框架

ITRS International Terrestrial Reference System 国际地球参考系统

IUGG International Union of Geodesy and Geophysics 国际大地测量地球物理学联合会

IVS International VLBI Service for Geodesy and Astrometry 国际甚长基线干涉服务组织

JGD2000 Japan Geodetic Datum 2000 日本 2000 大地基准

JPL Jet Propulsion Laboratory 喷气推进实验室

KGD2000 Korea Geodetic Datum 2000 韩国 2000 大地基准

LADGPS Local Area Differential Global Positioning System 局域差分全球定位系统

LAMBDA Least-square AMBiguity Decorrelation Adjustment 最小二乘模糊度降相关平差法

LAPACK Linear Algebra PACKage 线性代数软件包

LBS Location Based Service 基于位置的服务

MIT Massachusetts Institute of Technology 麻省理工学院

MKLIntel Math Kernel Library 英特尔数学核心函数库

MLE Maximum Likelyhood Estimation 极大似然估计

MONREF97 Mongolia Reference 1997 蒙古 1997 参考基准

MPI Message Passing Interface 消息传递编程接口

M-W Melbourne-Wubbena MW 组合

NAD83 North American Datum 1983 北美 1983 基准

NAREF North Amercia Reference 北美参考框架

NASA National Aeronautics and Space Administration 美国航空航天局

NAVSTAR NAVigation Satellite Timing and Ranging 导航授时与测距卫星系统

NCAR National Center for Atmospheric Research 美国国家大气研究中心

NCEP National Center for Environmental Predictions 美国国家环境预测中心

NGS National Geodetic Service 美国国家大地测量局

NIMA National Imagery and Mapping Agency（美国）国家图像测绘局

NNR No Net Rotation 无整体旋转

NOPP National Oceanographic Partnership Program 美国国家海洋合作计划

NRC Natural Resources Canada 加拿大自然资源部

NRMS Normalized Root Mean Square 标准化均方根误差

NTOL Non-Tidal Ocean Loading 非潮汐海洋负载

OBP Ocean Bottom Pressure 洋底压力

OMD Optimal Model Data 最优模型数据

OPENMP Open Multi-Processing 共享存储编程接口

PL Power Law Noise 幂律噪声

PPP Precise Point Positioning 精密单点定位

PZ90 Parametry Zemli 1990 PZ90 坐标系

QOCA Quasi-Observation Combination Analysis software 准观测值组合分析软件

RBN-DGPS　Radio Beacon Navigation/DGPS 中国沿海无线电指向标-差分全球定位系统

RHCP　Right Hand Circular Polarization 右旋极化

RINEX　Receiver Independent Exchange Format 与接收机无关的交换格式

RMS　Root Mean Square 均方根

RSS　Reference Station Sub-System 基准站子系统

RTCM　Radio Technical Commission for Maritime Services 国际海运事业无线电技术委员会

RTD　Real-Time Kinematic Pesudorange Difference 实时伪距差分

RTK　Real Time Kinematic 实时动态（定位）

SBL　Special Bureau on Loading 负荷特殊管理局

SIM　Subscriber Identification Module 客户识别模块

SINEX　Solution Independent Exchange Format 与解无关的交换格式

SIO　Scripps Institute of Oceanology Scripps 海洋研究所

SIRGAS　Geocentric Reference System for the Americas 南美洲参考框架

SIRGAS-CON　SIRGAS Continuously Operating Network 南美洲参考框架连续运行网

SLR　Satellite Laser Ranging 卫星激光测距

SMAC　System Monitoring and Analysis Center 系统管理中心

SMP　Symmetrical Multi-Processor 对称多处理器系统

SNARF　Stable North Amercia Reference Frame 稳定的北美参考框架

SOPAC　Scripps Orbit and Permanent Array Center Scripps 轨道和永久阵列中心

SRDGPS　Single Reference Differential Global Positioning System 单基准站差分 GPS

SSM　State Space Model 状态空间模型

TCG　Geocentric Coordinate Time 地心坐标时

TD1918　Tokyo Datum 1918 东京 1918 基准

TWG　Technology Working Group 技术工作组

UAS　Users' application Sub-System 用户应用子系统

UHF　Ultra High Frequency 超高频

UNAVCO　University NAVSTAR Consortium 美国卫星导航系统研究大学联合体

UPD　Uncalibrated Phase Delays 未标定的相位延迟

USACE　United States Army Corps of Engineers 美国陆军工程兵团

USGS　United States Geological Survey 美国地质调查局

UT　Universal Time 世界时

VHF　Very High Frequency 甚高频

VLBI　Very Long Baseline Interferometry 甚长基线干涉测量

VPN　Virtual Private Network 虚拟专用网

VRS　Virtual Reference Stataion 虚拟参考站

WAAS　Wide Area Augmentation System 广域增强系统

WADGPS　Wide Area Differential Global Positioning System 广域差分全球定位系统

WGS84　World Geodetic System 1984　WGS84 坐标系

WN　White Noise 白噪声

ZTD　Zenith Tropospheric Delay 天顶对流层延迟

参 考 文 献

［1］ Agnew D C. Hardisp. f yet again ［J］. IGPP/UCSD, 2008.

［2］ Altamimi Z, Collilieux X, Legrand J, et al. ITRF2005: A new release of the International Terrestrial Reference Frame based on time series of station positions and Earth Orientation Parameters ［J］. Journal of Geophysical Research: Solid Earth, 2007, 112 （B9）.

［3］ Altamimi Z, Collilieux X, Métivier L. ITRF2008: an improved solution of the international terrestrial reference frame ［J］. Journal of Geodesy, 2011, 85 （8）: 457-473.

［4］ Altamimi Z, Collilieux X, Rebiscung P, et al. ITRF2014 status, data analysis and results ［C］ // EGU General Assembly Conference. EGU General Assembly Conference Abstracts, 2015.

［5］ Altamimi Z, Sillard P, Boucher C. ITRF2000: A new release of the International Terrestrial Reference Frame for earth science applications ［J］. Journal of Geophysical Research Atmospheres, 2002, 107 （10）: ETG 2-1-ETG 2-19.

［6］ Andersen E, Bai Z, Bischof C, et al. LAPACK User's Guide ［J］. Society for Industrial and Applied Math. , Philadelphia, 1999.

［7］ Árnadóttir T. Glacial rebound and plate spreading: results from the first countrywide GPS observations in Iceland ［J］. Geophysical Journal International, 2009, 177 （2）: 691-716.

［8］ Bierman G J. Square-root information filtering and smoothing for precision orbit determination ［M］ //Algorithms and Theory in Filtering and Control. Springer Berlin Heidelberg, 1982: 61-75.

［9］ Bierman G J. The treatment of bias in the square-root information filter/smoother ［J］. Journal of Optimization Theory and Applications, 1975, 16 （1-2）: 165-178.

［10］ Blewitt G, Argus D, Bock Y, et al. An Regional Reference Frame for North America. Geodetic Reference Frames GRF2006 ［J］. International IAG/FIG Symposium Munich, 2006: 9-14.

［11］ Blewitt G, Lavallée D, Clarke P, et al. A new global mode of Earth deformation: seasonal cycle detected. ［J］. Science, 2001, 294 （5550）: 2342-2345.

［12］ Blewitt G, Lavallée D. Effect of annual signals on geodetic velocity ［J］. Journal of Geophysical Research: Solid Earth, 2002, 107 （B7）.

［13］ Blewitt G. An Automatic Editing Algorithm for GPS data ［J］. Geophysical Research Letters, 1990, 17 （3）: 199-202.

［14］ Blewitt G. Carrier phase ambiguity resolution for the Global Positioning System applied to geodetic baselines up to 2000 km ［J］. Journal of Geophysical Research: Solid Earth, 1989, 94 (B8): 10187-10203.

［15］ Blick G, Donnelly N, Jordan A. The Practical Implications and Limitations of the Introduction of a Semi-Dynamic Datum—A New Zealand Case Study ［M］ // Geodetic Reference Frames. Springer Berlin Heidelberg, 2009: 115-120.

［16］ Bloβfeld M, Seitz M, Angermann D. Non-linear station motions in epoch and multi-year reference frames ［J］. Journal of Geodesy, 2014, 88 (1): 45-63.

［17］ Boehm J, Niell A, Tregoning P, et al. Global Mapping Function (GMF): A new empirical mapping function based on numerical weather model data ［J］. Geophysical Research Letters, 2006, 25 (33).

［18］ Boomkamp H, Dow J. Large Scale GPS Processing at ESOC for LEO, GNSS and Real-Time Applications ［C］ // AGU Fall Meeting. AGU Fall Meeting Abstracts, 2003.

［19］ Chen H, Jiang W, Ge M, et al. An enhanced strategy for GNSS data processing of massive networks ［J］. Journal of Geodesy, 2014, 88 (9): 857-867.

［20］ Chen H, Jiang W, Ge M, et al. Efficient High-Rate Satellite Clock Estimation for PPP Ambiguity Resolution Using Carrier-Ranges ［J］. Sensors, 2014, 14 (12): 22300-22312.

［21］ Chen J, Ge M, Dousa J, et al. Evaluation of EPOS-RT for real-time deformation monitoring ［J］. Journal of Global Positioning Systems, 2009, 8 (1): 1-5.

［22］ Collilieux X, Altamimi Z, Coulot D, et al. Impact of loading effects on determination of the International Terrestrial Reference Frame ［J］. Advances in space research, 2010, 45 (1): 144-154.

［23］ Collilieux X, Van Dam T, Ray J, et al. Strategies to mitigate aliasing of loading signals while estimating GPS frame parameters ［J］. Journal of Geodesy, 2012, 86 (1): 1-14.

［24］ Collins P. Isolating and estimating undifferenced GPS integer ambiguities ［C］ //ION National Technical Meeting, 2008, 2830.

［25］ Dam T M V, Wahr J M. Displacements of the Earth's surface due to atmospheric loading: Effects on gravity and baseline measurements ［J］. Journal of Geophysical Research Solid Earth 1987, 92 (B2): 1281-1286.

［26］ Dam T M V, Wahr J, Chao Y, et al. Predictions of crustal deformation and of geoid and sea-level variability caused by oceanic and atmospheric loading ［J］. Annals of the New York Academy of Sciences, 1997, 639 (3): 507-517.

［27］ Dam T V, Collilieux X, Wuite J, et al. Nontidal ocean loading: amplitudes and potential effects in GPS height time series ［J］. Journal of Geodesy, 2012, 86 (11): 1043-1057.

［28］ De Jonge P J. The LAMBDA method for integer ambiguity estimation: Implementation aspects ［J］. No. 12 of LGR-Series. 1998, 12.

［29］ DeMets C, Gordon R G, Argus D F, et al. Current plate motions ［J］. Geophysical Journal International, 1990, 101 (2): 425-478.

［30］ DeMets C, Gordon R G, Argus D F, et al. Effect of recent revisions to the geomagnetic reversal time scale on estimates of current plate motions [J]. Geophysical Research Letters, 1994, 21 (20): 2191-2194.

[31] Demmel J. LAPACK: A portable linear algebra library for supercomputers [C] // Computer-Aided Control System Design, 1989, IEEE Control Systems Society Workshop on. IEEE, 1989: 1-7.

[32] Dong D N, Bock Y. Global Positioning System network analysis with phase ambiguity resolution applied to crustal deformation studies in California [J]. Journal of Geophysical Research: Solid Earth, 1989, 94 (B4): 3949-3966.

[33] Dong D, Fang P, Bock Y, et al. Anatomy of apparent seasonal variations from GPS-derived site position time series [J]. Journal of Geophysical Research: Solid Earth, 2002, 107 (B4).

[34] Dong D, Qu W, Fang P, et al. Non-linearity of geocentre motion and its impact on the origin of the terrestrial reference frame [J]. Geophysical Journal International, 2014, 198 (2): 1071-1080.

[35] Farrell W E. Deformation of the Earth by surface loads [J]. Reviews of Geophysics, 1972, 10 (3): 761-797.

[36] Forssell B, Martinneira M, Harrisz R A. Carrier phase ambiguity resolution in GNSS-2 [J]. Proceedings of Ion Gps, 1997: 1727-1736.

[37] Freymueller J T. Seasonal Position Variations and Regional Reference Frame Realization [M] // Geodetic Reference Frames. Springer Berlin Heidelberg, 2009: 191-196.

[38] Gao Y, Abdel-Salam M, Chen K, et al. Point Real-Time Kinematic Positioning [M] // A Window on the Future of Geodesy. 2004: 77-82.

[39] Gao Y, Chen K. Performance Analysis of Precise Point Positioning Using Rea-Time Orbit and Clock Products [J]. Positioning, 2004, 3 (1&2): 95-100.

[40] Gao Y, Wang M. Precise point positioning for deformation monitoring using post-mission and real-time precise orbit and clock products [C] //Geophysical Research Abstracts, 2007, 9: 03155.

[41] Gao Y, Zhang Y, Chen K. Development of a real-time single-frequency precise point positioning system and test results [C] //ION GNSS, 2006: 26-29.

[42] Ge M, Gendt G, Dick G, et al. A new data processing strategy for huge GNSS global networks [J]. Journal of Geodesy, 2006, 80 (4): 199-203.

[43] Ge M, Gendt G, Dick G, et al. Improving carrier-phase ambiguity resolution in global GPS network solutions [J]. Journal of Geodesy, 2005, 79 (1-3): 103-110.

[44] Ge M, Gendt G, Rothacher M, et al. Resolution of GPS carrier-phase ambiguities in precise point positioning (PPP) with daily observations [J]. Journal of Geodesy, 2008, 82 (7): 389-399.

[45] Ge M, Zou X, Dick G, et al. An alternative Network RTK approach based on undifferenced observation corrections [C] //ION GNSS, 2010: 21-24.

[46] Elgered G, Davis J L, Herring T A, et al. Geodesy by Radio Ingerferomery'Waer Vapor Radiomegry for Estimation of Delay [J]. Journal of Geophysical Research, 1991, 96 (B4): 6541-6555.

[47] Gregorius T, Gipsy-Oasis I I. How it works [J]. NASA Jet Propulsion Labaratory, California Institute of Technology, Pasadena, USA, 1996.

[48] Gustafson J L, Greer B S. Clearspeed whitepaper: Accelerating the intel math kernel library [J]. Intel Whitepaper, 2007.

[49] Herring T A, King R W, McClusky S C. GAMIT Reference Manual. GPS Analysis at MIT [J]. Release 10. 4. Massachussetts Institute Technology, 2010.

[50] Herring T A, King R W, McClusky S C. GAMIT Reference Manual. Institution, 2010.

[51] Hofmannwellenhof B, Lichtenegger H, Collins J. Global Positioning System. Theory and practice [M]. Austria: Springer in Wienna, 1997.

[52] Hugentobler U, Schaer S, Dach R, et al. Routine processing of combined solutions for GPS and GLONASS at CODE [C] //Celebrating a Decade of the International GPS Service, Workshop and Symposium 2004, 2005.

[53] Hugentobler U. Bernese GPS software Version 4. 2 [J]. Universitas Berneseis, 2007, 515 (2): 535.

[54] Jiang W, Li Z, Liu H, et al. Cause Analysis of the Non-Linear Variations of the IGS Reference Station Coordinate Time Series in China [J]. Chinese Journal of Geophysics, 2013, 56 (4): 340-351.

[55] Jiang W, Deng L, Li Z, et al. Effects on noise properties of GPS time series caused by higher-order ionospheric corrections [J]. Advances in Space Research, 2014, 53 (7): 1035-1046.

[56] Jiang W, Li Z, van Dam T, et al. Comparative analysis of different environmental loading methods and their impacts on the GPS height time series [J]. Journal of Geodesy, 2013, 87 (7): 687-703.

[57] Jiang W, Wang L, Niu X, et al. High-precision image aided inertial navigation with known features: observability analysis and performance evaluation [J]. Sensors, 2014, 14 (10): 19371-19401.

[58] Jiang W, Zhan B, Liu Y. New model of Antarctic plate motion and its analysis [J]. Chinese Journal of Geophysics, 2009, 52 (1): 23-32.

[59] Jiang W, Zhou X. Effect of the span of Australian GPS coordinate time series in establishing an optimal noise model [J]. Science China Earth Sciences, 2015, 58 (4): 523-539.

[60] Jim R. Systematic errors in GPS position estimates [C] //IGS Workshop 2006. 2006: 8-11.

[61] Johannes B, Harald S. Vienna mapping functions in VLBI analyses [J]. Geophysical Research Letters, 2004, 31 (1): 195-196.

［62］ Joosten P, Tiberius C. Lambda: Faqs ［J］. GPS Solutions, 2002, 6 (1-2): 109-114.

［63］ Julier S J, Uhlmann J K. New extension of the Kalman filter to nonlinear systems ［C］ // AeroSense'97. International Society for Optics and Photonics, 1997: 182-193.

［64］ Kalman R E, Bucy R S. New results in linear filtering and prediction theory ［J］. Journal of Basic Engineering, 1961, 83 (3): 95-108.

［65］ Kalman R E. A new approach to linear filtering and prediction problems ［J］. Journal of Basic Engineering, 1960, 82 (1): 35-45.

［66］ Kedar S, Hajj G A, Wilson B D, et al. The effect of the second order GPS ionospheric correction on receiver positions ［J］. Geophysical Research Letters, 2003, 30 (16).

［67］ Kenyeres A, Bruyninx C. EPN coordinate time series monitoring for reference frame maintenance ［J］. GPS Solutions, 2004, 8 (4): 200-209.

［68］ King R W, Bock Y. Documentation for the GAMIT analysis softwa, rerelease10. 4, Inst. Technol. ［M］. Cambridge, MA, USA, 2010.

［69］ Klemann V, Martinec Z. Contribution of glacial-isostatic adjustment to the geocenter motion ［J］. Tectonophysics, 2011, 511 (3): 99-108.

［70］ Kouba J, Héroux P. Precise point positioning using IGS orbit and clock products ［J］. GPS Solutions, 2001, 5 (2): 12-28.

［71］ Kouba J. Testing of global pressure/temperature (GPT) model and global mapping function (GMF) in GPS analyses ［J］. Journal of Geodesy, 2009, 83 (3-4): 199-208.

［72］ L. Sánchez, C. Brunini. Achievements and Challenges of SIRGAS ［J］. Springer Berlin Heidelberg, 2009, 134 (3): 161-166.

［73］ L. S. Basics. Intel (R) Math Kernel Library. Institution, 2005, http: /www. intel. com/ cd/software/products/asmo-na/eng/perflib/mkl/index/htm.

［74］ Landau H, Vollath U, Chen X. Virtual Reference Station Systems ［J］. Positioning, 2002, 1 (2): 137-143.

［75］ Langbein J, Johnson H. Correlated errors in geodetic time series: Implications for time-dependent deformation ［J］. Journal of Geophysical Research: Solid Earth, 1997, 102 (B1): 591-603.

［76］ Langbein J. Noise in GPS displacement measurements from Southern California and Southern Nevada ［J］. Journal of Geophysical Research: Solid Earth, 2008, 113 (B5).

［77］ Langbein J. Noise in two-color electronic distance meter measurements revisited ［J］. Journal of Geophysical Research: Solid Earth, 2004, 109 (B4).

［78］ Larson K M, Freymueller J T, Philipsen S. Global plate velocities from the Global Positioning System ［J］. Journal of Geophysical Solid Earth, 1997, 102 (B5): 9961-9981.

［79］ Laurichesse D, Mercier F. Integer ambiguity resolution on undifferenced GPS phase measurements and its application to PPP ［J］. Proceedings of 20th Int Tech Meet Satellite Div Inst Navigation GNSS, 2007: 25-28.

［80］ Lavallée D A, Dam T V, Blewitt G, et al. Geocenter motions from GPS：A unified observation model ［J］. Journal of Geophysical Research Atmospheres, 2006, 111 （B5）：B05405.

［81］ Lavallée D A, Moore P, Clarke P J, et al. J2：An evaluation of new estimates from GPS, GRACE, and load models compared to SLR ［J］. Geophysical Research Letters, 2010, 37 （22）.

［82］ Lichten S M. Towards GPS orbit accuracy of tens of centimeters ［J］. Geophysical Research Letters, 1990, 17 （3）：215-218.

［83］ Lyard F, Lefevre F, Letellier T, et al. Modelling the global ocean tides：modern insights from FES2004 ［J］. Ocean Dynamics, 2006, 56 （5）：394-415.

［84］ Mader G L. GPS antenna calibration at the National Geodetic Survey ［J］. GPS Solutions, 1999, 3 （1）：50-58.

［85］ Mao A, Harrison C G A, Dixon T H. Noise in GPS coordinate time series ［M］// Journal of Geophysical Research：Solid Earth （1978—2012）. 1999：2797-2816.

［86］ McCarthy D D, Petit G. IERS conventions （2003） ［R］. International Earth Rotation And Reference Systems Service （IERS） （Germany）, 2004.

［87］ McCarthy D D, Petit G. Iers technical note no. 32 ［J］. IERS Conventions, 2003, 1 （32）：33-56.

［88］ Meisel B, Angermann D, Krügel M. Influence of Time Variable Effects in Station Positions on the Terrestrial Reference Frame ［M］// Geodetic Reference Frames. Springer Berlin Heidelberg, 2009：89-93.

［89］ Melbourne W G. The case for ranging in GPS-based geodetic systems ［C］//Proceedings of the first international symposium on precise positioning with the Global Positioning System. 1985.

［90］ Mervart L. Ambiguity resolution techniques in geodetic and geodynamic applications of the Global Positioning System ［J］. Geod. -Geophys. Arb. Schweiz, 1995, 53.

［91］ Metivier L, Altamimi Z, Greff-Lefftz M, et al. Determination of geocenter secular motion ［C］//EGU General Assembly Conference Abstracts. 2010, 12：8482.

［92］ Minster J B, Jordan T H. Present-day plate motions ［J］. Journal of Geophysical Research Atmospheres, 1978, 83 （B11）：5331-5354.

［93］ Montenbruck O, D'Amico S. GPS based relative navigation ［M］//Distributed Space Missions for Earth System Monitoring. Springer New York, 2013：185-223.

［94］ Muellerschoen R, Bertiger W, Lough M. Results of an Internet-based dual-frequency global differential GPS system ［J］. Proceedings of the Iain World Congress & Annual Meeting of the Institute of Navigaton 2000：796-802.

［95］ Mugnier C J. Grids & Datums ［J］. Photogrammetric Engineering & Remote Sensing, 2009：345.

［96］ Nikolaidis R. Observation of geodetic and seismic deformation with the Global Positioning

System ［M］. 2002.

［97］ Penna N T, King M A, Stewart M P. GPS height time series: Short-period origins of spurious long-period signals ［J］. Journal of Geophysical Research: Solid Earth, 2007, 112 （B2）.

［98］ Penna N T, Stewart M P. Aliased tidal signatures in continuous GPS height time series ［J］. Geophysical Research Letters, 2003, 30 （23）.

［99］ Petit B L G. The IERS Conventions （2010）: reference systems and new models ［J］. Highlights of Astronomy, 2012, 16.

［100］ Petit G, Luzum B. IERS conventions （2010） ［R］. Bureau International des Poids et mesures sevres （france）, 2010.

［101］ Petrie E J, Hernández-Pajares M, Spalla P, et al. A Review of Higher Order Ionospheric Refraction Effects on Dual Frequency GPS ［J］. Surveys in Geophysics, 2011, 32 （3）: 197-253.

［102］ Petrie E J, King M A, Moore P, et al. Higher-order ionospheric effects on the GPS reference frame and velocities ［J］. Journal of Geophysical Research: Solid Earth, 2010, 115 （B3）.

［103］ Petrov L, Boy J P. Study of the atmospheric pressure loading signal in very long baseline interferometry observations ［J］. Journal of Geophysical Research Solid Earth, 2004, 109 （B3）: 287-294.

［104］ Prawirodirdjo L, Ben-Zion Y, Bock Y. Observation and modeling of thermoelastic strain in Southern California Integrated GPS Network daily position time series ［J］. Journal of Geophysical Research Solid Earth, 2006, 111 （B2）: 428-432.

［105］ Psiaki, M. L. Square-root information filtering and fixed-interval smoothing with singularities ［J］. Automatica, 1999, 35 （7）: 2744-2748.

［106］ Quinn M J. MPI 与 OpenMP 并行程序设计: C 语言版——世界著名计算机教材精选 ［M］. 陈文光, 武永卫, 译. 北京: 清华大学出版社, 2004.

［107］ Ray J, Altamimi Z, Collilieux X, et al. Anomalous harmonics in the spectra of GPS position estimates ［J］. GPS Solutions, 2008, 12 （1）: 55-64.

［108］ Ray R D, Ponte R M. Barometric tides from ECMWF operational analyses ［C］// Annales Geophysicae. 2003, 21 （8）: 1897-1910.

［109］ Rebischung P, Griffiths J, Ray J, et al. IGS08: the IGS realization of ITRF2008 ［J］. GPS Solutions, 2012, 16 （4）: 483-494.

［110］ Rietbroek R, Fritsche M, Brunnabend S E, et al. Global surface mass from a new combination of GRACE, modelled OBP and reprocessed GPS data ［J］. Journal of Geodynamics, 2012, 59: 64-71.

［111］ Rothacher M, Beutler G, Gurtner W, et al. Bernese GPS software version 3. 2 ［M］. Printing Office, University of Berne, Switzerland, 1990.

［112］ Rothacher M. Orbits of satellite systems in space geodesy ［J］. Geod. -Geophys. Arb.

Schweiz, 1992: 46.

[113] Scargle J D. Studies in astronomical time series analysis. II-Statistical aspects of spectral analysis of unevenly spaced data [J]. The Astrophysical Journal, 1982, 263: 835-853.

[114] Schaffrin B, Grafarend E. Generating classes of equivalent linear models by nuisance parameter elimination [J]. Manuscripta geodaetica, 1986, 11: 262-271.

[115] Scherneck H G, Johansson J M, Koivula H, et al. Vertical crustal motion observed in the BIFROST project [J]. Journal of Geodynamics, 2003, 35 (4-5): 425-441.

[116] Schmid R, Steigenberger P, Gendt G, et al. Generation of a consistent absolute phase-center correction model for GPS receiver and satellite antennas [J]. Journal of Geodesy, 2007, 81 (12): 781-798.

[117] Schuh H, Estermann G, Crétaux J F, et al. Investigation of Hydrological and Atmospheric Loading by Space Geodetic Techniques [M] // Satellite Altimetry for Geodesy, Geophysics and Oceanography. Springer Berlin Heidelberg, 2003: 123-132.

[118] Steigenberger P, Boehm J, Tesmer V. Comparison of GMF/GPT with VMF1/ECMWF and implications for atmospheric loading [J]. Journal of Geodesy, 2009, 83 (10): 943.

[119] Steigenberger P, Rothacher M, Schmid R, et al. Effects of different antenna phase center models on GPS-derived reference frames [M] //Geodetic reference frames. Springer Berlin Heidelberg, 2009: 83-88.

[120] Steigenberger P, Rothacher M, Schmid R, et al. Effects of different antenna phase center models on GPS-derived reference frames [M] //Geodetic reference frames. Springer Berlin Heidelberg, 2009: 83-88.

[121] Stewart M P, Penna N T, Lichti D D. Investigating the propagation mechanism of unmodelled systematic errors on coordinate time series estimated using least squares [J]. Journal of Geodesy, 2005, 79 (8): 479-489.

[122] Strange W E, Weston N D. The establishment of a GPS continuously operating reference station system as a framework for the National Spatial Reference System [C] //Proc. , ION Nat. Tech. Meeting. Institute of Navigation (ION), 1995: 19-24.

[123] Tesmer V, Steigenberger P, van Dam T, et al. Vertical deformations from homogeneously processed GRACE and global GPS long-term series [J]. Journal of Geodesy, 2011, 85 (5): 291-310.

[124] Teunissen P J G. Least-squares prediction in linear models with integer unknowns [J]. Journal of Geodesy, 2007, 81 (9): 565-579.

[125] Torres J A, Altamimi Z, Boucher C, et al. Status of the European Reference Frame (EUREF) [M] // Vistas for Geodesy in the New Millennium. Springer Berlin Heidelberg, 2002: 42-46.

[126] Tralli D M, Dixon T H, Stephens S A. Effect of wet tropospheric path delays on estimation of geodetic baselines in the Gulf of California using the Global Positioning System [J]. Journal of Geophysical Research: Solid Earth, 1988, 93 (B6): 6545-6557.

［127］ Tralli D M, Lichten S M. Stochastic estimation of tropospheric path delays in global positioning system geodetic measurements ［J］. Bulletin géodésique, 1990, 64（2）: 127-159.

［128］ Tregoning P, Herring T A. Impact of a priori zenith hydrostatic delay errors on GPS estimates of station heights and zenith total delays ［J］. Geophysical Research Letters, 2006, 33（23）.

［129］ Tregoning P, van Dam T. Atmospheric pressure loading corrections applied to GPS data at the observation level ［J］. Geophysical Research Letters, 2005, 32（22）.

［130］ Tregoning P, van Dam T. Effects of atmospheric pressure loading and seven - parameter transformations on estimates of geocenter motion and station heights from space geodetic observations ［J］. Journal of Geophysical Research: Solid Earth, 2005, 110（B3）.

［131］ Tregoning P, Watson C, Ramillien G, et al. Detecting hydrologic deformation using GRACE and GPS ［J］. Geophysical Research Letters, 2009, 36（15）.

［132］ Tregoning P, Watson C. Atmospheric effects and spurious signals in GPS analyses ［J］. Journal of Geophysical Research: Solid Earth, 2009, 114（B9）.

［133］ Van Dam T, Altamimi Z, Collilieux X, et al. Topographically induced height errors in predicted atmospheric loading effects ［J］. Journal of Geophysical Research: Solid Earth, 2010, 115（B7）.

［134］ Van Dam T, Plag H P, Francis O, et al. GGFC Special Bureau for Loading: Current status and plans ［J］. IERS Technical note, 2003, 30: 180-198.

［135］ Van Dam T, Ray R. S1 and S2 atmospheric tide loading effects for geodetic applications ［EB/OL］. 2010. http: //geophy. uni. lu/ggfc-atmosphere/tide-loading-calculator. html （accessed on 2 October 2015）.

［136］ Van Dam T, Wahr J, Milly P C D, et al. Crustal displacements due to continental water loading ［J］. Geophysical Research Letters, 2001, 28（4）: 651-654.

［137］ Van Dam T, Blewitt G, Heflin M B. Atmospheric pressure loading effects on Global Positioning System coordinate determinations ［J］. Journal of Geophysical Research: Solid Earth, 1994, 99（B12）: 23939-23950.

［138］ Van dam T, Herring T A. Detection of atmospheric pressure loading using very long baseline interferometry measurements ［J］. Journal of Geophysical Research Solid Earth, 1994, 99（B3）: 4505-4517.

［139］ Wan EA, Van Der Merwe R. The unscented Kalman filter for nonlinear estimation ［C］ //Adaptive Systems for Signal Processing, Communications, and Control Symposium 2000. AS-SPCC. The IEEE 2000: 153-158.

［140］ Wang Z , Li J, Jiang W, et al. Determination of Earth Gravity Field Model WHUGM05 Using Grace Gravity Data ［J］. Chinese Journal of Geophysics, 2008, 51（5）: 967-975.

［141］ Webb F, Zumberge J An introduction to GIPSY/OASIS-II precision software for analysis of data from GlobalPositioning System [J]. Jet Propulsion Laboratory, Califor-nia Institute of Technology, 1993.

[142] Welch G, Bishop G. An Introduction to the Kalman Filter [J]. UNIVERSITY OF NORTH CAROLINA AT CHAPEL HILL, 2006, 8 (7): 127-132.

[143] Williams S D P, Bock Y, Fang P, et al. Error analysis of continuous GPS position time series [J]. Journal of Geophysical Research: Solid Earth, 2004, 109 (B3).

[144] Williams S D P, Penna N T. Non - tidal ocean loading effects on geodetic GPS heights [J]. Geophysical Research Letters, 2011, 38 (9).

[145] Williams S D P, Willis P. Error analysis of weekly station coordinates in the DORIS network [J]. Journal of Geodesy, 2006, 80 (8-11): 525-539.

[146] Williams S D P. CATS: GPS coordinate time series analysis software [J]. GPS solutions, 2008, 12 (2): 147-153.

[147] Williams S D P. The effect of coloured noise on the uncertainties of rates estimated from geodetic time series [J]. Journal of Geodesy, 2003, 76 (9-10): 483-494.

[148] Witchayangkoon B, Segantine P C L. Testing JPL's PPP service [J]. GPS Solutions, 1999, 3 (1): 73-76.

[149] Witchayangkoon B. Elements of GPS precise point positioning [D]. University of New Brunswick, 2000.

[150] Wu X, Ray J, van Dam T. Geocenter motion and its geodetic and geophysical implications [J]. Journal of Geodynamics, 2012, 58: 44-61.

[151] Wübbena G, Bagge A, Wübbena G, et al. RTCM Message Type 59-FKP for transmission of FKP [J]. Geo++ White Paper, 2002.

[152] Wübbena G. Software developments for geodetic positioning with GPS using TI-4100 code and carrier measurements [C] //Proceedings of the first international symposium on precise positioning with the global positioning system, 1985, 19.

[153] Yamada M, Kulsrud R, Ji H. Magnetic reconnection [J]. Reviews of Modern Physics, 2010, 82 (1): 603.

[154] Zerbini S, Matonti F, Raicich F, et al. Observing and assessing nontidal ocean loading using ocean, continuous GPS and gravity data in the Adriatic area [J]. Geophysical Research Letters, 2004, 31 (23).

[155] Zerbini S, Richter B, Negusini M, et al. Height and gravity variations by continuous GPS, gravity and environmental parameter observations in the southern Po Plain, near Bologna, Italy [J]. Earth and Planetary Science Letters, 2001, 192 (3): 267-279.

[156] Zhang J, Bock Y, Johnson H, et al. Southern California permanent GPS geodetic array: Error analysis of daily position estimates and site velocities [J]. Journal of Geophysical Research Atmospheres, 1997, 1021 (B8): 18035-18056.

[157] Zhang J, Bock Y, Johnson H, et al. Southern California Permanent GPS Geodetic Array: Error analysis of daily position estimates and site velocities [J]. Journal of Geophysical

Research：Solid Earth, 1997, 102（B8）：18035-18055.

［158］ Zou R, Freymueller J T, Ding K, et al. Evaluating seasonal loading models and their impact on global and regional reference frame alignment［J］. Journal of Geophysical Research：Solid Earth, 2014, 119（2）：1337-1358.

［159］ Zumberge J F, Heflin M B, Jefferson D C, et al. Precise point positioning for the efficient and robust analysis of GPS data from large networks［J］. Journal of Geophysical Research：Solid Earth, 1997, 102（B3）：5005-5017.

［160］ 曾波. 第二次土地调查省级 GPSD 级控制网与区域独立坐标系统建立技术研究［J］. 测绘通报, 2013（6）：45-47.

［161］ 陈华. 基于原始观测值的 GNSS 统一快速精密数据处理方法［D］. 武汉：武汉大学, 2015.

［162］ 陈俊勇, 党亚民, 张鹏. 建设我国现代化测绘基准体系的思考［J］. 测绘通报, 2009（7）：1-5.

［163］ 陈俊勇, 党亚民. 全球导航卫星系统的进展及建设 CORS 的思考［J］. 地理空间信息, 2009, 7（3）：1-4.

［164］ 陈俊勇, 党亚民. 完善大地坐标框架和地球重力场时变测量的进展［J］. 测绘通报, 2005（12）.

［165］ 陈俊勇, 张鹏, 武军郦, 等. 关于在中国构建全球导航卫星国家级连续运行站系统的思考［J］. 测绘学报, 2007, 36（4）：366-369.

［166］ 陈俊勇. 大地坐标框架理论和实践的进展［J］. 大地测量与地球动力学, 2007, 27（1）：1-6.

［167］ 陈俊勇. 邻近国家大地基准的现代化［J］. 测绘通报, 2003（9）：1-3.

［168］ 陈俊勇. 中国现代大地基准——中国大地坐标系统 2000（CGCS 2000）及其框架［J］. 测绘学报, 2008, 37（3）：269-271.

［169］ 程鹏飞, 文汉江, 成英燕, 等. 2000 国家大地坐标系椭球参数与 GRS 80 和 WGS 84 的比较［J］. 测绘学报, 2009, 38（3）：189-194.

［170］ 崔希璋, 於宗俦, 陶本藻. 广义测量平差（新版）［M］. 武汉：武汉测绘科技大学出版社, 2001.

［171］ 党亚民, 陈俊勇. GGOS 和大地测量技术进展［J］. 测绘科学, 2006, 31（1）：131-133.

［172］ 党亚民, 陈俊勇. 国际大地测量参考框架技术进展［J］. 测绘科学, 2008, 33（1）：33-36.

［173］ 高星伟. GPS/GLONASS 网络 RTK 的算法研究与程序实现［D］. 武汉：武汉大学, 2002.

［174］ 葛茂荣, 刘经南. GPS 定位中对流层折射估计研究［J］. 测绘学报, 1996（4）：285-291.

［175］ 葛茂荣. GPS 卫星精密定轨理论及软件研究［D］. 武汉：武汉测绘科技大学, 1995.

［176］ 葛哲学, 沙威. 小波分析理论与 MATLAB R2007 实现［M］. 北京：电子工业出版

社，2007.

[177] 辜声峰 . 多频 GNSS 非差非组合精密数据处理理论及其应用 [D]. 武汉：武汉大学，2013.

[178] 过静珺，王丽，张鹏 . 国内外连续运行基准站网新进展和应用展望 [J]. 全球定位系统，2008，33（1）：1-10.

[179] 韩英，符养 . GPS 高程数据时间序列分析 [J]. 武汉大学学报（信息科学版），2003，28（4）：425-428.

[180] 黄炳强 . PHP 5+MYSQL 网站开发实例精讲 [M]. 北京：人民邮电出版社，2007.

[181] 黄立人 . GPS 基准站坐标分量时间序列的噪声特性分析 [J]. 大地测量与地球动力学，2006，26（2）：31-33.

[182] 黄舒青 . 基于 Internet 的精密单点定位服务研究 [D]. 武汉：武汉大学，2008.

[183] 姜卫平，李昭，刘鸿飞，等 . 中国区域 IGS 基准站坐标时间序列非线性变化的成因分析 [J]. 地球物理学报，2013，56（7）：2228-2237.

[184] 姜卫平，李昭，邱蕾 . 一种最新的经验投影函数 GMF 分析 [J]. 大地测量与地球动力学，2009，29（5）：85-88.

[185] 姜卫平，刘经南 . GPS 技术在隔河岩大坝监测中的应用研究 [J]. 武汉测绘科技大学学报，1998，23（增刊）：20-22.

[186] 姜卫平，马强，刘鸿飞 . CORS 系统中坐标移动转换方法及应用 [J]. 武汉大学学报（信息科学版），2008，33（8）：775-778.

[187] 姜卫平，叶世榕，刘经南 . GPS 形变监测网基线处理中系统误差的分析 [J]. 武汉大学学报（信息科学版），2001，26（3）：196-199.

[188] 姜卫平，周晓慧，刘经南，等 . 青藏高原地壳运动与应变的 GPS 监测研究 [J]. 测绘学报，2008，37（3）：285-292.

[189] 姜卫平，邹璇 . 精密 GPS 定位中大气模型误差的研究与分析 [J]. 武汉大学学报（信息科学版），2008，33（11）：1106-1109.

[190] 姜卫平，刘鸿飞，刘万科，贺湧 . 西龙池上水库 GPS 变形监测系统研究及实现 [J]. 武汉大学学报（信息科学版），2012，37（08）：949-952.

[191] 姜卫平，刘鸿飞，周晓慧，李昭 . 利用连续 GPS 观测数据分析水库长期变形 [J]. 测绘学报，2012，41（5）：682-689.

[192] 姜卫平，邹璇，唐卫明 . 基于 CORS 网络的单频 GPS 实时精密单点定位新方法 [J]. 地球物理学报，2012，55（5）：1549-1556.

[193] 姜卫平，王锴华，邓连生，李昭 . 热膨胀效应对 GNSS 基准站垂向位移非线性变化的影响 [J]. 测绘学报，2015，44（5）：473-480.

[194] 姜卫平，夏传义，李昭 . 环境负载对区域 GPS 基准站时间序列的影响分析 [J]. 测绘学报，2014，43（12）：1217-1223.

[195] 姜卫平，袁鹏，田挚，肖玉钢 . 区域 CORS 组网中的坐标基准统一方法 [J]. 武汉大学学报（信息科学版），2014，39（05）：566-570.

[196] 姜卫平，马一方，邓连生，周伯烨 . 毫米级地球参考框架的建立方法与展望 [J].

测绘地理信息，2016，04：1-6.

[197] 蒋志浩，张鹏，秘金钟，等．顾及有色噪声影响的 CGCS2000 下我国 CORS 站速度估计 [J]．测绘学报，2010，39（4）：355-363.

[198] 李健，吕志平，李建伟，等．CORS 服务链的构建 [J]．2007.

[199] 李健．联合型连续运行基准站网的动态定位服务机制 [D]．郑州：解放军信息工程大学，2011.

[200] 李健．卫星定位连续运行参考站网的系统架构及软件体系设计 [D]．郑州：解放军信息工程大学，2007.

[201] 李洁圆．GPS 基准站坐标时间序列特征分析方法研究 [D]．武汉：武汉大学，2009.

[202] 李星星．GNSS 精密单点定位及非差模糊度快速确定方法研究 [D]．武汉：武汉大学，2013.

[203] 李英冰．固体地球的环境变化响应 [D]．武汉：武汉大学，2003.

[204] 李昭，姜卫平，刘鸿飞，等．中国区域 IGS 基准站坐标时间序列噪声模型建立与分析 [J]．测绘学报，2012，41（4）：496-503.

[205] 李昭．GPS 坐标时间序列的非线性变化研究 [D]．武汉：武汉大学，2012.

[206] 李征航，黄劲松．GPS 测量与数据处理．第 2 版 [M]．武汉：武汉大学出版社，2010.

[207] 刘大杰，陶本藻．实用测量数据处理方法 [M]．北京：测绘出版社，2000.

[208] 刘经南，葛茂荣．92 中国 GPS 会战（A 级网）数据处理分析 [J]．武汉大学学报（信息科学版），1995（1）：40-45.

[209] 刘经南，刘晖，邹蓉，等．建立全国 CORS 更新国家地心动态参考框架的几点思考 [J]．武汉大学学报（信息科学版），2009，34（11）：1261-1265.

[210] 刘经南，施闯，陈俊勇．92、96 国家高精度 GPS A 级网整体平差结果分析与我国块体运动模型研究 [J]．武汉大学学报（信息科学版），1998（4）：314-319.

[211] 刘焱雄，H B IZ，陈永奇．GPS 气象学中垂直干分量延时的精确确定 [J]．测绘学报，2000，29（2）：172-180.

[212] 刘焱雄，彭琳，周兴华，等．网解和 PPP 解的等价性 [J]．武汉大学学报（信息科学版），2005，30（8）：736-738.

[213] 邵占英，刘经南．GPS 精密相对定位中用分段线性法估算对流层折射偏差的影响 [J]．大地测量与地球动力学，1998（3）：13-18.

[214] 施闯，刘经南．国家高精度 GPS 网整体平差中的粗差分析 [J]．武汉大学学报（信息科学版），1999（2）：107-111.

[215] 隋立芬．高精度 GPS 网的统一与数据处理若干问题研究 [D]．郑州：解放军信息工程大学，2001.

[216] 唐卫明．大范围长距离 GNSS 网络 RTK 技术研究及软件实现 [D]．武汉：武汉大学，2006.

[217] 王春海，张晓莉，田浩．VPN 网络组建案例实录 [M]．北京：科学出版社，2008.

[218] 王解先，陈俊平．GPS 精密定位软件研制与应用 [J]．同济大学学报（自然科学

版），2011，39（5）：764-767.

[219] 王解先，刘红新. Galileo、GPS 和 Galileo/GPS 组合系统实用性的比较 [J]. 大地测量与地球动力学，2005，25（1）：113-117.

[220] 王敏，沈正康，董大南. 非构造形变对 GPS 连续站位置时间序列的影响和修正 [J]. 地球物理学报，2005，48（5）：1045-1052.

[221] 王琪，张培震，牛之俊，等. 中国大陆现今地壳运动和构造变形 [J]. 中国科学：D辑，2001，31（7）：529-536.

[222] 魏娜. 国际地球自转及参考系统服务（IERS）协议研究及应用 [D]. 武汉：武汉大学，2008.

[223] 魏娜. 利用 GPS 数据建立地球参考框架及反演地表质量重新分布 [D]. 武汉：武汉大学，2011.

[224] 魏子卿，葛茂荣. GPS 相对定位的数学模型 [M]. 北京：测绘出版社，1998.

[225] 文鸿雁，黄俊华. 广西区 C 级 GPS 网整体平差探讨 [J]. 桂林理工大学学报，2002，22（3）：213-217.

[226] 吴星华，吕振业，Joel VanCranenbroeck，等. 徕卡最新主辅站技术在昆明市 GPS 参考站网中的应用 [C] // 2005 数字江苏论坛电子政务与地理信息技术论文专辑. 2005.

[227] 吴云孙，姜卫平，姚宜斌. GZCORS 网络在线增值服务系统的设计与实现 [J]. 武汉：测绘地理信息，2010，35（4）：7-9.

[228] 武艳强，黄立人. 时间序列处理的新插值方法 [J]. 大地测量与地球动力学，2004，24（4）：43-47.

[229] 闫昊明，陈武，朱耀仲，等. 温度变化对我国 GPS 台站垂直位移的影响 [J]. 地球物理学报，2010，53（4）：825-832.

[230] 杨凯. 大规模 GNSS 基准站网数据处理关键技术研究与实现 [D]. 武汉：武汉大学，2011.

[231] 杨元喜，李金龙，徐君毅，等. 中国北斗卫星导航系统对全球 PNT 用户的贡献 [J]. 科学通报，2011（21）：1734-1740.

[232] 杨元喜. 北斗卫星导航系统的进展、贡献与挑战 [J]. 测绘学报，2010，39（1）：1-6.

[233] 叶世榕. GPS 非差相位精密单点定位理论与实现 [D]. 武汉：武汉大学，2002.

[234] 袁林果，丁晓利，陈武，等. 香港 GPS 基准站坐标序列特征分析 [J]. 地球物理学报，2008，51（5）：1372-1384.

[235] 袁鹏. 区域 CORS 组网中的互联互通与基准统一问题研究 [D]. 武汉：武汉大学，2012.

[236] 袁运斌，欧吉坤. 建立 GPS 格网电离层模型的站际分区法 [J]. 科学通报，2002，47（8）：636-639.

[237] 张恒璟，程鹏飞. 基于 GPS 高程时间序列粗差的抗差探测与插补研究 [C] // 2011 大地测量学术年会暨全国大地测量研究生学术论坛. 2011.

[238] 张林波. 并行计算导论 [M]. 北京：清华大学出版社，2006.

[239] 张诗玉. 我国 GPS 基准站垂直位移季节变化的研究 [D]. 武汉：中国科学院测量与地球物理研究所，2004.

[240] 张西光. 地球参考框架的理论与方法 [D]. 郑州：解放军信息工程大学，2009.

[241] 张小红，鄂栋臣. 用 PPP 技术确定南极 Amery 冰架的三维运动速度 [J]. 武汉大学学报（信息科学版），2005，30（10）：909-912.

[242] 张小红，李星星，郭斐，等. 基于服务系统的实时精密单点定位技术及应用研究 [J]. 地球物理学报，2010，53（6）：1308-1314.

[243] 张小红，李星星. 非差模糊度整数固定解 PPP 新方法及实验 [J]. 武汉大学学报（信息科学版），2010，35（6）：657-660.

[244] 张小红，李征航，蔡昌盛. 用双频 GPS 观测值建立小区域电离层延迟模型研究 [J]. 武汉大学学报（信息科学版），2001，26（2）：140-143.

[245] 张小红，刘经南，Rene Forsberg. 基于精密单点定位技术的航空测量应用实践 [J]. 武汉大学学报（信息科学版），2006，31（1）：19-22.

[246] 赵齐乐. GPS 导航星座及低轨卫星的精密定轨理论和软件研究 [D]. 武汉：武汉大学，2004.

[247] 周晓慧. 利用 GPS 研究板块刚性和大陆变形模式 [D]. 武汉：武汉大学，2011.

[248] 周旭华，高布锡. 地心的变化及其原因 [J]. 地球物理学报，2000，43（2）：160-165.

[249] 周忠谟，易杰军. GPS 卫星测量原理及应用 [J]. 北京：测绘出版社，1997.

[250] 朱建军，谢建，陈宇波，等. 附不等式约束平差的理论与方法研究 [J]. 测绘工程，2008，17（6）：1-5.

[251] 朱建军，谢建. 附不等式约束平差的一种简单迭代算法 [J]. 测绘学报，2011，40（2）：209-212.

[252] 朱文耀，符养，李彦. GPS 高程导出的全球高程振荡运动及季节变化 [J]. 中国科学：地球科学，2003，33（5）：470-481.

[253] 邹蓉，刘晖，魏娜，等. COMPASS 地球参考框架的建立和维持 [J]. 武汉大学学报（信息科学版），2011，36（4）：431-436.

[254] 邹蓉，刘晖，杨蜀江. 伽利略地球参考框架对建立我国自主的地球参考框架的启示 [J]. 武汉大学学报（信息科学版），2009，34（11）：1266-1270.

[255] 邹蓉. 地球参考框架建立和维持的关键技术研究 [D]. 武汉：武汉大学，2009.

[256] 邹璇. GNSS 单频接收机精密点定位统一性方法的研究 [D]. 武汉：武汉大学，2010.